U0156282

"十三五"国家重点出版物出版规划项目
面向可持续发展的土建类工程教育丛书
21世纪高等教育给排水科学与工程系列教材
沈阳建筑大学立项建设教材

给排水科学与工程概论

第 3 版

主　编　李亚峰　王洪明　杨　辉
副主编　崔凤国　张莉莉
参　编　陈金楠　崔红梅　李倩倩
　　　　张子一　于燿滏
主　审　尹士君

机械工业出版社

本书主要介绍水在社会循环中的主要工程设施，给排水科学与工程学科体系的组成、课程设置，以及给排水科学与工程专业的基本知识。内容主要包括水资源的保护与利用、给水排水管道系统、水质工程、建筑给水排水工程、给水排水工程设备及水厂自动控制系统、给水排水工程施工与经济等。通过对本书内容的学习，学生能了解给排水科学与工程专业的知识体系和所涵盖的主要内容，明确学习方向。

本书供普通高等院校给排水科学与工程专业学生使用，也可以作为给排水科学与工程相关专业学生及工程技术人员的参考书。

本书配有电子课件，免费提供给选用本书作为教材的授课教师。需要者请登录机械工业出版社教育服务网（www.cmpedu.com）注册下载，或根据书末的"信息反馈表"索取。

图书在版编目（CIP）数据

给排水科学与工程概论/李亚峰，王洪明，杨辉主编. —3 版. —北京：机械工业出版社，2019.12（2024.1 重印）

"十三五"国家重点出版物出版规划项目　面向可持续发展的土建类工程教育丛书　21 世纪高等教育给排水科学与工程系列教材

ISBN 978-7-111-64384-5

Ⅰ.①给…　Ⅱ.①李…②王…③杨…　Ⅲ.①给排水系统-高等学校-教材　Ⅳ.①TU991

中国版本图书馆 CIP 数据核字（2019）第 293725 号

机械工业出版社（北京市百万庄大街 22 号　邮政编码 100037）
策划编辑：刘　涛　责任编辑：刘　涛　于伟蓉
责任校对：刘志文　封面设计：陈　沛
责任印制：郜　敏
中煤（北京）印务有限公司印刷
2024 年 1 月第 3 版第 4 次印刷
184mm×260mm·12.5 印张·303 千字
标准书号：ISBN 978-7-111-64384-5
定价：36.00 元

电话服务　　　　　　　　　网络服务
客服电话：010-88361066　　机　工　官　网：www.cmpbook.com
　　　　　010-88379833　　机　工　官　博：weibo.com/cmp1952
　　　　　010-68326294　　金　书　网：www.golden-book.com
封底无防伪标均为盗版　　　机工教育服务网：www.cmpedu.com

第3版前言

《给排水科学与工程概论》第2版自2015年1月出版以来，深受读者的欢迎。但随着给排水科学与工程专业和给水排水工程行业的快速发展，给水排水工程在理论与实践方面都有了很大的发展，知识体系也更加完善。为了能及时反映专业和行业的发展与变化，有必要对《给排水科学与工程概论》第2版进行修订，即对其结构、内容进行适当调整和完善。

本书是在《给排水科学与工程概论》第2版的基础上，根据高等学校给排水科学与工程学科专业指导委员会编制的《高等学校给排水科学与工程本科指导性专业规范》中"给排水科学与工程概论"课程教学基本要求编写的。第3版仍以介绍给排水科学与工程专业的知识体系与结构、专业内涵、知识要求以及主要专业技术为主线，保留了第2版的基本框架，对部分内容进行了删减和补充，使本书的结构更加合理，知识体系更加完善，并体现了给排水科学与工程专业近几年的变化和给水排水工程行业的技术发展。在编写过程中参考了许多相关资料，并参照了国家有关部门颁布的现行规范和标准。

本书主要包括水资源的保护与利用、给水排水管道系统、水质工程、建筑给水排水工程、给水排水工程设备及水厂自动控制系统、给水排水工程施工与经济等几方面的内容。

全书共分7章，第1章由李亚峰、陈金楠编写，第2章由崔凤国、王洪明编写，第3章由崔红梅、王洪明编写，第4章由杨辉、王洪明编写，第5章由张莉莉、李倩倩编写，第6章由王洪明、张子一编写，第7章由王洪明、于燿滏编写，全书由李亚峰统编定稿，尹士君主审。

本书是沈阳建筑大学立项建设教材。

由于我们的编写水平有限，书中难免存在缺点和错误，请读者不吝指教。

编　　者

第2版前言

2012年国家教育部对本科专业进行了调整，"给水排水工程"专业改为"给排水科学与工程"专业。同时，给排水科学与工程学科专业指导委员会编制了《高等学校给排水科学与工程本科指导性专业规范》。为了能全面地反映给排水科学与工程专业所涵盖的内容和学科的发展，有必要对第1版教材的结构、内容进行调整和完善，并将书名改为《给排水科学与工程概论》。

本书是在《给水排水工程概论》第1版的基础上，根据高等学校给排水科学与工程学科专业指导委员会编制的《高等学校给排水科学与工程本科指导性专业规范》中"给排水科学与工程概论"课程教学基本要求编写的。在编写过程中参考了许多相关教材，并参照了国家有关部门颁布的现行规范和标准。本书反映了给排水科学与工程专业的知识体系与结构、专业内涵、知识要求以及主要专业技术等。

本书主要包括水资源的保护与利用、给水排水管道系统、水质工程、建筑给水排水工程、给水排水工程设备及水厂自动控制系统、给水排水工程施工与经济等几方面的内容。

全书共分7章，第1章由李亚峰、葛秋编写，第2章由崔凤国、葛秋编写，第3章由蒋白懿、杨辉编写，第4章由李亚峰、崔红梅、杨辉编写，第5章由张莉莉编写，第6章由班福忱、杨辉编写，第7章由崔凤国编写，全书由李亚峰统编定稿。

由于我们的编写水平有限，书中难免存在缺点和错误，请读者不吝指教。

编　者

第1版前言

　　水是生命之源，人类的生活和生产都离不开水。近年来，我国的水资源短缺和水环境污染已达到了危机的程度，水危机对给水排水工程学科提出了更高的要求，也推动了学科的发展。

　　给水排水工程学科经过50多年的发展，研究对象及学科性质都发生了变化。现在的给水排水工程学科是以"水的社会循环"为研究对象，以"水的社会循环"中水质和水量的运动变化规律以及相关的工程技术问题为主要研究内容，以实现水的良性社会循环和水资源的可持续利用为目标。与传统的给水排水工程专业相比，现在的给水排水工程学科的知识体系和课程设置都发生了巨大的变化。

　　本书主要介绍水在社会循环中的主要工程设施，给水排水工程学科体系的组成、课程设置，以及给水排水工程专业的基本知识。通过本书的学习，学生能够概括了解本学科的主要内容，并对本学科要求的基础理论、相关学科、现代科学技术等科学技术内容有一个宏观的了解，增强学习的目的性，激发学习兴趣，增强学习信心。

　　本书主要包括水资源的保护与利用、给水排水管道系统、水质工程、建筑给水排水工程、给水排水工程设备及水厂自动控制系统、给水排水工程施工与经济等几方面的内容。

　　全书共分7章，第1章由李亚峰、杨辉编写，第2章、第7章由崔凤国编写，第3章由蒋白懿编写，第4章由李亚峰、班福忱、杨辉编写，第5章由朴芬淑编写，第6章由班福忱、马学文编写，全书由李亚峰统编定稿。

　　由于我们的编写水平有限，对于书中存在的缺点和错误，请读者不吝指教。

编　者

目 录

绪论

1.1 水的循环

1.1.1 水的自然循环

地球上水的循环，可分为水的自然循环和水的社会循环。

水的自然循环是指各种水体受太阳能的作用，不断地进行相互转换和周期性的循环过程。各种状态的水从海洋、江河、湖泊、沼泽、水库及陆地表面的植被中蒸发、散发变成水汽，上升到空中，一部分被气流带到其他区域，在一定条件下凝结，通过降水的形式落到海洋或陆地上；一部分滞留在空中，待条件成熟，降到地球表面；降到陆地上的水，在地心引力的作用下，一部分形成地表的径流流入江河，最后流入海洋，还有一部分渗入地下，形成了地下径流，另外还有一小部分又重新蒸发回空中。这种现象称为水的自然循环。水的自然循环一般包括降水、径流、蒸发三个阶段，如图 1-1 所示。

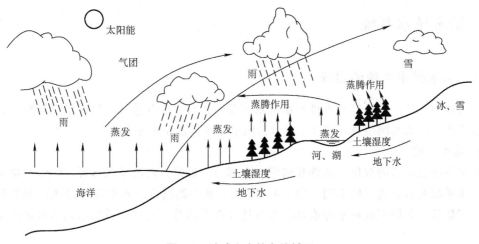

图 1-1 地球上水的自然循环

水的循环途径可分为大循环和小循环。大循环是指海陆之间的水分交换，即海洋中的水蒸发到空中后，飘移到陆地上凝结后降落到地表面，一部分汇入江河，通过地面径流，回归大海，另一部分渗入地下，形成地下水，通过地下径流等形式汇入江河或海洋。

小循环是指海洋或陆地的水汽上升到空中凝结后又各自降入海洋或陆地，没有海陆之间的交换，即陆地或者海洋本身的水单独循环的过程。

1.1.2 水的社会循环

人们在生活和生产过程中需要天然水体中的水，作为人类维持生命活动的基础物质以及生产过程的必须物质。这部分水，经过人们正常生活和生产过程使用后又重新排入自然环境中，这种循环被称为水的社会循环。水的社会循环主要是通过城市的给水排水系统来实现的。人们通过取水设施从水源取出可用水，经过适当处理达到使用要求后，送入千家万户及工业生产过程中，使用后水质遭受一定程度的污染成为污水，污水再通过排水管道收集送到污水处理厂（设施）进行处理，处理达标后排入自然水体或再生利用，如图 1-2 所示。

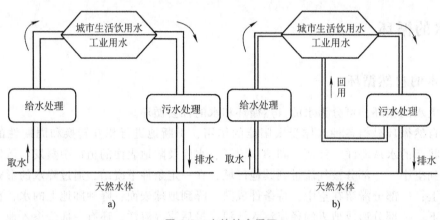

图 1-2　水的社会循环
a）无回用　b）有回用

1.2 给水排水系统

1.2.1 给水排水系统的组成

水的社会循环，是通过给水排水系统来实现的，给水排水系统主要由给水系统、建筑给水排水系统、排水系统组成。图 1-3 所示为城市给水排水系统示意图。

1. 给水系统

给水系统包括水的取集、处理和输配三个部分。根据不同的供水水源、供水对象及地形等，给水系统的组成也有所不同。图 1-4 所示为一典型的城市给水系统示意图。图中各组成部分相互联系，共同完成从水源取水、水质处理直至将符合用户水质要求的清水送达用户的任务。

2. 建筑给水排水系统

建筑给水排水系统包括建筑给水系统、建筑消防系统、建筑排水系统、建筑热水供应系统以及小区给水、排水、雨水系统等。

3. 排水系统

排水系统包括污水管道系统、雨水管道系统、污水处理厂（设施）等。按照生活污水、工业废水和雨水是否由同一个管道系统排放，城市排水体制一般可分为分流制和合流制两种

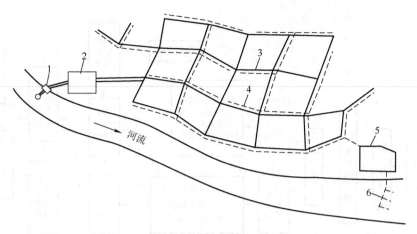

图 1-3　城市给水排水系统示意图

1—取水工程　2—给水处理系统　3—给水管网系统　4—排水管网系统

5—污水处理系统　6—污水排放系统

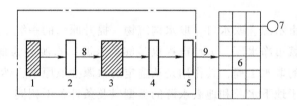

图 1-4　城市给水系统示意图

1—取水构筑物　2——级泵站　3—处理构筑物　4—清水池　5—二级泵站

6—配水管网　7—水塔或高位水池　8、9—输水管（渠）

基本类型。分流制排水系统是将生活污水、工业废水、雨水采用两套或两套以上的管渠系统进行排放；合流制排水系统是将生活污水、工业废水和雨水用同一套管渠排放的系统。

　　分流制污水排水系统通常由排水管渠、污水处理厂和出水口组成。图 1-5 所示为一简单分流制排水系统示意图，图中除污水处理厂以外，其余均属排水管道系统。

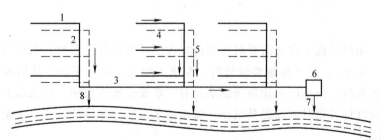

图 1-5　城市排水系统（分流制）示意图

1—污水支管　2—污水干管　3—污水主干管　4—雨水支管　5—雨水干管

6—污水处理厂　7—污水出口　8—雨水出口

1.2.2　给水排水系统的工程设施

　　给水排水系统包括许多工程设施，各工程设施的功能关系如图 1-6 所示。

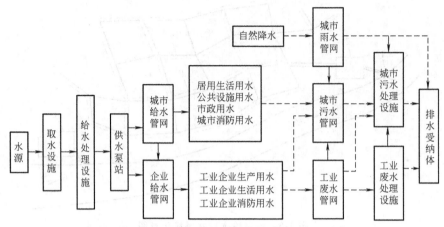

图 1-6　给水排水系统工程设施的功能关系示意图

给水排水系统中的工程设施主要包括以下几个方面。

1. 水源工程

水源工程包括城市水源、取水口、取水构筑物、提升原水的一级泵站等。水源工程的功能是将原水取、送到城市净水厂，为城市提供足够的水源。水源分为地表水和地下水两种，每种水源都有其专门的取水工程，其作用是从选定的水源抽取原水，然后再送至水处理构筑物或给水处理厂。由于地下水源和地表水源的类型以及条件各不相同，所以取水工程也是多种多样的。取水工程设施一般包括取水构筑物和取水泵站。

无论是地表水资源，还是地下水资源，其水质、水量都需要采用相应的保护措施，以满足用水需要。对于地下水资源，在水量方面，应制定合理的开采计划，不应超采，以免引起生态环境恶化、地面沉降等不良后果；在水质方面，需要建立卫生防护地带，确保水质不受污染。对于地表水资源，在水量方面，应统筹规划流域的水量分配，流域上修建的水工、河工工程，应确保下游水源的水量供应，同时应采取工程措施保护水源地附近的河床，保证水源供水稳定可靠；在水质方面，应划分水源保护区，严格限制排入水源水体的水质，确保水源不受污染。

2. 水泵站

在水的社会循环过程中常常需要对水进行多次加压或提升，因此有人将水泵站比喻为水循环过程中的"心脏"。当水源地势较低时，取水工程应设取水泵站；从给水处理厂向城市供水时应设送水泵站；由小区向建筑物供水时有时需要设加压泵站；污水从地下管网进入到污水处理厂的处理构筑物时需设提升泵站；城市雨水不能自流排放时，应设雨水提升泵站。

3. 给水处理厂

当水源水质不能满足城市和工业企业的用水要求时，需要用物理、化学以及生物等方法进行处理，使水质达到用水要求。给水处理厂的水处理工艺与水源的水质和供水水质要求有关。一般情况下，地表水的处理工艺比地下水的处理工艺复杂，受污染水源水的处理工艺更复杂。城市给水处理厂的出水水质应达到国家现行的《生活饮用水卫生标准》（GB 5749—2006）。工业企业对用水水质的要求不尽相同，和生产的产品、使用的工艺等有关，各个行业也都有其用水水质标准，如《工业锅炉水质》（GB/T 1576—2018）。

4. 水量调节设施

城市和工厂由水源取水，一般取水量在一天 24h 是相对均匀的，但城市和工厂的用水则是不均匀的。为了达到供需平衡，需设置水量调节设施进行调节，如清水池、水塔、高位水池等。当用水量小于给水厂的供水量时，多余的水贮于水池中；当用水量大于给水厂的供水量时，不足的那部分水量由水池进行补充。另外，为了防止由于水源水水质恶化不能取水（如泥沙含量过高，或受海水影响含盐量过高等）而影响供水，也需要设置贮水池。

5. 输、配水管道系统

输、配水管道系统包括输水管道（渠）和配水管网两部分。输水管道（渠）是指在较长距离内输送水量的管道或渠道，输水管道（渠）一般不沿线向两侧供水。如从水厂将清水输送至供水区域的管道（渠）、从供水管网向某大用户供水的专线管道、区域给水系统中连接各区域管网的管道等。配水管网是指分布在整个供水区域内的配水管道网络，其功能是将来自于较集中点（如输水管渠的末端或储水设施等）的水量分配输送到整个供水区域，使用户从近处接管用水。配水管网由主干管、干管、支管、连接管、分配管等构成。

6. 建筑给水排水工程

建筑给水排水工程包括建筑给水工程、建筑消防工程、建筑排水工程、建筑热水供应工程以及小区给水、排水、雨水工程等。此外，还有水景工程、泳池用水系统以及中水系统等。

7. 工业给水排水工程

工业给水排水工程是指工业企业厂区内的给水排水系统与设施，包括给水管道系统、给水处理站、排水管道系统、污水处理站等。位于城区的工业企业，大多数由城市管网供水。水经厂区内给水管道系统配往各车间及用水部门。当工业企业对水质有特殊要求时，厂区内还应设专门的水处理车间，将自来水处理达到用水标准后再送到用水点。有些大型企业有独立供水系统，包括水源、给水处理站、给水管道系统等。厂区内设有排水管道系统，收集厂区内的各类排水，然后排入厂外城市排水管网。厂区内的排水或某一车间的排水如达不到排放标准，还需设污水处理装置进行处理，水质达标后才能排入城市排水管网。工厂内的给水管网，也供应各车间及工作部门消防用水。此外，为排除厂区的雨水需设雨水管网。

为提高用水效率和节约用水，工厂内常建设循环用水和水的重复利用系统，包括专用的泵站、管道、水处理设备等。所以，工业给水排水工程是很复杂的，特别是大型工业企业。

8. 排水管道工程

排水管道工程的作用是收集城市或工厂排出的污水以及地面汇集的雨水。城市排水系统一般分为分流制排水系统和合流制排水系统。所谓分流制，就是污水与雨水分别由两个排水系统收集排放，污水排水管道系统将污水送入污水处理厂进行处理，达标后排放或利用；雨水排水管道系统将雨水直接排入河流。所谓合流制，就是污水与雨水共用一个排水管道系统。目前一些城市的排水系统多为混流制（既有合流制，又有分流制）排水系统，新建的排水管道系统是分流制，而老城区排水管道系统是合流制。排水系统设有排水井、检查井、消能井以及提升泵站等。

9. 污水处理厂

污水处理厂的作用就是将污水处理后达到排放标准直接排放水体或达到再生利用标准再生利用，如用于绿化、生态补水等。城市污水处理一般都以生物处理方法为核心处理工艺，常用的处理构筑物主要包括格栅、沉砂池、初沉池、生物处理构筑物、二沉池以及深度处理构筑物等，污泥处理构筑物主要包括污泥浓缩、消化、脱水等设施。

由于工业废水成分复杂，因此处理方法和工艺也比较多，化学法、生物法、物理法的各种处理工艺都有应用。

10. 城区防洪

城区防洪包括两个方面，一是河流洪水，二是山洪水。河流防洪主要是修筑防洪坝（堤），防止洪水进入城区。这里所说的城区防洪主要是指山洪水的防洪。紧临山体坡地的城区，遭遇暴雨时，就会引起山溪洪水暴发，淹没城区，形成灾害。山洪水的防洪方法就是环城区周围设排洪沟渠，避免山洪水进入城区。

1.3　给排水科学与工程专业的知识体系与课程设置

1.3.1　给排水科学与工程专业的历史与人才培养目标

1. 专业的历史

我国的高等教育给水排水工程专业始于20世纪初，采用当时的欧美高等教育学科体系，在土木工程专业中设有卫生工程的专门化方向，未独立设置专业。

中华人民共和国成立后的大规模经济建设对从事城市给水排水、建筑给水排水和工业给水排水的给水排水工程专业人才有很大的需求，当时借鉴苏联的高等教育模式，从1952年起我国在高等教育的学科专业体系中单独设置了给水排水工程专业，隶属于土木工程学科，同年在哈尔滨工业大学、清华大学、同济大学等高校开设了我国第一批给水排水工程专业。

2006年部分院校将该专业更名为给排水科学与工程。2012年教育部修订颁布的《普通高等学校本科专业目录》将"给水排水工程"和"给排水科学与工程"专业名称统一确定为"给排水科学与工程"（专业代码081003）。

给排水科学与工程专业是高等学校本科专业目录中土木类的四个本科专业之一。主要培养从事给水排水工程规划、设计、施工、运行、管理、科研和教学等工作的高级工程技术人才，服务于水资源利用与保护、城镇给水排水、建筑给水排水、工业给水排水和城市水系统等领域。

2. 人才培养目标

培养适应我国社会主义现代化建设和经济发展需要，德、智、体、美全面发展，具备扎实的自然科学与人文科学基础，掌握给排水科学与工程学科的基本原理和基础知识，具备给水排水工程领域工程勘察、规划、设计、施工以及运营、管理、监理等方面的专业知识和基本技能，具备计算机和外语应用能力，具有持续学习能力、社会适应能力，具有国际视野和团队精神，获得工程师基本训练并具有创新精神的工程应用型高级技术人才。毕业生应具有从事给水排水工程有关的规划、设计、施工、运营、管理、监理等方面的能力。

1.3.2　给排水科学与工程专业知识体系

给排水科学与工程专业以水的社会循环为研究对象，以水质为中心，研究水的开采、净化、供给、保护和再生利用等各个环节的科学与技术问题。因此，给排水科学与工程是一个涉及领域广、内涵精深的综合性和交叉性专业。它的专业知识体系和知识领域见表 1-1。

表 1-1　给排水科学与工程专业知识体系和知识领域

序 号	知 识 体 系	知 识 领 域
1	人文社会科学知识	外国语、哲学、政治、历史、法律、心理学、社会学、体育、军事
2	自然科学知识	工程数学、普通物理学、普通化学、计算机技术与应用
3	专业知识	专业理论基础、专业技术基础、水质控制、水的采集和输配、水系统设备仪表与控制、水工程建设与运营

1.3.3　课程设置

给排水科学与工程专业的教学体系包括理论教学和实践教学环节。理论教学的课程设置包括公共基础课、专业基础课、专业课。实践教学环节有实习（认识实习、生产实习、毕业实习）、实验、设计（课程设计、毕业设计）。在具体课程设置上，各学校可根据本校人才培养的特点开设。

1. 公共基础课

公共基础课包括人文社会科学类课程、自然科学类课程和其他公共类课程。

（1）人文社会科学类课程　一般包括政治理论（马克思主义哲学原理、毛泽东思想概论、邓小平理论概论）、法律（法律基础、建设法规）、经济学、管理学、大学英语（或其他外国语）、文学和艺术（大学语文、诗词鉴赏、音乐欣赏）、道德伦理（大学生品德修养、伦理学、职业伦理、道德与人生）、心理学、社会学（公共关系学）、历史与文化。

（2）自然科学类课程　一般包括高等数学、工程数学（线性代数、概率论与数理统计）、无机化学（或普通化学）、有机化学、大学物理、物理实验、信息科学。

（3）其他公共类课程　一般包括体育、军事理论知识、计算机文化基础与程序设计、科技写作与文献检索。

2. 专业基础课

专业基础课一般包括专业理论基础课和专业技术基础课。专业理论基础课包括水分析化学、物理化学、水力学（或流体力学）、水处理生物学、工程力学等；专业技术基础课主要包括给排水科学与工程概论、土建工程基础、水文学与水文地质学、画法几何与工程制图、测量学、电工电子学基础、给水排水工程 CAD 基础等。

3. 专业课

专业课主要包括水质控制、水的采集和输配、水系统设备仪表与控制、水工程建设与运营四个方面。水质控制主要包括水质工程学、水处理新技术与新工艺等；水的采集和输配主要包括泵与泵站、水资源利用与保护、给水排水管道系统、建筑给水排水工程等；水系统设备仪表与控制主要包括水工艺设备基础、城市水工程仪表与控制等；水工程建设与运营主要包括水工程施工、城市水系统运营管理与维护、水工程经济等。另外，还要开设一些选修课，如环境导论、城市垃圾处理与处置、消防工程、环境监测与评价、水质模型、供热工程、建筑暖通空调、城市规划原理、给水排水工程计算机应用、建设项目管理、工程监理等。

1.4　给排水科学与工程专业的相关专业

土木类四个本科专业是土木工程、给排水科学与工程、建筑环境与能源应用工程、建筑电气与智能化，因此，土木工程、建筑环境与能源应用工程、建筑电气与智能化三个专业都是给排水科学与工程专业的相关专业。另外水利类、环境科学与工程类的专业中也均有与其相关的专业。

给排水科学与工程专业以研究水的社会循环为目标，其研究对象与"土木工程"等相关专业有着显著的不同。给排水科学与工程本科专业在发展的早期阶段是以水量供给与输送为主要任务，以力学（水力学、工程力学等）作为专业的主要基础。随着水质问题的日趋突出，专业基础已经发展为化学、生物学和水力学，专业课程体系也发生了相应变化，源于土木类的给排水科学与工程专业已经形成了完整、独立的专业体系。

与给排水科学与工程专业相关的若干本科专业的基本情况如下，分析对比可见其显著差异。

1.4.1　土木工程专业

土木工程专业，工学，专业类：土木类，专业代码 081001。该专业培养掌握工程力学、流体力学、岩土力学和市政工程学科的基本理论和基本知识，具备从事土木工程的项目规划、设计、研究开发、施工及管理的能力，能在房屋建筑、地下建筑、隧道、道路、桥梁、矿井等的设计、研究、施工、教育、管理、投资、开发部门从事技术或管理工作的高级工程技术人才。学生主要学习结构力学、工程力学、流体力学、岩土力学和市政工程学科的基本理论，接受课程设计、试验仪器操作和现场实习等方面的基本训练，具有从事土木工程的规划、设计、研究、施工、管理的基本能力。

1.4.2　建筑环境与能源应用工程专业

建筑环境与能源应用工程专业，工学，专业类：土木类，专业代码 081002。原专业名称：建筑环境与设备工程。该专业培养具备室内环境设备系统、建筑公共设施系统及特殊环境的设计、安装调试、运行管理、研究开发等的基础理论知识及能力，能在设计研究院、建筑工程公司、物业管理公司及相关的科研、生产、教学等单位从事工作的高级工程技术人才。学生主要学习建筑物理环境和环境控制系统的基础理论和基本知识，接受建筑设备系统的设计、调试和运行管理等方面的基本训练，具有建筑环境与能源应用工程的科学研究、工程设计和规划管理方面的基本能力。

1.4.3　环境工程专业

环境工程专业，工学，专业类：环境科学与工程类，专业代码 082502。该专业培养具备城市和工业的水、气、声、固体废物等污染防治、污染控制规划和水资源保护等方面的知识，能在环保部门、设计单位、工矿企业、科研单位、学校等从事规划、设计、施工、管理、教育和研究开发方面工作的高级工程技术人才。学生主要学习化学、微生物学、环境监测、环境工程学的基本理论和基本知识，并开展环境工程设计、管理及规划方面的基本训练，具有环境工程的科学研究、工程设计和管理规划方面的基本能力。

1.4.4 水利水电工程专业

水利水电工程专业，工学，专业类：水利类，专业代码081101。该专业培养具有水利水电工程的勘测、规划、施工、科研和管理等方面的知识，能在水利、水电等部门从事规划、设计、施工、科研和管理等方面工作的高级工程技术人才。学生主要学习水利水电工程建设所必需的数学、力学和建筑结构等方面的基本理论和基本知识，接受必要的工程设计方法、施工管理方法和科学研究方法的基本训练，具有水利水电工程勘测、规划、设计、施工、科研和管理等方面的基本能力。

1.4.5 水文与水资源工程专业

水文与水资源工程专业，工学，专业类：水利类，专业代码081102。该专业培养具有较扎实的自然科学知识，较好的人文科学知识，较强的计算机、外语、管理等方面的应用能力与水文水资源及水环境方面的专业和基础知识，能在水利、能源、交通、城市建设、农林、环境保护等部门从事水文、水资源及环境保护方面勘测、规划设计、预测预报、管理、技术经济分析以及教学和基础理论研究的高级工程技术人才。学生主要学习水文水资源及环境信息的采集及处理、水旱灾害预测及防治、水资源规划、水环境保护、水利工程规划与设计、水利工程运行与管理、水政管理等方面基本理论和基本知识，接受工程制图、运算、实验、测试等方面基本训练，具有应用所学专业知识分析解决实际问题，进行科学研究和组织管理的基本能力。

思考题与练习题

1. 简述水循环的含义。
2. 给水排水系统中的工程设施主要有哪些？
3. 给排水科学与工程专业的主要专业课有哪些？
4. 给排水科学与工程专业与土木工程专业有什么区别？

第 2 章
水资源的保护与利用

2.1 地球上的水资源

2.1.1 水资源的基本含义

水是人类及一切生物赖以生存的物质，也是工农业生产、经济发展不可或缺的宝贵资源，同时，水资源也是维持生态平衡的最重要的物质。在科技大力发展的条件下，水作为一种自然资源更加体现了其对人类的重要性，它涉及人类的可持续发展。

由于对水资源的基本属性认识程度和角度的不同，有关水资源的确切含义仍未有统一定论。《中华人民共和国水法》将水资源定义为："地表水和地下水"。《大不列颠大百科全书》将水资源定义为："全部自然界任何形态的水，包括气态水、液态水和固态水的总量"。联合国教科文组织和世界气象组织共同制定的《水资源评价活动——国家评价手册》将水资源定义为："可以利用或有可能被利用的水源，具有足够数量和可用的质量，并能在某一地点为满足某种用途而可被利用"。《环境科学词典》将水资源定义为："特定时空下可利用的水，是可再利用资源，不论其质和量，水的可利用是有限制条件的"。

一般认为，水资源的概念有广义和狭义之分。

广义的水资源是指地球上所有的水。不论它以何种形式、何种状态存在，都能够直接或间接地被人类利用。狭义的水资源则认为水资源是在目前的经济技术条件下可被直接开发与利用的水。狭义的水资源除了考虑水量外还要考虑水质，而且开发利用时必须技术上可行、经济上合理且不影响地球生态。而很多水在目前的经济技术条件下不能称为水资源。如深层地下水开采技术难度大，只有极缺水地区才考虑使用；海水虽为地球上最多的水，但由于含盐高、处理费用大还没有被人类大规模地利用；南北两极虽为最大淡水库，但由于远离人类居住地，利用时很不经济等。

所以，通常所说的水资源是指狭义上的水资源，即陆地上可供生产、生活直接利用的淡水资源。而这部分水量只占地球上总水量的极少一部分。

2.1.2 水资源的特性

水是生命之源，在自然界进化过程中起着重要的作用，它参与自然界中一系列物理、化学和生物的作用过程，水的这种作用是水自身的物理化学和生物特性所决定的。认识水的特性对合理开发利用水资源有着重要意义。

1. 循环性与有限性

地球上的水不是静止不动的，在太阳能和地球表面热能的作用下，地球上的水不断被蒸发成为水蒸气进入大气。水蒸气遇冷又凝聚成水，在重力的作用下，以降水的形式落到地面，这个周而复始的过程，称为水循环。水循环系统是一个庞大的天然水资源系统，处在不断的开采、补给和消耗、恢复的循环过程中，可以不断地供给人类利用和满足生态平衡的需要。水资源的可循环性并不表明水是"取之不尽，用之不竭"的，相反，水资源是非常有限的。全球的淡水资源仅占全球总水量的 2.5%，且大部分都储存在极地冰川中，真正能被人类直接利用的淡水资源仅占全球总水量的 0.6%。一旦实际利用量超过可循环更新的水量，就会面临水资源的不足，发生水荒甚至水资源的枯竭，破坏水平衡，造成严重的生态问题。可见，水循环过程是无限的，水资源的储量却是有限的。

2. 时空分布的不均匀性

水资源在自然界中具有一定的时间和空间分布，时空分布的不均匀性是水资源的又一特性。水资源的时空变化是由气候条件、地理条件等因素综合决定的。各区域所处的地理纬度、大气环流、地形条件的变化决定了该区域的降水量，从而决定了该区域水资源的多少。全球水资源的分布极不均匀，从各大洲水资源的分布来看，年径流量亚洲最多，其次为南美洲、北美洲、非洲、欧洲、大洋洲。从人均径流量的角度看，大洋洲人均径流量最多，其次为南美洲、北美洲、非洲、欧洲、亚洲。

我国水资源在区域上分布也不均匀。表现为东南多，西北少；沿海多，内陆少；山区多，平原少。在同一地区，不同时间分布差异性很大，一般夏多冬少。

3. 利用的多样性

水资源是被人类在生产和生活活动中广泛利用的资源，不仅广泛用于农业、工业和生活，还用于水运、水产、旅游和环境改造等，用水目的不同对水质和水量的要求也不相同。水资源的多种用途与综合经济效益是其他资源难以相比的，水资源对人类社会的进步与发展起着极为重要的作用。

4. 水的流动性与利害双重性

在常温下，水是以液态的形式存在的，具有流动性。这种流动性使水得以拦蓄、调节、引调，从而使水资源可被人类充分地开发利用，造福于人类。同时这种流动性也使水具有一些危害，水量过多或过少的地区和季节，往往又产生各种各样的灾害，如洪涝灾害、泥石流、水土的流失与侵蚀等，给人类的生产生活带来很大的威胁。另外，水在流动并与地表、地层及大气相接触的过程中会夹带和溶解各种杂质，使水质发生变化。这一方面使水中具有各种生物所必需的有用物质，但另一方面也会使水质变坏、受到污染。水资源开发利用不当，又可制约国民经济发展，破坏人类的生存环境。这些都体现了水具有利害的双重性。所以在开发利用过程中尤其强调合理利用，有序开发，以达到兴利除害的目的。

2.1.3　全球水资源

地球上以各种形态存在的水的总量高达 14.6 亿 km^3，但海水、咸水约占总量的 97.3%，存在于陆地上的各种淡水资源仅占总量的 2.7%。表 2-1 列出了这些淡水资源的存在形态和百分比（按总淡水资源为 100% 计，体积分数）。

表 2-1　淡水资源的存在形态和百分比

序号	类　别	占淡水储量比(体积分数,%)	序号	类　别	占淡水储量比(体积分数,%)
1	地下淡水	30	6	沼泽水	0.08
2	土壤水	0.05	7	河水	0.007
3	淡水湖泊水	0.26	8	生物水	0.003
4	冰川与永久雪盖	68.7	9	大气水	0.04
5	永冻土底冰	0.86			

　　从表 2-1 可知，全球淡水资源的 68.7% 存在于南北极的冰川和永久雪盖之中，其余的主要是地下水，其他的淡水资源只占淡水总量的 1.3%。相对丰富的地下水中可作为水资源利用的通常是直接受地表水补给的浅层地下水，仅占地下水总量的很小部分。有资料表明，全球真正可供利用的水资源仅占地表水和地下水总量的 0.6%，称之为可利用水资源，其总量约为 5 万 km^3。按全球人口 60 亿计算，人均可利用水资源量可达 $8000m^3$。然而，由于水资源分布的不均匀性和人口分布的不均匀性，加之部分水资源的污染，真正能够利用的水资源量远小于这个数字。另外，淡水资源在全球各地分布不均，全球 65% 的饮用水仅集中在 13个国家：巴西（14.9%）、俄罗斯（8.2%）、加拿大（6%）、美国（5.6%）、印度尼西亚（5.2%）、中国（5.1%）、哥伦比亚（3.9%）、印度（3.5%）、秘鲁（3.5%）、刚果（2.3%）、委内瑞拉（2.2%）、孟加拉国（2.2%）和缅甸（1.9%）。与此同时，越来越多的国家正面临着严重的水资源短缺问题，一些国家甚至每年人均可用量不足 $1000m^3$。

2.1.4　全球水资源面临的问题

　　根据地球水储量与分布，人类可利用的淡水资源只占地球上水的很小一部分。从未来的发展趋势看，由于社会对水的需求不断增加，而自然界所能提供的可利用的水资源又有一定限度，突出的供需矛盾使水资源已成为国民经济发展的重要制约因素，主要表现在：

　　（1）水量短缺严重，供需矛盾尖锐　随着社会需水量的大幅度增加，水资源供需矛盾日益突出，水资源量短缺现象非常严重。联合国提交的《2018 年世界水资源开发报告》称，目前，约有 36 亿人口，相当于将近一半的全球人口居住在缺水地区。到 2050 年，全球将有50 多亿人面临缺水。缺水区在亚洲占 60%，在非洲占 85%。另外，世界上许多重要的水域是由多个国家共有的，普遍存在水资源利用矛盾和潜在冲突。

　　目前，初步统计全球地下水资源年开采量已达 $550km^3$，其中美国、印度、中国、巴基斯坦、欧盟、俄罗斯、伊朗、墨西哥、日本、土耳其的开采量之和占全球地下水开采量的85%。尤其在亚洲地区，在过去的 40 年里，人均水资源拥有量下降了 50% 左右。

　　（2）水源污染严重，"水质型缺水"突出　随着经济、技术和城市化的发展，排放到环境中的污水量日益增多。《2018 年世界水资源开发报告》称，自 20 世纪 90 年代以来，在拉丁美洲、非洲和亚洲，几乎每条河流的水污染情况都进一步恶化。未来数十年，水质还将进一步恶化，对人类健康、环境和可持续发展的威胁只增不减。在污水排放量增加的同时，由于污水没有得到有效处理，水环境污染也日趋恶化。世界卫生组织估计，全球平均每年84.2 万死于腹泻的人中有 36.1 万名 5 岁以下的儿童是因为不安全饮水。据联合国儿童基金会报道，全世界有 7.68 亿人在 2015 年无法得到安全的饮用水；每 6 人中就有 1 人无法满足联合国规定的每人每天 20~50L 淡水的最低标准。

2.1.5 可持续水资源开发与利用

从 20 世纪 80 年代起,在资源和环境领域,一个重要的理念就是"可持续发展"。可持续发展是指既满足现代人的需求又不损害后代人需求的能力。换言之,就是指经济、社会、资源和环境保护协调发展,它们是一个密不可分的系统,既要达到发展经济的目的,又要保护好人类赖以生存的自然资源和环境,使子孙后代能够永续发展和安居乐业。水资源在自然资源中占有极其重要的位置,是人类赖以生存的重要资源,其开发利用的战略必须符合可持续发展的理念和方针。

水资源不是取之不尽、用之不竭的资源,在水文大循环系统中,它遵循一定的自然规律进行运动和迁移,保持其量和质的平衡状态。所谓可持续水资源开发,就是要充分认识水资源系统的规律,科学地评价水资源的储量和可供开发利用的潜力,在此基础上制定开发利用的计划。随着工农业的发展,城市化进程的加速,人口的增加和相对集中化,生活水平的改善和提高,人们对水资源的需求量必然增大。面对需求量—供水量—水资源开发利用潜力三者之间的矛盾,必须研究符合可持续发展方针的水资源开发利用战略,确保需求量—供水量—水资源开发利用潜力三者之间的平衡和协调。

2.2 我国水资源状况

2.2.1 我国的水资源分布情况

据统计,我国可利用水资源总量为 2800km³/年,仅次于巴西、俄罗斯和加拿大,居世界第四位。但由于人口众多,人均可利用水资源量则约为 2200m³/年,仅为世界平均值的 1/4,美国的 1/6,俄罗斯和巴西的 1/12,加拿大的 1/50。1993 年"国际人口行动"提出的"持续水——人口和可更新水的供给前景"报告认为:人均水资源量少于 1700m³/年为用水紧张国家;人均水资源量少于 1000m³/年为缺水国家;人均水资源量少于 500m³/年为严重缺水国家。到 21 世纪中叶,随着人口的增加,我国人均水资源量将接近 1700m³/年,进入用水紧张国家的行列。

1. 地表水分布情况

我国的降水量受海陆分布、水汽来源、地形地貌等因素的影响,在地区上分布极不均匀,总趋势为从东南沿海向西北内陆递减。同时,受季风气候的影响,我国降水量年内分配也极不均匀,大部分地区年内连续 4 个月降水量占全年降水量的 60%~80%,即水资源总量的 2/3 左右是洪水径流量,难以得到利用。此外,我国降水量年际之间变化很大,南方地区最大年降水量一般是最小年降水量的 2~4 倍,北方地区为 3~8 倍,并且连年出现过连续丰水年和连续枯水年的情况。由于上述原因,我国许多地区用水已经非常紧张,处于缺水或严重缺水的状态。

我国的流域水系划分为十大片,即以长江、黄河、珠江、淮河、海河、辽河、黑龙江等江河为主体,各成一片,浙闽台诸河、西南诸河及内陆河诸河也分别列为一片。各流域分区多年平均降水量及水资源量见表 2-2。

表 2-2　各流域多年平均水资源总量表

流域名称	径流总量 /亿 m³	地下水量 /亿 m³	重复计算水量 /亿 m³	水资源量 /亿 m³	人口 /万人	人均水量 /(m³/人)
黑龙江	1160	431	241	1350	12240	1574
辽河	487	194	104	577		
海河	288	265	132	421	12750	330
黄河	661	406	323	744	10970	678
淮河	741	393	173	961	20530	468
北方片合计	3337	1689	973	4053	56490	717
长江	9531	2460	2381	9610	43740	2197
珠江	4685	1120	1095	4710	15170	3105
东南诸河	2557	613	580	2590	7140	3627
西南诸河	5853	1540	1543	5850	2040	28676
南方片合计	22626	5733	5599	22760	68090	3343
内陆河	1164	826	690	1300	2810	4626
全国总计	27127	8248	7262	28113	127390	2207

注：内陆河包括额尔齐斯河。

从表 2-2 中可以看出，我国的水资源主要集中在南方的长江、珠江、东南诸河、西南诸河这 4 个流域，总和达 22760 亿 m³，约为全国水资源总量的 80%，人均水资源量为3343m³，属于水资源相对丰富的地区。与此相比，地处北方的黑龙江、辽河、海河、黄河、淮河等 5 个流域的水资源量总和仅为 4053 亿 m³，为全国水资源总量的 14.4%，而该片区总人口占全国的 44.3%，人均水资源量仅为 717m³，是水资源短缺的地区。尤其是海河和淮河流域，人均水资源量已低于 500m³，是我国水资源量最为缺乏的地区。

2. 地下水分布情况

我国是一个地域辽阔、地形复杂、多山分布的国家，山区约占全国面积的 69%，平原和盆地约占 31%。地形特点是西高东低，山脉纵横交织，构成了我国地形的基本骨架。北方分布的大型平原和盆地成为地下水的基本骨架，是地下水储存的良好场所。东西向排列的昆仑山—秦岭山脉，成为我国南北方的分界线，对地下水资源量的区域分布产生了深刻影响。

另外，年降水量由东南向西北递减所造成的东部地区湿润多雨、西北部地区干旱少雨的降水分布特征，对地下水资源的分布起到重要的控制作用。

地形、降水分布的地域差异性，使我国不仅在地表水资源上表现为南多北少的局面，而且地下水资源仍具有南方丰富、北方贫乏的特征。占全国总面积 60% 的北方地区，水资源总量只占全国水资源总量的 21%，不足南方的 1/3。北方地区地下水天然资源量约占全国地下水天然资源量的 30%，不足南方的 1/2。而北方地下水开采资源量约占全国地下水开采资源量的 49%，宜井区开采资源量约占全国宜井区开采资源量的 61%，特别是占全国约 1/3 面积的西北地区，水资源量仅占全国的 8%，地下水天然资源量和开采资源量均占全国的

13%。而东南及中南地区，面积仅占全国的 13%，但水资源量占全国的 38%，地下水天然资源量和开采资源量均约占全国地下水天然资源量和开采资源量的 30%。南、北地区在地下水资源量上的差异是十分明显的。

上述表明，我国地下水资源量总的分布特点是南方高于北方，地下水资源的丰富程度由东南向西北逐渐减少。另外，由于我国各地区之间社会经济发达程度不一，各地人口密集程度、耕地发展情况均不相同，使不同地区人均、单位耕地面积所占有的地下水资源量具有较大的差别。

2.2.2　我国的水资源开发利用

中华人民共和国成立初期的几十年中，我国水资源开发利用规划的基本做法是以需水量确定供水量，并没有将水资源可持续开发利用考虑进去，因而，造成水资源的浪费和不合理的开采。

随着我国经济快速发展、城镇化和工业化进程推进，我国用水量快速增长。以现行用水方式推算，我国到 2030 年用水最高峰期将达 8800 亿 m^3，将超过水资源、水环境承载力极限。同时，水污染日益严重，加剧了我国水资源短缺的矛盾，解决水资源短缺及水污染问题成为迫在眉睫却又任重道远的任务。从我国供水结构来看，2016 年全国地表水源供水量 4912.4 亿 m^3，占总供水量的 81.3%；地下水源供水量 1057.0 亿 m^3，占总供水量的 17.5%；其他水源供水量 70.8 亿 m^3，占总供水量的 1.2%。用水需求几乎涉及国民经济的方方面面，如工业、农业、建筑业、居民生活等。2016 年，全国生活用水 821.6 亿 m^3，占用水总量的 13.6%；工业用水 1308.0 亿 m^3，占用水总量的 21.6%；农业用水 3768.0 亿 m^3，占用水总量的 62.4%；人工生态环境补水 142.6 亿 m^3，占用水总量的 2.4%。

我国年用水总量高居世界第二位，但人均用水量仅为世界人均用水量的 1/3。与先进国家相比，工业和城市生活用水所占比例较低，农业用水占的比例过大。

1. 农业用水

农业用水包括农田、林业的灌溉用水及水产养殖业、农村工副业和人畜生活等用水。农田灌溉用水是农业的主要用水对象，占农业用水的比例在 90% 以上。

在农业用水中，地下水的开发利用占据十分重要的地位。在北方农业用水中，地下水用水量占农业用水量的 24.2%，个别省市更高。其中北京市农业总用水量中地下水占 85.5%，河北省为 66.6%，山西省为 49.3%，山东省为 40.9%。

随着节水技术与节水措施的推广应用，农业用水占总用水的比例呈逐年下降的趋势，1949 年为 97.1%，1980 年为 80.7%，1997 年为 70.4%，2012—2015 年基本维持在 63%，2016 年下降到 62.4%。

2. 工业和生活用水

统计结果表明，我国工业和生活用水量与总用水量的占比是逐渐提高的，1980 年为 12%，1997 年上升到 29.6%，2016 年达到 35.2%。但与发达国家相比，占总用水量的比例仍然偏低。加拿大、英国、法国的工业用水均占总用水比例的 50% 以上，分别为 81.5%、76% 和 57.2%。

2016 年城镇人均生活用水量（含公共用水）220L/d，农村居民人均生活用水量 86L/d。与发达国家相比，我国人均生活日用水量，特别是农村居民人均生活用水量还是比较低的，且不同地区、不同城市差异很大。地下水仍是我国城镇生活用水的主要水源，地下水用水量占城镇生活总水量的59%，而山西、宁夏、山东、河北、青海、北京等地区地下水所占比例为70%以上；陕西、河南、内蒙古也占到50%~70%。

2.2.3 我国的水资源所面临的问题

我国的水资源严重短缺，是世界上40多个严重缺水的国家之一。随着我国经济的发展、人口的增加和人民生活水平的提高，用水量会越来越大，水资源短缺问题会越来越严重。一些社会的、人为的因素会加剧我国水资源短缺的尖锐矛盾。

1. 城市用水集中，供需矛盾尖锐

随着城市和工业的迅速发展，大中城市用水量逐年递增，供需矛盾日趋尖锐。我国666座城市中，缺水城市达333座，其中严重缺水的城市为108座，主要集中在北方，全国城市日缺水量达1600万 m^3。

我国城市化的进程加快，人民的生活水平的不断提高，人口的增加，这都需要大量的水资源。2016年全国总用水量6040.2亿 m^3。预计到2030年人口增至16亿时，全国用水总量可达到7000亿~8000亿 m^3。因此，我国水资源短缺的问题是长期和严峻的。

2. 农业用水量十分紧缺，工业用水效益低

2016年，全国农业用水3768.0亿 m^3，占用水总量的62.4%，耕地实际灌溉亩均用水量380m^3。农田灌溉水有效利用系数2016年为0.542，2017年为0.548，大概与世界平均值相当，但远低于一些发达国家的0.7~0.8，说明我国灌溉效率仍落后于发达国家。而我国耕地分摊的水量只占世界的一半，水将是困扰我国农业发展的主要问题。

我国工业用水增加很快，但用水浪费现象也很严重，重复利用率低。2016年，全国万元国内生产总值（当年价）用水量81m^3，万元工业增加值（当年价）用水量52.8m^3；2017年全国万元国内生产总值（当年价）用水量73m^3，万元工业增加值（当年价）用水量45.6m^3，与世界先进水平比还有相当的差距，约是国际上先进水平的两倍。

3. 水资源过度开发，生态破坏严重

人口的增加，经济的发展，工农业生产与城市生活对水资源的需求逐年增加。由此，造成水资源的开发程度高，局部地区超过水资源的最大允许开发限度，同时造成环境与生态恶化。2013年3月国家水利部发布的《第一次全国水利普查公报》显示，截至2011年底，中国流域面积在100km^2左右的河流约有2.3万多条，比20世纪90年代的统计减少了2.7万多条。也就是说，中国近20年内河流减少了一半以上。

由于围湖造田和森林砍伐等人类活动破坏了地表水环境，地表水资源已有明显减缩。中华人民共和国成立以来，仅围湖造田已促使我国湖面缩小了133万公顷，损失淡水350亿 m^3，湖泊数量由2800个减至2350个，减少面积11%，减少数目16%。

4. 地下水过量开采，环境地质问题突出

地下水过量开采，会减少水资源的储存量。2017年，北方16个省级行政区对74万 km^2平原地下水开采区进行了统计分析，年末浅层地下水储存量比年初减少44亿 m^3。当地下水开采量大于补给量时，就会形成地下水的降落漏斗。20世纪80年代，华北地区地下水位平均每年下降12cm；北京地区地下水位每年则以1m的速度下降；山东地下水位沉降面积每年扩大 1000km^2，1988 年漏斗深至 15m，最深处达 100m。

此外，沿海地区由于地下水位下降，海水倒灌使地下水水质恶化。

超量开采地下水造成水位大幅度下降后，还可导致地面沉降或地面塌陷。如天津、北京、太原、沧州、邯郸、保定、衡水、许昌、上海、常州、苏州、无锡、宁波、嘉兴、阜阳、南昌、湛江等 20 多个城市，地面沉降已造成建筑物破坏等严重危害。河北、山东、辽宁、安徽、浙江、湖南、福建、云南、贵州等的 20 多个城市和地区发生不同程度的地面塌陷，给人民生命财产带来了很大的损失。

5. 水污染严重

污水的排放对地表水造成严重污染。2016 年 IV 类及差于 IV 类的水质比例仍然高达 32.3%，水污染防治形势仍十分严峻。尤其是北方河流污染情况非常严重。全国七大重点河流域中除了位于南方的长江与珠江的水质处于优良状况（I-III 类水）的比例在 70% 以上外，其他五大重点河流域的水质情况都不容乐观，其中黄河流域、松花江流域与淮河流域的水质优良比例分别为 59.10%、60.20% 与 53.30%，而海河与辽河流域的水质优良比例只有 40% 上下，污染情况非常严重。湖泊（水库）水质情况不容乐观。2016 年，112 个重要湖泊（水库）中，IV 类 23 个，占 20.5%；V 类 6 个，占 5.4%；劣 V 类 9 个，占 8.0%。其中重点关注的三湖中的太湖、巢湖分别为轻度污染，滇池为重度污染，同时太湖、巢湖全湖平均为轻度富营养状态，滇池全湖平均为中毒富营养状态。城市黑臭水体范围非常广。住建部和环保部 2016 年 2 月联合发布全国城市黑臭水体排查情况，截至 2016 年 2 月，全国 295 座地级及以上城市中，有 77 座城市没有发现黑臭水体。其余 218 座城市中，共排查出黑臭水体 1861 个。其中，河流 1595 条，占 85.7%；湖、塘 266 个，占 14.3%。从地域分布来看，南方地区有 1197 个，占 64.3%；北方地区有 664 个，占 35.7%，总体呈南多北少的趋势；从省份来看，60% 的黑臭水体分布在广东、安徽、山东、湖南、湖北、河南、江苏等东南沿海、经济相对发达的地区。截至 2017 年 6 月，全国城市黑臭水体整治监督平台认定黑臭水体 2100 个，水体长度为 7063.383km，约相当于长江长度的 157%，水体面积为 1484.647km^2，约相当于太湖水域面积的 63%。

地下水源污染的情况同样十分严峻。2014 年全国 202 个地级及以上城市的地下水水质监测情况中，水质为优良级的监测点比例仅为 10.8%，较差级的观测点占比达到 45.4%。2016 年对地下水开发利用程度较大、污染较严重的地区的浅层地下水监测，2104 个测站监测结果表明：水质优良的测站比例为 2.9%，良好的测站比例为 21.1%，无较好测站，较差的测站比例为 56.2%，极差的测站比例为 19.8%。主要污染指标除总硬度、溶解性总固体、锰、铁和氟化物可能由于水文地质化学背景值偏高外，"三氮"污染情况较严重，部分地区存在一定程度的重金属和有毒有机物污染。

上述数据表明，我国相当一部分水源已失去了利用的价值，造成一部分地区"水质型缺水"。

水污染使我国水资源短缺加剧，供需矛盾更加突出。水污染严重的主要原因是人们的环保意识不强，有关部门管理不善，水污染治理投资不足等。水作为人类生存和发展最基本的资源，必须珍惜，应采取各种措施克服以上弊端，使有限的水资源得到合理开发和利用，以实现可持续发展。

2.3 水资源的开发利用工程

水资源的开发和利用是通过水源工程来完成的，水源工程的重要组成部分是取水构筑物。取水构筑物的类型、取水量的多少，直接影响水源地的正常运行和水资源的可持续利用。取水构筑物的类型、取水量如果选择确定不合理，可能造成供水量不足，供水水源工程运行效率低下，或过量开采造成水源枯竭。本节将就水源特征、取水构筑物的类型等进行讨论。

2.3.1 水源及其特点

各种用水水源可分为两大类：地表水源和地下水源。地表水源按水体的存在形式有江河、湖泊、蓄水库等；地下水源按水文地质条件有潜水（无压水）、自流水（承压地下水）和泉水。两类水源的特点不同。

1. 地表水源及其特点

地表水源是指在社会生产中具有使用价值和经济价值的地表水，即包括天然水，又包括通过工程措施（水库、运河等）和生物措施取得的地表水。

地表水资源在供水中占有十分重要的地位。地表水因受各种地面环境因素影响较大，作为供水水源，其特点主要表现为：

1）水量大，总溶解固体含量较低，硬度一般较小，适合作为大型水量用水的供水水源。

2）时空分布不均，水量和水质受季节影响大。

3）保护能力差，容易受到污染。

4）泥沙和悬浮物含量较高，常需净化处理后才能使用，取水条件和取水构筑物一般较复杂。

2. 地下水源及其特点

地下水资源是指一个地区或一个含水层中，有利用价值的、本身又具有不断更替能力的各种动态地下水量的总称。

地下水受形成、埋藏、补给和分布条件的影响，其特点主要表现为：

1）水的径流量有限，水的含盐量和硬度较高，适合作为中小型水量用水的供水水源。

2）分布面广。

3）不易受到污染，水量、水质较稳定。

4）水质澄清、色度低、细菌少，取水构筑物较简单。

作为用水水源而言，地下水源的取水条件及取水构筑物构造简单，施工与运行管理方便；水质处理比较简单，处理构筑物的投资及运行费用较低，且卫生防护条件较好。但是，对于规模较大的地下水取水工程，开发地下水源的勘查工作量较大，开采水量通常受到限制，而地表水源则常能满足大量用水需要。

相对于地下水源，地表水的取水条件，如地形、地质、水流状况、水体变迁及卫生防护条件均较复杂，所需水质处理构筑物较多，投资及运行费用也相应增大。

3. 水源的选择原则

用水水源的选择是给水工程的关键。在选择时应注意以下原则：

1）水源选择必须在对各种水源进行全面分析研究，掌握其基本特征的基础上，综合考虑各方面因素，并经过技术经济比较后确定。确保水源水量可靠和水质符合要求是水源选择的首要条件。

2）符合卫生要求的地下水可优先作为生活饮用水源考虑，但取水量应小于允许开采量。

3）全面考虑，统筹安排，正确处理给水工程同有关部门，如工业、农业、航运、水电、环境保护等方面的关系，以求合理地综合利用开发水资源。

4）应考虑取水构筑物本身建设施工、运行管理时的安全，注意相应的各种具体条件，如水文、水文地质、工程地质、地形、人防卫生等。

2.3.2　地表水取水构筑物

1. 地表水取水构筑物的形式

由于地表水源的种类、性质和取水条件的差异，地表水的取水构筑物有多种类型和分类法。按地表水的种类可分为江河取水构筑物、湖泊取水构筑物、水库取水构筑物、山溪取水构筑物、海水取水构筑物；按取水构筑物的结构形式可分为固定式取水构筑物、移动式取水构筑物和山区浅水河流取水构筑物三大类，每一类又有多种形式，各自有不同的特点和适用条件。

河流的径流变化、泥沙运动、河床演变、冰冻情况、水质、河床地质与地形等一系列因素对于取水构筑物的正常工作及其取水的安全可靠性有着决定性的影响，选择地表水取水构筑物时应考虑的因素主要包括：

1）取水河段的径流特征。

2）泥沙运动和河床演变。

3）河床与岸坡的岩性和稳定性。

4）河流的冰冻情况。

5）水工构筑物和天然障碍物。

2. 固定式取水构筑物

按取水点的位置和特点，固定式取水构筑物可分为岸边式、河床式及斗槽式。

（1）岸边式　直接从岸边进水的固定式取水构筑物，称为岸边式取水构筑物，如图 2-1 所示。

当河岸较陡、岸边有一定的取水深度、水位变化幅度不大、水质及地质条件较好时，一般都采用岸边式取水构筑物。岸边式取水构筑物通常由进水间和取水泵站两部分构成，它们可以合建（图 2-1a、b、c），也可以分建（图 2-1d）。合建式具有布置紧凑、总建造面积较小、水泵的吸水管路短、运行安全、管理维护方便等优点，有利于实现泵房自动化，但结构和施工复杂。合建式适用于河岸坡度较陡、岸边水流较深且地质条件较好、水位变幅和流速较大的河流。在取水量大、安全性要求较高时，多采用此种形式。分建式岸边取水构筑物是将岸边集水井与取水泵站分开建立，对取水适应性较强、应用灵活、土建结构简单、施工容易，但吸水管长、运行安全性差、操作管理不便。分建式适用于河岸处地质条件差，以及集水井与泵房不宜合建的情况，当水下施工有困难，或建造合建式取水构筑物对河道断面航道影响较大时，宜采用分建式岸边取水构筑物。

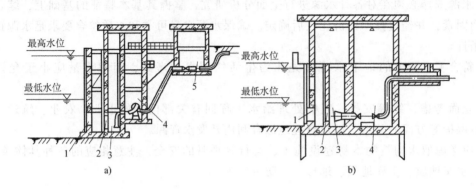

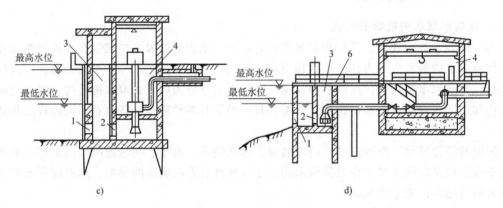

图 2-1　岸边式取水构筑物

a）底板呈阶梯布置　b）底板呈水平布置（卧式泵）　c）底板呈水平布置（立式泵）　d）分建式
1—进水口　2—带网格的进水口　3—集水井　4—泵房　5—阀门井　6—引桥

（2）河床式　河床式取水构筑物，其取水设施包括取水头部、进水管、集水井和泵房，其构筑如图 2-2 所示。它的取水头设在河心，通过进水管与建在河岸的集水井相连接。根据集水井与泵房的位置也可分为合建式和分建式。

河床式取水构筑物适用于河岸较为平坦、枯水期主流离河岸较远、岸边水深较浅或水质不好、河床中部水质较好且水深较大的情况。它的特点是集水井和泵房建在河岸上，可不受水流冲击和冰凌碰击，也不影响河道水流。当河床变迁之后，进水管可相应地伸长或缩短，冬季保温、防冻条件比岸边式好。但取水头部和进水管经常淹没在水下，清洗和检修不方便。

（3）斗槽式　当河流含泥沙量大、冰凌严重时，宜在岸边式取水构筑物取水口处的河流岸边用堤坝围成斗槽，利用斗槽中流速较小、水中泥沙易于沉淀、冰凌易于上浮的特点，减少进入取水口的泥沙和冰凌，从而改善水质。这种取水构筑物称为斗槽式取水构筑物，它一般由岸边式取水构筑物和斗槽组成，适用于岸边地质较稳定、主流离岸较近、河流含泥沙和冰凌量大、取水量大的情况。斗槽的形式如图 2-3 所示。

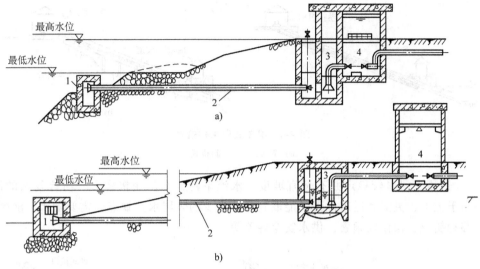

图 2-2　河床式取水构筑物

a）合建式　b）分建式

1—取水头部　2—进水管　3—集水井　4—泵房

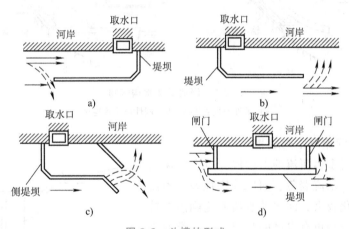

图 2-3　斗槽的形式

a）顺流式斗槽　b）逆流式斗槽　c）侧坝进水逆流式斗槽　d）双向式斗槽

3. 移动式取水构筑物

当修建固定式取水构筑物有困难时，可采用移动式取水构筑物。移动式取水构筑物可分为缆车式和浮船式。

（1）**缆车式**　缆车式取水构筑物是建造于岸坡截取河流或水库表层水的取水构筑物。它由缆车、缆车轨道、输水斜管和牵引设备等组成，如图 2-4 所示。其特点是缆车随着江河或水库的水位的涨落，通过牵引设备沿岸坡轨道上下移动。缆车式取水构筑物移动方便、稳定、受风浪影响较小，但施工工程量大，只取岸边表层水，水质较差。它适用于河床较稳定、河岸地质条件较好、水位变幅大、无冰凌、漂浮物不多的河流。

（2）**浮船式**　浮船式取水构筑物由浮船、锚固设备、联络管及输水斜管等组成，如图

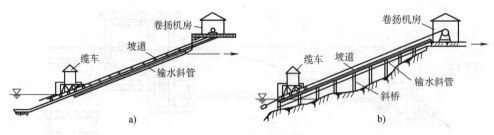

图 2-4 缆车式取水构筑物

a) 斜坡式 b) 斜桥式

2-5 所示。适用于河岸较稳定并有适宜坡度、水流平稳、水位变幅较大、河势复杂的河流。优点是易于施工、灵活和适应性强、能取到含沙量少的表层水。缺点是需要随水位涨落拆换接头、移动船位，操作较频繁，供水安全性差等。

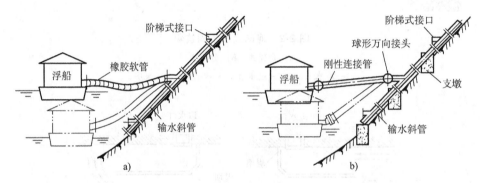

图 2-5 浮船式取水构筑物

a) 柔性连接管连接 b) 刚性连接管连接

4. 山区浅水河流取水构筑物

山区浅水河流多属河流的上游段，具有河床坡度大、河流狭窄、水流湍急、河床稳定性好，河流径流量及水位变化较大，河水的水质变化剧烈等特点。所以取水构筑物也有自己的特点。这一类取水构筑物有低坝式和底栏栅式两种，主要是为了抬升水位，便于取水。

（1）低坝式 低坝式取水构筑物常由拦河低坝、引水渠及取水泵房等部分组成。其中拦河坝又分为固定式（由混凝土或浆砌块石筑成）和活动式（如橡胶坝、浮体闸等）。它的特点是能利用坝上下游水位差将上游沉积的泥沙排至下游。适用于枯水期流量小、取水深度小、推移质较多的山区河流。图 2-6 所示为固定式低坝。

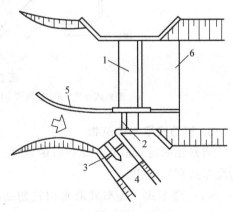

图 2-6 固定式低坝

1—低坝（溢流坝） 2—冲沙闸 3—进水闸
4—引水渠 5—导流堤 6—护坦

（2）底栏栅式 底栏栅式取水构筑物常由底栏栅、引水廊道、闸阀、冲沙室、溢流堰和沉沙池等组成。在拦河低坝上设有进水底栏栅及引水廊道。河水流经坝顶时，一部分通过栏栅流入引水廊道，经过沉沙池去除粗颗粒泥沙后，再由水泵抽走。其余河水经坝顶溢流，并将河水所携带的推移质或漂浮物带至下游。当取水量大，推移质甚多时，可在底栏栅一侧设置冲沙室和进水闸，如图 2-7 所示。底栏栅式取水适用于河床较窄、水深较浅、河底纵坡大、大颗粒推移质或漂浮物较多的山区河流。

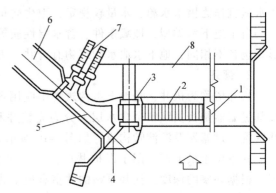

图 2-7　底栏栅式取水构筑物

1—溢流坝（低坝）　2—底栏栅　3—冲沙室　4—进水闸
5—第二冲沙室　6—沉沙池　7—排沙渠　8—防洪护坦

2.3.3　地下水取水构筑物

1. 地下水的存在形态

地下水是指以各种形式存在于地表以下岩石和土壤的孔隙、裂隙、空洞或含水层中可以流动的水体，其主要是由渗透和凝结作用形成的。地下水分布广泛，水量较稳定，是重要水源之一。

地下水按其存在的形式可分为气态水、吸着水、薄膜水、毛细管水、重力水和固态水；按含水层的埋藏特点可分为上层滞水、潜水和承压水三个类型，如图 2-8 所示。

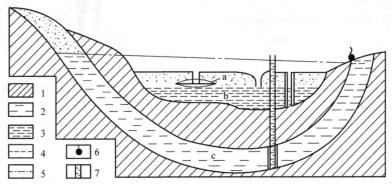

图 2-8　上层滞水、潜水和承压水分布

1—隔水层　2—透水层　3—饱水部分　4—潜水位　5—承压水测压水位　6—泉水　7—水井

a—上层滞水　b—潜水　c—承压水

上层滞水是在地表以下留存于某些不透水镜体上的地下水。其特点是量小且直接决定于不透水镜体的面积；靠近地表，直接靠大气降水补给，水量季节性变化大，水量、水质不稳定，易污染。通常只能作为小型、临时性水源。

潜水是埋藏于地下第一隔水层以上，具有自由表面的重力水。它上面没有隔水顶板，可通过透水层与地表相连，其自由表面为潜水面。它的特点是靠近地表，分布与补给区基本一致，主要靠大气降水补给，水量变化大且不稳定；与地表水的联系密切；水质差、较易污染。

承压水是充满于两个稳定隔水层之间的重力水。它不能直接从地表得到补给，补给区和开采区往往距离较远，地表和大气的各种因素对承压水影响较小，所以不易受到污染。承压水由于在地下长时间、长距离的渗透，含水层会对水有一定的过滤作用，所以水质较好。承压水适宜作为供水水源，水量较稳定，卫生防护条件也较好。

由于地下水类型、埋藏条件、含水层性质等各不相同，地下水的取水方法和取水构筑物形式也各不相同，地下水取水构筑物有管井、大口井、渗渠、复合井和辐射井等类型。

2. 管井

管井俗称为机井，是地下水构筑物中应用最广泛的一种，适用于任何岩性与地层结构，按其过滤器是否贯穿整个含水层，分为完整井和非完整井，如图2-9所示。管井常由井室、井壁管、过滤器及沉淀管构成，如图2-10所示。

井室位于最上部，用于保护井口，保护含水层免受污染，安装抽水设备，进行维护管理。根据井室的深度，深井泵站的井室有地上式、半地下式和地下式三种。

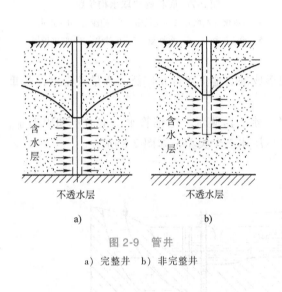

图2-9 管井

a）完整井 b）非完整井

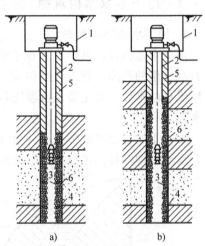

图2-10 管井的一般构造

a）单层过滤器管井 b）双层过滤器管井

1—井室 2—井壁管 3—过滤器

4—沉淀管 5—黏土封闭 6—填砾

井管是为了保护井壁不受冲刷，防止不稳定岩层塌陷，隔绝水质不良的含水层。

过滤器位于含水层中，两端与井管相连，是井管的进水部分，同时对含水层起到保护作用，杜绝大的沙粒进入井管。

沉淀管位于井管的最下端，它的作用是防止沉沙堵塞过滤器，也是沉积涌入井管的细小沙粒的场所，直径与过滤器一致，长度常为2~10m。

管井的口径一般为150~1000mm，深度为10~1000m，通常所见的管井直径多为500mm左右，深度一般小于200m。由于便于施工，管井广泛用于各种类型的含水层，但一般多用于开采深层地下水。在地下水埋深大、厚度大于5m的含水层中可用管井有效地抽取地下水，单井出水量常在$500 \sim 6000 m^3/d$。

在规模较大的地下水取水工程中经常需要建造由很多井组成的取水系统，这被称为"井群"。根据取水方式，井群系统可分为自流井井群、虹吸式井群、卧式泵取水井群、深井泵井群。井群中各井之间存在相互影响，导致在水位下降值不变的条件下，共同工作时各井出水量小于各井单独工作时的出水量；在出水量不变的条件下，共同工作时各井的水位下降值大于各井单独工作时的水位下降值。在井群取水设计时应考虑这种互相干扰。

3. 大口井

大口井因其井径大而得名，一般直径可达 $3\sim8m$，是开采浅层地下水最合适的取水构筑物类型。大口井具有构造简单、取材容易、使用年限长及容积大，能起到调蓄水量作用等优点，但同时也受到施工困难和基建费用高等条件的限制。所以大口井多限于开采埋深小于 $30m$、厚度小于 $5\sim10m$ 的含水层。我国大口井的直径一般为 $4\sim8m$，井深一般在 $12m$ 以内，单井的出水量可达 $10000m^3/d$。大口井有完整和非完整井之分，如图 2-11 所示。

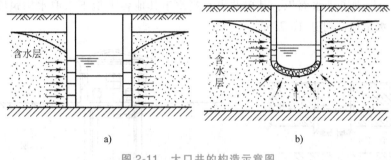

图 2-11　大口井的构造示意图
a）完整式　b）非完整式

大口井多采用不完整井形式，虽然施工条件较困难，但可以从井筒和井底同时进水，以扩大进水面积，且当井筒进水孔被堵后，仍可保证一定的进水量。完整井只能从井壁进水，故非完整式大口井的水力条件比完整式大口井好，适合开采较厚的含水层。

大口井主要由井室、井筒和进水部分组成。

井室的构造主要取决于地下水位的埋深和抽水设备的类型，一般分为半埋式和地面式，如井内不安装设备也可不设井室，井室应注意卫生防护。

井筒一般用混凝土或砖、石等砌筑，用来加固井壁、防止井壁坍塌及隔离水质不良的含水层。

进水部分包括井壁进水孔（或透水井壁）和井底反滤层。

4. 渗渠

由于是水平铺设在含水层中，所以渗渠也被称为"水平式取水构筑物"。受施工条件的限制，其埋深很少超过 $10m$。

渗渠通常由水平集水管、集水井、检查井和泵站组成，如图 2-12 所示。

设置检查井的目的是便于检修、清通，集水管端部、转角、变径处以及每 $50\sim150m$ 均应设检查井。

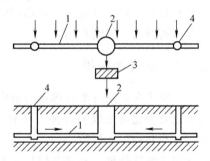

图 2-12　渗渠的构造
1—集水管　2—集水井
3—泵站　4—检查井

渗渠的优点：既可集取浅层地下水，又可集取河床地下水或地表渗透水。渗渠水经过地层的渗滤作用，悬浮物和细菌含量少，硬度和矿化度低，兼有地表水和地下水的优点，渗渠可以满足北方山区季节性河段全年取水的要求。其缺点是：施工条件复杂、造价高、易淤塞，应用上受到限制。出水量一般为 $10\sim30m^3/(d\cdot m)$，最大达 $50\sim100m^3/(d\cdot m)$。

5. 复合井和辐射井

复合井是由非完整式大口井和井底设置的管井过滤器组成。它是一个由大口井和管井组成的分层或分段取水系统，如图 2-13a 所示。适用于地下水位较高、厚度较大的含水层，能充分利用含水层的厚度，增加井的出水量。

辐射井是由大口井与若干沿井壁向外呈辐射状铺设的集水管（辐射管）组合而成。通常又分为非完整式大口井与水平集水管的组合和完整式大口井与水平集水管的组合，如图 2-13b 所示。由于扩大了进水面积，其单井出水量位于其他各类地下水取水构筑物之首。高产的辐射井日产水量最高可达 10 万 m^3。

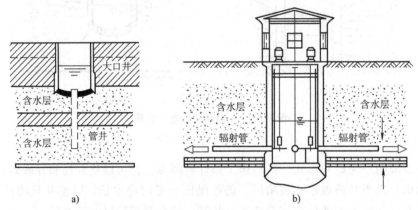

图 2-13 复合井和辐射井示意图

a）复合井 b）辐射井

2.4 水资源的保护与管理

对水资源的有效保护与科学管理，是实现水资源可持续利用的基础。对水资源进行有效保护和科学管理，可避免水资源遭受污染，避免用水浪费、管理不善，开采不当现象发生，确保水资源的可持续利用。

2.4.1 水资源保护

水资源保护是对水资源量与质的保护，包括防止水流堵塞、水源枯竭、水土流失、水体污染以及为此而采取的各种方法和手段。就是通过行政的、法律的、经济的手段，合理开发、管理和利用水资源。一方面是对水量的合理取用及对其补给源的保护，包括对水资源开发利用的统筹规划、涵养及保护水源、科学合理用水、节约用水、提高用水效率等；另一方面是对水质的保护，包括制定有关法规和标准、进行水质调查、监测和评价、制定水质规划、治理污染源等。

1. 水资源保护的目标和措施

水资源保护的目标是在水量方面要做到对地表水资源不因过量引水而引起下游地区生态环境的变化；对地下水源不会引起地下水位的持续下降而引起环境恶化和地面沉降。在水质方面要消除和截断污染源，保障饮水水源及其他用水的水质，防止风景游览区和生活区水体的污染和富营养化，要维持地表水体和地下水含水层的水质都能达到国家规定的相关标准。

要达到上述目标，可采用的措施有：

1）加强对水资源的监测和评价。通过对定点河段有关水量和水质变化的监测和评价，能及时掌握水环境质量的现状和时空变化规律，必将为水资源的合理开发利用和有效保护奠定基础。

2）加强水资源保护立法，实现水资源的统一管理。使我国的水资源管理与保护有法可依，使水资源保护与管理走上法制化的轨道。

3）节约用水，提高水的重复利用率。我国工业、农业和生活用水具有巨大的节水潜力，有效地节约用水和提高水的重复利用率是克服我国水资源短缺的重要措施。

4）综合开发地下水和地表水资源。只有综合开发地表水和地下水，实现联合调度，才能合理而充分地利用水资源。

5）加强对地下水资源的人工补给。地下水资源的人工补给是将地表水采用自流或压力注入的方式注入地下含水层，以便增加地下水的补给量，达到调节控制和改造地下水体的目的。该措施能有效地防止地下水位下降，控制地下水下降；防止海水或潜水入侵；能处理地面径流，排泄洪水；还能利用地层的自净能力，处理工业废水。

6）建立有效的水资源保护区。我国应建立有效的、不同规模、不同类型的水资源保护区，采取切实可行的法律与技术措施，防止水土流失、水质恶化、水源的污染。

7）强化水体污染的控制和管理。实行排污总量的控制，保护水环境质量。

8）实施流域水资源的统一管理。这是一项庞大的工程，只有对流域、区域和局部的水质、水量进行综合控制、综合协调和整治才能得到满意的效果。

2. 水污染的控制与治理

在现阶段我国水资源保护工作中，水污染控制和治理具有特别重要的意义。所谓"水污染"是指水体因某种物质介入而导致其化学、物理、生物或者放射性等方面特性的改变，从而影响水的有效利用，危害人体健康或者破坏生态环境，造成水质恶化的现象。造成水的污染有自然的原因和人为的原因，人为原因是主要的。人为污染是人类生活和生产活动中产生的废物对水的污染。这些废物包括生活污水、工业废水、农田排水和矿山排水。此外，废渣和垃圾倾倒在水中和岸边，废气排放至大气中，这些废物经降雨淋洗后流入水体也会造成污染。近年来，我国在经济高速发展的同时，强调了环境保护和经济建设的协调发展，增加了对环境保护的投入，使环境质量有所改善。但各项污染物的排放总量仍很大，污染程度仍处于相当高的水平。从水污染的状况看，主要河流受有机物污染的情况很普遍。因此，水污染的有效控制和科学治理是水资源保护工作的重点。

水污染控制与治理的基本目标在于保护人民的生活和健康状态不致受到以水为媒介的疾病的影响，保持生态系统的完整不受破坏，保证水资源能持久的利用。

目前主要的水污染防治措施有以下几个方面：

1）加强水质的监测、评价与预测工作，及时掌握水质状况，及时掌握水资源状况，为科学利用和有效保护提供第一手资料。

2）提高工农业用水的效率，积极推行清洁生产，大力发展循环利用和重复利用，减少废水的排放量。

3）制定水污染防治的法规和标准，依照经济规律，加强领导和管理，依法治污，特别是要继续加强对工业污染源的治理，同时也要加快城市污水处理厂的建设，采取集中处理方式，解决污染危害。

4）积极开展流域水污染的治理工作，包括点源治理、面源治理（农田退水与水产养殖等）和内源污染（底泥沉积物）治理。

2.4.2 水资源管理

水资源管理主要是指对水资源开发、利用和保护所实施的组织、协调、监督和调度工作。它是有关行政管理部门的重要管理内容，涉及水资源的有效利用、合理分配、资源保护、优化调度以及相关水工程的合理布局、协调及统筹安排等。目的在于通过实施水资源管理，做到科学、合理地开发利用水资源，支持社会经济发展，改善自然生态环境，达到水资源开发、社会经济发展及自然生态环境保护的目标。

1. 水资源管理的内容

（1）水权的管理 水权是指水资源的产权，它是水的所有权、使用权以及与水的开发利用有关的各种用水权利的总称，主要表现为水资源的所有权和使用权。它是调节个人之间、地区之间、国家之间使用水资源及相邻资源的一种权益界定。

（2）水资源合理配置管理 水资源配置的好坏，关系到水资源开发利用的效益、公平原则和资源、环境可持续利用能力的强弱。根据我国的国情和水资源特性，配置好我国的水资源，使之得到高效利用，取得最大的社会效益。

（3）水资源政策管理 水资源政策管理是为实现可持续发展战略下的水资源持续利用而制定和实施的方针政策方面的管理，如水法、水权、资源配置、综合开发、利用、保护等的政策管理。

（4）水资源开发利用与水环境保护管理 这里包括地表水的开发、治理与利用，地下水开采、补给和利用；用水质量、水生态系统及河湖沿岸生态系统的保护管理等。

（5）水资源信息与技术管理 水资源规划与管理离不开自然和社会的基本资料和系统的信息供给，因此加强水文观测、水质监测、水情预报、工程前期的调查、勘测和运行管理中的跟踪监测等，是水资源开发、利用、保护管理的基础。

（6）水资源组织与协调管理 除了要加强国家对水资源的管理外，还要完善和健全以河流流域为单元的流域机构的水资源统一管理体制，明确界定各级政府部门的管理范围、责权利和合作关系，增强协调和监督的机制和作用。

2. 水资源管理的措施

（1）行政措施 要建立和健全水资源管理的行政机构，编制区域、流域、水源各种水资源保护和利用的规划，统筹安排水资源的合理分配；监督管辖区内的各种水污染，按污染物排放总量的要求，落实污染治理措施，实现污染物达标排放；通过宣传、教育唤起全社会的水忧患意识，推动全民参与。

（2）法律措施 制定国家、地区、流域的水资源保护法规、政策和标准，使水资源的管理有法可依；健全相应的执法机构和人员，保证法律措施的顺利执行。

（3）经济措施 根据社会发展，制定相应的水资源利用费、排污费等，调动全社会节水、保护水资源的积极性。

（4）技术措施 建立和完善水资源监测系统，进行水量水情的长期监测，实行排污监督；大力建设废水处理系统，发展高效、经济的处理技术，减少污染物的排放；建立废水资源化利用系统，通过处理，实现回用或一水多用，把废水作为水资源的重要组成部分。

2.5 非传统水资源的开发与利用

由于用水量不断增加，而可用的水资源又在不断减少，因此，非传统水资源的开发与利用已成为缓解水资源短缺主要途径之一。如污水的再生与利用，海水淡化、雨水收集与利用等。

2.5.1 污水再生与利用

污水再生与利用就是将污水进行处理，使处理后的再生水水质达到再生利用要求，实现污水的再生利用。污水再生利用不仅能减轻污水对水环境的污染与破坏，而且还能实现污水资源化。

1. 污水再生水的用途

污水再生水的用途很多，表 2-3 所示为城市污水再生利用类别。

表 2-3　城市污水再生利用类别

序　号	分　类	范　围	示　例
1	农、林、牧、渔业用水	农田灌溉	种子与育种、粮食与饲料作物、经济作物
		造林育苗	种子、苗木、苗圃、观赏植物
		畜牧养殖	畜牧、家畜、家禽
		水产养殖	淡水养殖
2	城市杂用水	城市绿化	公共绿地、住宅小区绿化
		冲厕	厕所便器冲洗
		道路清扫	城市道路的冲洗及喷洒
		车辆冲洗	各种车辆冲洗
		建筑施工	施工场地清扫、浇洒、灰尘抑制、混凝土制备与养护、施工中的混凝土构件和建筑物冲洗
		消防	消火栓、消防水炮
3	工业用水	冷却用水	直流式、循环式
		洗涤用水	冲渣、冲灰、消烟除尘、清洗
		锅炉用水	中压、低压锅炉
		工艺用水	溶料、水浴、蒸煮、漂洗、水力开采、水力输送、增湿、稀释、搅拌、选矿、油田回注
		产品用水	浆料、化工制剂、涂料
4	环境用水	娱乐性景观环境用水	娱乐性景观河道、景观湖泊及水景
		观赏性景观环境用水	观赏性景观河道、景观湖泊及水景
		湿地环境用水	恢复自然湿地、营造人工湿地
5	补充水源水	补充地表水	河流、湖泊
		补充地下水	水源补给、防止海水入侵、防止地面沉降

2. 污水再生利用水质标准

污水再生利用水质标准应根据不同的用途具体确定。

用于冲厕、道路清扫、消防、城市绿化、车辆冲洗、建筑施工等杂用的再生水水质应符合《城市污水再生利用　城市杂用水水质》（GB/T 18920—2002）的规定，见表2-4。用于景观环境用水的再生水水质应符合《城市污水再生利用 景观环境用水水质》（GB/T 18921—2019）的规定，见表2-5。用于农田灌溉的再生水水质应符合《农田灌溉水质标准》（GB 5084—2005）的规定，见表2-6。用作冷却用水的再生水水质指标应符合表2-7所示的要求。

表2-4　城市杂用水水质标准

项　　目		冲　厕	道路清扫、消防	城市绿化	车辆冲洗	建筑施工
pH 值	≤	6.0~9.0				
色度/度	≤	30				
嗅		无不快感				
浊度/NTU	≤	5	10	10	5	20
溶解性固体/（mg/L）	≤	1500	1500	1000	1000	—
BOD_5/（mg/L）	≤	10	15	20	10	15
氨氮（以 N 计）/（mg/L）	≤	10	10	20	10	20
阴离子表面活性剂/（mg/L）	≤	1.0	1.0	1.0	0.5	1.0
铁/（mg/L）	≤	0.3	—	—	0.3	—
锰/（mg/L）	≤	0.1	—	—	0.1	—
溶解氧/（mg/L）	≥	1.0				
总余氯/（mg/L）		接触 30min 后≥1.0,管网末端≥0.2				
总大肠菌群指数/（个/L）	≤	3				

注：混凝土拌合水还应符合《混凝土用水标准》（JGJ 63—2006）的规定。

表2-5　景观环境用水水质标准

序号	项　　目		观赏性景观环境用水			娱乐性景观环境用水			景观湿地用水
			河道类	湖泊类	水景类	河道类	湖泊类	水景类	
1	基本要求		无漂浮物,无令人不愉快的嗅和味						
2	pH 值(无量纲)		6~9						
3	5 日生化需氧量（BOD_5）/（mg/L）	≤	10	6		10	6		10
4	浊度/NTU	≤	10	5		10	5		10
5	总磷(以 P 计)/（mg/L）	≤	0.5	0.3		0.5	0.3		0.5

（续）

序号	项　目		观赏性景观环境用水			娱乐性景观环境用水			景观湿地用水
			河道类	湖泊类	水景类	河道类	湖泊类	水景类	
6	总氮/(mg/L)	≤	15	10		15	10		15
7	氨氮(以 N 计)/(mg/L)	≤	5	3		5	3		5
8	粪大肠菌群/(个/L)	≤	1000		3	1000		3	1000
9	余氯[1]/(mg/L)	≥	—[2]					0.05~0.1	—
10	色度/度	≤	20						

[1] 未采用加氯消毒方式的再生水，其补水点无余氯要求。

[2] "—"表示对此项无要求。

表 2-6　农田灌溉水质标准

项　目		水　作	旱　作	蔬　菜
5 日生化需氧量(BOD₅)/(mg/L)	≤	60	100	40[1],15[2]
化学需氧量(COD_CR)/(mg/L)	≤	150	200	100[1],60[2]
悬浮物/(mg/L)	≤	80	100	60[1],15[2]
阴离子表面活性剂(LAS)/(mg/L)	≤	5	8	5
水温/℃	≤	35		
pH 值		5.5~8.5		
全盐量/(mg/L)	≤	1000[2](非盐碱土地区),2000[3](盐碱土地区)		
氯化物/(mg/L)	≤	350		
硫化物/(mg/L)	≤	1		
总汞/(mg/L)	≤	0.001		
镉/(mg/L)	≤	0.01		
总砷/(mg/L)	≤	0.05	0.1	0.05
铬(六价)/(mg/L)	≤	0.1		
铅/(mg/L)	≤	0.2		
铜/(mg/L)	≤	0.5		1
锌/(mg/L)	≤	2		
硒/(mg/L)	≤	0.02		
氟化物/(mg/L)	≤	2(一般地区),3(高氟区)		
氰化物/(mg/L)	≤	0.5		
石油类/(mg/L)	≤	5	10	1
挥发酚/(mg/L)	≤	1		
苯/(mg/L)	≤	2.5		
三氯乙醛/(mg/L)	≤	1	0.5	0.5
丙烯醛/(mg/L)	≤	0.5		
硼/(mg/L)	≤	1(对硼敏感作物,如黄瓜、豆类、马铃薯、笋瓜、韭菜、洋葱、柑橘等) 2(对硼耐受性较强的作物,如小麦、玉米、青椒、小白菜、葱等) 3(对硼耐受性强的作物,如水稻、萝卜、油菜、甘蓝等)		

(续)

项　目		水　作	旱　作	蔬　菜
粪大肠菌群数/(个/100mL)	≤	4000	4000	2000[①],1000[②]
蛔虫卵数/(个/L)	≤	2		2[①],1[②]

① 加工、烹调及去皮蔬菜。

② 生食类蔬菜、瓜类和草本水果。

③ 具有一定的水利灌排设施，能保证一定的排水和地下水径流条件的地区，或有一定淡水资源能满足冲洗土体中盐分的地区，农田灌溉水质全盐量指标可以适当放宽。

表 2-7　再生水用作冷却用水的水质指标

序号	项　目		直流冷却水	循环冷却系统补充水
1	pH 值		6.0~9.0	6.5~9.0
2	悬浮物(SS)/(mg/L)	≤	30	—
3	浊度/NTU	≤	—	3
4	BOD$_5$/(mg/L)	≤	30	10
5	COD$_{CR}$/(mg/L)	≤	—	60
6	铁/(mg/L)	≤	—	0.3
7	锰/(mg/L)	≤	—	0.2
8	Cl$^-$/(mg/L)	≤	300	250
9	总硬度(以 CaCO$_3$ 计)/(mg/L)	≤	850	450
10	总碱度(以 CaCO$_3$ 计)/(mg/L)	≤	500	350
11	氨氮/(mg/L)	≤	—	10[①]
12	总磷(以 P 计)/(mg/L)	≤	—	1
13	溶解性总固体/(mg/L)	≤	1000	1000
14	游离余氯/(mg/L)	≥	末端0.1~0.2	末端0.1~0.2
15	粪大肠菌群/(个/L)	≤	2000	2000

① 当循环冷却系统为铜材换热器时，循环冷却系统水中的氨氮指标应小于1mg/L。

　　再生水用于工业用水中的洗涤用水、锅炉用水、工艺用油田注水时，其水质应达到相应的水质标准。当无相应标准时可通过试验、类比调查或参照以天然水为水源的水质标准确定。

2.5.2　雨水收集与利用

1. 雨水收集与利用方式

　　雨水是被长期忽视的一种水资源。雨水再生利用的处理难度和处理成本都要低于城市污水的再生与利用。因此，合理地收集与利用雨水，不仅可以使雨水资源得到利用，缓解水资源紧张的矛盾，而且可以削减城市洪峰流量，减轻水环境污染。目前，我国正积极推行海绵城市建设，其核心内容就是雨水的管控与利用，具体包括渗、滞、蓄、净、用、排。因此，雨水收集与利用应紧密结合海绵城市的工程项目。

　　雨水收集与利用方式包括：

1）利用雨水收集系统收集、储存雨水，净化达到使用要求后直接利用。

　　2）通过各种人工或自然渗透设施使雨水渗入地下，补充地下水。

　　3）利用各种人工或自然水体、池塘、湿地或低洼地对雨水径流实施调蓄、净化和利用，改善城市水环境和生态环境。

2. 雨水收集系统

雨水的收集系统一般分为屋面雨水收集系统与地面雨水收集系统。

屋面雨水收集系统一般可分为重力式雨水收集系统和虹吸式雨水收集系统。为了收集到水质较好的雨水，降低雨水处理成本，可设置初期弃流装置。

地面雨水收集系统按照汇水区域可分为地面、道路、绿地雨水收集系统和公园以及运动场所雨水收集系统。地面雨水收集系统主要由沟、井、雨水渗透系统组成。沟就是排水地沟，新兴的排水沟有 U 形线性排水地沟、缝隙式地沟、PE 排水沟等。雨水收集系统的检查井一般采用整体式（组合式）PE 雨水检查井。雨水渗透系统包括渗透井式雨水口、渗透式弃流井、渗透式雨水井、集水渗透井、渗透式溢流井、渗排水板、陶瓷透水硅砂砖等。

3. 雨水的储存、净化与利用

（1）雨水的储存　目前市场上的雨水储存产品大致可以分为两类：一类是成型的雨水蓄水箱，一类是塑料模块组合水池。成型的雨水蓄水箱可直接安放在地面上，收集自屋面或其他集流场所的雨水。塑料模块组合水池是以聚丙烯塑料单元模块相组合，形成一个地下贮水池，在水池周围根据工程需要包裹防渗土工布或单向渗透土工布，组成贮水池或渗透调洪池两种不同类型。

（2）雨水的净化与利用　雨水的净化可以根据收集到的雨水水质和净化后用途选择处理工艺，可以采用沉淀→过滤→消毒工艺，也可以结合具体情况采用雨水湿地、雨水生态塘、生物岛、高位花坛、渗透渠等处理系统净化雨水。雨水经适当的处理后可用作场地喷灌、车辆清洗、道路喷洒、绿化浇灌等城市杂用水，也可用作空调循环水，也可原位入渗土壤，就近补入景观水体。

2.5.3　海水淡化与利用

海水淡化与利用是沿海缺水地区解决用水难题的主要手段之一，随着处理成本的下降，其应用越来越广泛。海水淡化即利用海水脱盐生产淡水，它是实现水资源利用的开源增量技术，可以增加淡水总量，且不受时空和气候影响。海水淡化主要是为了提供饮用水和农业用水，有时食用盐也会作为副产品被生产出来。

海水淡化是人类追求了几百年的梦想。早在 400 多年前，英国王室就曾悬赏征求经济合算的海水淡化方法。20 世纪 50 年代以后，海水淡化技术随着水资源危机的加剧得到了加速发展。现在世界上有十多个国家的一百多个科研机构在进行着海水淡化的研究，有数百种不同结构和不同容量的海水淡化设施在工作。淡化水的成本在不断地降低，有些国家已经降低到和自来水的价格差不多。海水淡化在中东地区很流行，在某些岛屿和船只上也被使用。早在 2003 年，全球就有 130 国家应用海水淡化技术，海水淡化日产量 3375 万 m^3。且 80% 用于居民用水，解决了 1 亿多人的供水问题，即世界上 1/50 的人口靠海水淡化提供饮用水。截至 2015 年，全球海水淡化日产量 8524 万 m^3 左右，其中工业用水只占到 28%，其余主要服务于居民用水。

我国海水淡化技术研究起步较晚。1970 年，组建了全国第一个海水淡化研究室；1982 年成立了中国海水淡化与水再利用学会；1984 年，国家海洋局以海水淡化研究室为主体，组建国家海洋局杭州水处理技术研究开发中心。1992 年，国家为了追赶膜方面技术与世界的差距，以国家海洋局杭州水处理技术研究开发中心为依托，组建国家液体分离膜工程技术研究中心，并开始研制国产反渗透膜。

根据中国水利企业协会脱盐分会统计，截至 2015 年 12 月，全国已建成海水淡化工程 139 个，工程规模 102.65 万 t/d。用于工业用水的工程规模为 65.28 万 t/d，占总工程规模的 63.60%。其中，电力企业为 35.82%，石化企业为 12.37%，钢铁企业为 9.75%，造纸企业为 2.92%，化工企业为 2.64%，建筑和矿业共占 0.10%。用于居民生活用水的工程规模为 36.62 万 t/d，占总工程规模的 35.67%。用于绿化等其他用水的工程规模为 0.75 万 t/d，占 0.73%。

2015 年全国新建成海水淡化工程 11 个，新增海水淡化工程产水规模 10.77 万 t/d。从工程规模来看，全国已建成万吨级以上海水淡化工程 31 个，产水规模 81.1 万 t/d；千吨级以上、万吨级以下海水淡化工程 37 个，产水规模 11.95 万 t/d；千吨级以下海水淡化工程 71 个，产水规模 1.61 万 t/d。全国已建成最大海水淡化工程规模 20 万 t/d。海水淡化水用途以工业用水为主，占比 63.60%，居民生活用水占比为 35.67%。

2016 年全国海水直接利用量 887.1 亿 m³。海水直接利用量较多的为广东、浙江、福建、辽宁、山东和江苏，分别为 317.0 亿 m³、189.6 亿 m³、127.1 亿 m³、71.7 亿 m³、59.6 亿 m³ 和 52.2 亿 m³，其余沿海省份大都也有一定数量的海水直接利用量。

目前全球海水淡化技术超过 20 种，包括反渗透法、低温多效蒸馏法、多级闪蒸法、电渗析法、压汽蒸馏法、露点蒸发法等，以及微滤、超滤、纳滤等多项预处理和后处理工艺。

思考题与练习题

1. 解释水资源的概念。
2. 简述水源的类型及特点。
3. 地表水取水构筑物有哪些？
4. 地下水取水构筑物有哪些？
5. 雨水收集与利用的方式有哪些？
6. 污水再生后的用途有哪些？

第3章
给水排水管道系统

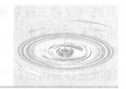

3.1 给水排水管道系统的任务与组成

3.1.1 给水排水管道系统的任务

给水排水管道系统是给水排水工程设施的重要组成部分，它是由不同材料的管道（或管渠）以及相应的附属构筑物构成的输水网络。根据其功能可以分为给水管道系统和排水管道系统。给水管道系统承担供水的输送、分配、压力调节（加压与减压）和水量调节任务，起到保障用户用水的作用。排水管道系统承担污（废）水收集、输送、高程或压力调节和水量调节任务，并能起到防止环境污染和防治洪涝灾害的作用。

3.1.2 给水管道系统的组成

给水管道系统是给水系统的组成部分之一，由输水管（渠）、配水管网、水压调节设施（泵站、减压阀）及水量调节设施（清水池、水塔、高位水池）等组成。图 3-1 所示为某给水管网系统示意图。

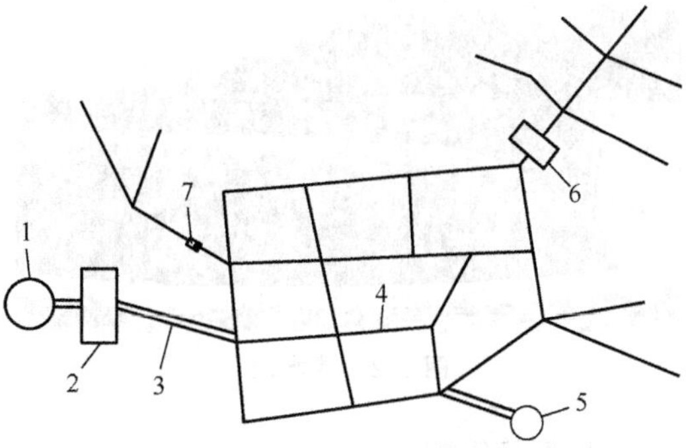

1. 输水管（渠）

输水管（渠）是指在较长距离内输送水量的管道或渠道，一般不沿线向外供水。如从水厂将清水输送至供水区域的管道、从供水管网向某大用户供水的专线管道、区域给水系统中连接各区域管网的管道等。输水管（渠）道仅起输水作用，不沿线配水，管中流量不变。

图 3-1 给水管网系统示意图

1—取水口 2—净水厂 3—输水渠 4—城市配水管网 5—水塔 6—加压泵站 7—减压阀

2. 配水管网

配水管网是指分布在供水区域内的配水管道网络。其功能是将处理后的水分配至整个用水区域和用户。配水管网由主干管、干管、支管、连接管、分配管等构成，此外，还包括消火栓、阀门（闸阀、排气阀、泄水阀等）和检测仪表（压力、流量、水质检测等）等附属设施，以保证消防供水和满足生产调度、故障处理、维护保养等管理要求。

3. 泵站

在给水系统中，往往需要设置水泵来增加水流的压力，满足水量和压力的要求。泵站是安装水泵机组和辅助设备的场所，其主要作用是为机电设备的运行、检修、拆装等提供良好的工作条件和场地。在给水系统中，按泵站的作用可分为取水泵站（又称一级泵站）、送水泵站（又称二级泵站）、加压泵站及循环水泵站。取水泵站一般位于水源地，其作用就是将水源水送至净水厂。送水泵站一般位于水厂内部，将清水池中的水加压后送入输水管或配水管网。加压泵站一般位于给水管网系统中的某个位置，对远离水厂的供水区域或地形较高的区域进行加压，以满足用户的用水要求。在某些工业企业中，为达到节约用水的目的，生产用水循环使用或经过简单处理后回用时采用循环水泵站，一般设置输送冷、热水的两组水泵。

4. 水量调节构筑物

给水系统中调节水量的构筑物主要有清水池、水塔（或高地水池）。清水池用来调节一级泵站和二级泵站的流量差，进而实现水厂均匀供水。清水池结构形式有矩形的，也有圆形的，多为地下或半地下式的。清水池应注意保护，避免水质被污染。图3-2所示为一个正在使用的清水池，清水池盖板上有通气孔。

水塔（或高地水池）用来调节二级泵站和配水管网流量（即用水量）差，确保用水和供水的平衡。水塔有多种形式，图3-3所示是其中的一种。水量调节设施也可用于储存备用水，以保证消防、检修、停电和事故等情况下的用水，提高系统的供水安全可靠性。目前，一般大、中城市往往不用水塔，只在某些小城市或工业企业给水系统中采用。大、中城市往往采用二级泵站内的水泵调度来调节水量。

通气管

图3-2 清水池

图3-3 水塔

5. 附属构筑物

给水系统的附属构筑物主要有阀门井、检查井、消火栓井、水表井、放空排水井、水锤泄压井。

6. 减压设施

为了降低和稳定输配水系统局部的水压，给水管道系统通常设有减压阀和节流孔板等，以避免水压过高造成管道或其他设施的漏水、爆裂、水锤破坏，或避免用水的不舒适感。

3.1.3 排水管道系统的组成

将城市污（废）水和降水按要求进行收集、处理和排放的工程称为排水系统。生活污水、工业废水和降水径流的收集与排除方式称为排水体制。城市排水体制一般可分为合流制和分流制两种基本类型。合流制排水系统是将生活污水、工业废水和雨水用同一套管渠进行收集，然后直接排入水体。分流制排水系统是将生活污水、工业废水、雨水采用两套或两套以上的管渠系统进行收集，收集后的污水送到污水处理厂进行处理。

分流制污水排水系统通常由污水收集设施、排水管渠、污水处理厂和出水口组成。分流制雨水排水系统通常由雨水口、雨水管渠、检查井和出水口组成。

1. 废水收集设施

废水收集设施是排水系统的起始点。用户排出的污（废）水一般直接排到用户的室外窨井，通过连接窨井的排水支管将废水收集到排水管道系统中；雨水的收集是通过屋面雨水管道系统及设备或设在地面的雨水口将雨水收集到雨水排水支管的。

2. 排水管网

排水管网是指分布于排水区域内的排水管道（渠道）网络，其功能是将收集到的污水、废水和雨水等输送到处理地点或排放口，以便集中处理或排放。

排水管网由支管、干管、主干管及附属构筑物等构成，一般沿地面由高往低布置成树状网络。

（1）污（废）水支管 其作用是汇集并输送来自居住小区污水管道系统的污（废）水或工厂企业集中排出的污（废）水。居住小区内污水管道系统包括：建筑物内部污水出户管、连接至户外的接户管、小区支管和小区干管。这些管道的直径一般较小，敷设在居住小区内。

（2）污（废）水干管 其作用是汇集并输送污（废）水支管排出的污（废）水。通常按分水线划分成几个排水区域，每个排水区域通常设一根干管。

（3）污（废）水主干管 其作用是汇集各污（废）水干管流来的污（废）水，并将污（废）水输送至污水厂。

（4）雨水支管 其作用是汇集来自雨水口的雨水并输送至雨水干管。

（5）雨水干管 其作用是汇集雨水支管流来的雨水并就近排入水体。

（6）附属构筑物 排水管网（包括污水和雨水）上的附属构筑物种类较多，主要包括：检查井、雨水口、溢流井、跌水井、水封井、换气井、倒虹管、防潮门等。

3. 排水调节池

排水调节池是指具有一定容积的污水、废水和雨水蓄存设施。通过排水调节池可以降低其下游高峰排水流量，从而减小输水管（渠）或排水处理设施的设计规模，降低工程造价。另外，排水调节池还可在系统事故时储存短时间的排水量，以降低造成环境污染的危险。对于工业废水排水系统，排水调节池也能起到均和水质的作用，利于废水的净化处理。

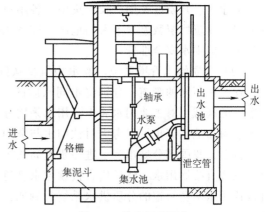

图 3-4 排水提升泵站

4. 排水提升泵站

排水提升泵站是指通过水泵提升排水的高程或使排水加压输送（图 3-4）。排水在重力输送过程中，高程不断降低，当地面较平坦时，输送一定距离后管道的埋深会很大，建设费用很高，通过水泵提升可以降低管道埋深以降低工程费用。另外，为了使排水能够进入处理构筑物或达到排放的高程，也需要进行提升或加压。

5. 出水口

出水口是使污（废）水或雨水排入水体并与水体很好地混合的工程设施。雨水出水口管底高程最好不低于多年平均洪水位，一般在常水位以上，以免倒灌。污水管出水口的管顶高程一般都在常水位以下，利于污水与水体充分混合。常用的出水口形式有淹没式、江心分散式、一字式和八字式。

3.2 给水排水管道系统类型

3.2.1 给水管道系统类型

1. 按水源数分类

（1）单水源给水管道系统 所有用户的用水来源于一个水厂的清水池（清水库）。如企事业单位或小城镇给水管网系统，多为单水源给水管道系统（图3-5）。

（2）多水源给水管道系统 有多个水厂的清水池（清水库）作为水源的给水管道系统，清水从不同的地点经输水管进入管网，用户的用水可以来源于不同的水厂。如大中城市甚至跨城镇的给水管道系统，一般是多水源给水管道系统（图3-6）。

2. 按系统构成方式分类

（1）统一给水管道系统 根据生活饮用水水

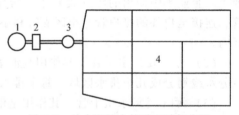

图 3-5　单水源给水管道系统示意图
1—地下水集水池　2—泵站　3—水塔　4—管网

质标准，用统一的管道系统供给城市居民生活饮用水、工业生产和消防用水用户。该系统的水源可以是一个，也可以是多个（图3-5、图3-6）。统一给水管道系统多用在新建中小城市、工业区、开发区及用户较为集中，各用户对水质、水压无特殊要求或相差不大，地形比较平坦，建筑物层数差异不大的地区。该系统的管网中水压均由二级泵站一次提升，给水系统简单，但供水安全性低。

（2）分质给水管道系统 取水构筑物从同一水源或不同水源取水，经过不同程度的净化过程，用不同的管道，分别将不同水质的水供给各个用户（图3-7）。除了在城市中工业较集中的区域，对工业用水和生活用水采用分质供水外，对于水资源紧缺的新建居住区、工业区、海岛地区等也可以考虑对饮用水与杂用水进行分质供水。

目前，我国部分城市为了进一步提高饮用水水质，也有将城市自来水经过进一步深度净化后制成直接饮用水，然后用直接饮用水管道系统供给用户的情况，从而形成一般自来水和直接饮用水两套管道的分质供水系统。例如，上海和深圳少数住宅小区即采用这种分质供水方式。

（3）分区给水管道系统 将给水管道系统划分为多个区域，每区管网具有独立的供水泵站，供水具有不同的水压，各区之间有适当的联系，以保证供水可靠和调度灵活，如图3-8所示。分区给水可以使管网水压不超出水管所能承受的压力，减少漏水量和能量的浪

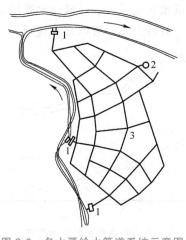

图 3-6 多水源给水管道系统示意图

1—水厂 2—加压水库 3—管网

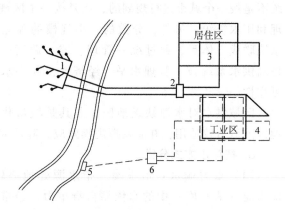

图 3-7 分质给水管道系统

1—管井 2—泵站 3—生活用水管网 4—生产用水管网
5—地面水取水构筑物 6—工业用水处理构筑物

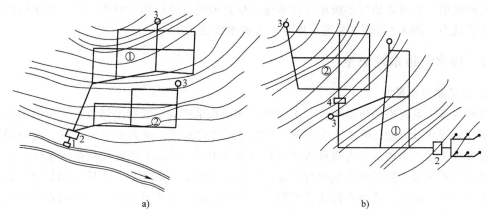

a)   b)

图 3-8 分区给水管道系统示意图

a) 并联分区供水 b) 串联分区供水

1—取水构筑物 2—水厂二级泵站 3—高压输水管 4—高区加压泵站

费，但将增加管网造价且管理比较分散。

供水管道系统分区方式有两种：一种是采用并联分区（图 3-8a），由同一泵站内的高压泵和低压泵分别向高区①和低区②供水，其特点是供水安全可靠，管理方便，给水系统的工作情况简单；但增加了高压输水管长度和造价。另一种是采用串联分区（图 3-8b），高、低两区用水均由低区泵站供给。另外，大中城市的管网为了减少因管线太长引起的压力损失过大，并为提高管网边缘地区的水压，而在管网中间设加压泵站或由水库泵站加压，也是串联分区的一种形式。串联分区的输水管长度较短，可用扬程较低的水泵和低压管，但将增加泵站造价和管理费用。

（4）区域供水管道系统 随着经济发展和农村城市化进程的加快，许多小城市相继形成并不断扩大，或者以某一城市为中心，带动了周围城市的发展。这样，城市之间距离缩短，两个以上城市采用同一给水管道系统，或者若干原先独立的管道系统连成一片，或者以中心城市管道系统为核心向周边城市扩展的供水系统称区域供水管道系统。区域供水管道系统不是按一个城市进行规划的，而是按一个区域进行规划的。其特点是：可以统一规划、合理利用水资源；另外，分散的、小规模的独立供水系统联成一体后，通过统一管理、统一调度，可以提高供水系统技术管理水平、经济效益和供水安全可靠性。

区域供水对水源缺乏地区，尤其是城市化密集地区的城市较适用，并能发挥规模效应，降低成本。

3. 按输水方式分类

（1）重力输水管道系统　指水源处地势较高，清水池（清水库）中的水依靠自身重力，经重力输水管进入管网并供用户使用。重力输水管道系统无动力消耗，运行经济（图3-9）。

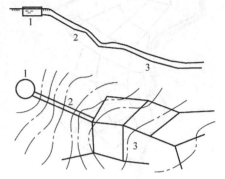

图3-9　重力输水管道系统示意图

1—清水池　2—输水管　3—配水管网

（2）压力输水管道系统　指清水池（清水库）的水由泵站加压送出，经输水管进入管网供用户使用，甚至要通过多级加压将水送至更远或更高处的用户使用。压力给水管网系统需要消耗动力。图3-7和图3-8所示均为压力输水管道系统。

3.2.2　排水管道系统类型

1. 合流制排水系统

合流制排水系统中的生活污水、工业废水和雨水采用同一套管渠排放。它可分为直排式合流制、截流式合流制。排水管道系统的布置就近坡向水体，分若干个排出口，混合的污水未经处理直接排入水体，称为直排式合流制（图3-10）。污水未经处理就排入水体，使受纳水体遭受严重污染。随着现代城市与工业的发展，污水量不断增加，水质日趋复杂，造成的污染危害很大，因此，这种直排式合流制排水系统目前一般不宜采用。原有的直排式合流制排水系统也在逐步进行改造。

截流式合流制是在早期的直排式合流制排水系统的基础上，临河岸边建造一条截流干管，同时在合流干管与截流干管相交前或相交处设置溢流井，并在截流干管下游设置污水处理厂（图3-11）。

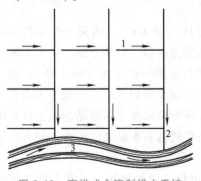

图3-10　直排式合流制排水系统

1—合流支管　2—合流干管　3—河流

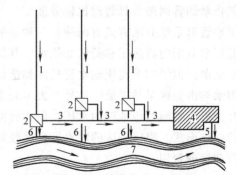

图3-11　截流式合流制排水系统

1—合流干管　2—溢流井　3—截流主干管

4—污水处理厂　5—出水口　6—溢流出水管　7—河流

晴天和初雨时，混合污水全部输送至污水处理厂；雨天时，当雨水、生活污水和工业废水的混合水量超过截流干管的输水能力时，其超出部分通过溢流井直接排入水体。截流式排水系统较直排式排水系统有了较大改进，但由于在雨天有一部分混合污水直接泄入水体，对水体仍会造成一定程度的污染，因此不建议推广使用该排水体制。近年来，世界各国都在致力于探求有效的控制合流制溢流污水污染的途径与方法。截流式合流制排水系统一般常用于老城区的排水系统改造。

2. 分流制排水系统

分流制排水系统将生活污水、工业废水、雨水采用两套或两套以上的管渠系统进行排放。其中汇集输送生活污水和工业废水的排水系统称为污水排水系统；排除雨水的排水系统称为雨水排水系统；只排除工业废水的排水系统称为工业废水排水系统。

图 3-12　完全分流制排水系统
1—污水干管　2—污水主干管
3—污水处理厂　4—出水口
5—雨水干管

按不同的雨水排除方式，分流制排水系统又分为完全分流制（图 3-12）和不完全分流制两种基本排水系统。

完全分流制排水系统具有污水排水系统和完善的雨水排除系统。不完全分流制排水系统是指暂时不设置雨水管渠系统，雨水沿着地面、道路边沟和明渠等方式泄入天然水体。因而该排水体制投资比较少，适用于有合适的地形条件，雨水能顺利排放的地区。新建的城市或地区，在建设初期，往往也采用这种排水体制，待今后配合道路工程的不断完善，再增设雨水管渠系统。

在工业企业中，一般采用分流制排水系统，如图 3-13 所示。

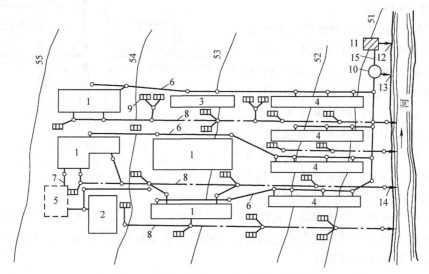

图 3-13　某工厂排水系统总平面示意图
1—生产车间　2—办公楼　3—值班宿舍　4—职工宿舍　5—废水利用车间　6—生产与生活污水管道
7—特殊污染生产污水管道　8—生产废水与雨水管道　9—雨水口　10—污水泵站　11—废水处理站
12—出水口　13—事故排出口　14—雨水出水口　15—压力管道

合理选择排水体制，是城市和工业企业排水系统规划和设计的重要问题。它关系到排水系统是否经济实用，能否满足环境保护要求，同时也影响排水工程总投资、初期投资和经营费用。

3.3 给水排水管道系统布置

3.3.1 给水管道系统布置

1. 输水管渠布置

从水源到水厂或从水厂输水到相距较远的管网的管道或渠道称为输水管渠。输水管渠在整个给水系统中是很重要的。它的一般特点是距离长,因此与河流、高地、交通路线等的交叉较多。当水源、水厂和给水区的位置相距较近时,输水管渠的定线布置较为简单,但对于几十千米甚至几百千米的远距离输水管渠,定线就比较复杂。

输水管渠有多种形式,常用的有压力输水管渠和无压输水管渠。长距离输水管渠的定线应在对各种可行的方案进行详细的技术经济比较后确定,可按具体情况,采用不同的管渠形式,用得较多的是压力输水管渠。

输水管渠定线时,必须与城市建设规划设计相结合选择经济合理的线路,尽量缩短管线长度,少穿越障碍物和地质不稳定的地段。在可能的情况下,尽量采用重力输水或分段重力输水。对于地势起伏较大的地段,宜采取压力输送与重力输送相结合,特别要避免管路中出现负压。输水干管一般应设两条,中间要设连通管;若采用一条,必须采取措施保证满足城市用水安全的要求。

重力输水管渠应根据具体情况设置检查井、排气设施和泄水设施。

2. 配水管网布置

配水管网是给水管道系统中的主要部分,其作用就是将输水管线送来的水,配送给城市用户。根据管网中管线的作用和管径的大小,将管线分为干管、分配管(配水管)、接户管(进户管)三种,如图 3-14 所示。

干管的主要作用是输水和为沿线用户供水。给水管网的布置和计算,一般只限于干管和干管间的连接管。配水管主要作用是把干管输送来的水,配给接户管和消火栓。接

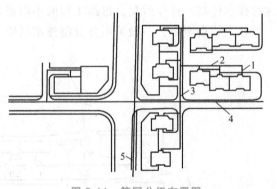

图 3-14 管网分级布置图
1—接户管 2—分配管 3—小区支管(分配管)
4—小区干管 5—城市干管

户管是从分配管接到用户的管线,其管径视用户用水的多少而定,一般的民用建筑用一条接户管,对于供水可靠性要求较高的建筑物,可采用两条或两条以上,而且最好由不同的配水管接入,保证供水安全可靠性。

根据管网的布置形式,可分为树状管网(图 3-15)和环状管网(图 3-16)两种形式。

树状管网投资较少,但供水安全性较差,因为管网中任一段管线损坏时,在该管段以后的所有管线就会断水。另外,在树状网的末端,因用水量已经很小,管中的水流缓慢,甚至停滞不流动,因此水质容易变坏。树状管网一般适用于小城市和小型工矿企业的给水系统。

环状管网的造价明显地高于树状管网。但是,管线连接成环状,当任一段管线损坏时,可以关闭附近的阀门,与其余管线隔开,然后进行检修。此时,水还可从另外管线

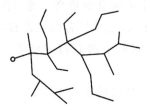

图 3-15 树状管网

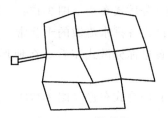

图 3-16 环状管网

供应用户，断水的地区可以缩小，从而增加供水可靠性。环状管网还可以大大减轻因水锤作用产生的危害，而在树状管网中则往往因此使管线损坏。环状管网一般适用于大城市的给水系统。

一般在城市建设的初期采用树状管网，随着城市的发展逐渐连成环状管网。在城市的中心布置成环状管网，郊区布置成树状管网。

配水的管网布置要求供水安全可靠，节约投资，一般应满足如下要求：

1) 按照城市规划平面图布置管网时，应考虑给水系统分期建设的可能，并留有充分的发展余地。

2) 管网布置必须保证供水安全可靠，当局部管网发生事故时，断水范围应减到最小。

3) 管线遍布在整个给水区内，保证用户有足够的水量和水压。

4) 力求以最短距离敷设管线，以降低管网造价和供水能量费用。

5) 生活饮用水的管网严禁与非生活饮用水管网连接。

3.3.2 排水管道系统布置

1. 排水管道系统布置形式

排水管道一般布置成树状管网，可根据地形、竖向规划、污水处理厂的位置、土壤条件、河流情况以及污水种类和污染程度等分为多种形式（图 3-17）。在一定条件下，地形是影响管道定线的主要原因，定线时应充分利用地形，使管道的走向符合地形趋势，一般应顺坡排水。

（1）正交式布置（图 3-17a） 排水干管与地形等高线垂直，主干管与地形等高线平行敷设。正交式布置适应于地形平坦略向一边倾斜的城市的分流制雨水排水系统。

（2）截流式布置（图 3-17b） 正交式布置的发展形式，沿河岸敷设主干管，并将各干管的污水截流到污水处理厂，这种布置也称截流式布置。截流式布置减轻了水体的污染，改善和保护了环境。它适应于分流制的污水系统、区域排水系统和截流式合流制排水系统。

（3）平行式布置（图 3-17c） 排水干管与地形等高线平行，主干管与地形等高线成一定斜角敷设。平行布置可改善干管水力条件，减少跌水井数量，降低工程总造价。平行式布置适应于地形坡度较大的城市。

（4）分区式布置（图 3-17d） 高区污水靠重力流入污水处理厂，低区的污水用水泵送入污水处理厂，这种布置也称分区式布置。分区式布置充分利用地形排水，节省能源，适应于城市地势相差较大的地区。

（5）**分散式布置**（图3-17e）　城市周围有流域或城市中央部分地势高、地势向四周倾斜的地区，各排水流域的干管常采用辐射状分散布置，各排水流域具有独立的排水系统。这种布置也称分散式布置。在地形平坦的大城市，采用辐射状分散式布置可能是比较有利的。

（6）**环绕式布置**（图3-17f）　分散式布置的发展形式，沿四周布置主干管，将各干管

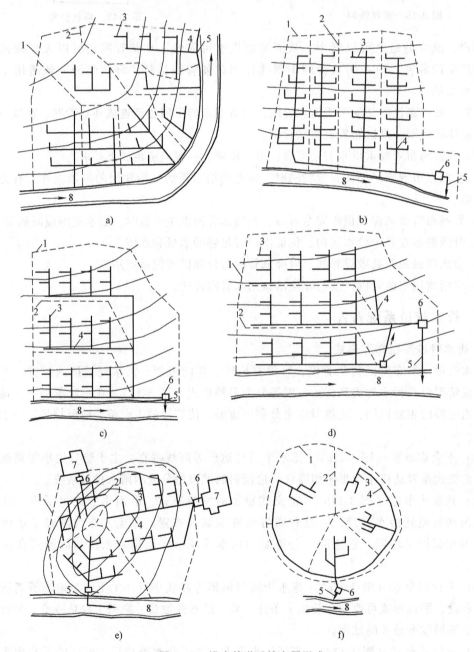

图 3-17　排水管道系统布置形式

a）正交式　b）截流式　c）平行式　d）分区式　e）分散式　f）环绕式

1—城市边界　2—排水流域分界线　3—支管　4—干管　5—出水口　6—污水处理厂　7—灌溉田　8—河流

的污水截流送往污水处理厂。环绕式布置能节省建造污水处理厂的用地，节省基建投资和运行管理费用。

　　2. 污水管道系统布置

　　污水管道系统包括收集和输送城镇生活污水和工业废水的管道及附属构筑物。它包括室内污水管道系统及卫生设备，室外污水管道系统及附属构筑物，污水提升泵站及压力管道，污水处理厂，排入水体的出水口及事故排放口。污水管道系统布置内容有：确定排水区界，划分排水流域；选择污水处理厂与出水口的位置；拟定污水干管与主干管的线路；确定需要提升的排水区域和设置泵站的位置。

　　污水管网定线一般按主干管—干管—支管顺序依次进行。正确合理的污水管道平面布置能使排水管道系统投资节省。图 3-18 所示为某市污水管道系统平面布置图。

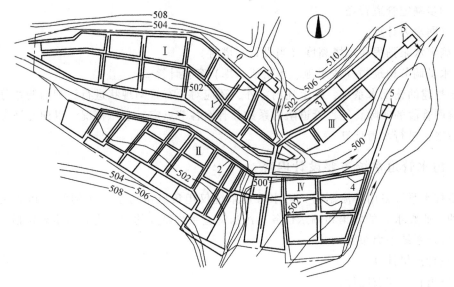

图 3-18　某市污水管道系统平面布置图

0—排水区界　1、2、3、4—各排水流域干管　5—污水处理厂　Ⅰ、Ⅱ、Ⅲ、Ⅳ—排水流域编号

　　3. 雨水管渠系统布置

　　城市雨水管渠系统是由收集、排放城镇雨水的雨水口、雨水管渠、检查井、出水口等构筑物所组成的一整套工程设施。城市雨水管渠系统规划布置的主要内容有：确定排水流域与排水方式，进行雨水管渠的定线，确定雨水调节池、雨水泵站及雨水排放口的位置。雨水管渠布置应尽量利用地形的自然坡度以最短的距离依靠重力排入附近的池塘、河流、湖泊等水体中。图 3-19 所示为某地区雨水管渠系统平面布置图。

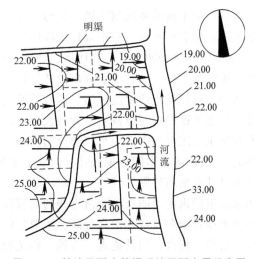

图 3-19　某地区雨水管渠系统平面布置示意图

3.4　给水排水管道系统设计

3.4.1　给水管道系统主要设计内容

在给水工程总投资中，给水管道系统所占费用很高，一般约占 70% ~ 80%，因此，给水管道系统的规划设计，必须进行多方案的技术经济比较，以获得最佳输配水方案。

给水管道系统设计的主要内容包括：

1）输水管渠、配水管网布置与定线。

2）设计流量计算。

3）初步确定管道管径。

4）管网水力计算。

5）确定水泵扬程和水塔高度（当设置水塔时）。

6）水量调节构筑物（清水池、水塔或水库）容积计算。

对于扩建的输配水系统，除上述内容外，还应对原有管网现状进行详细的调查分析，确定现有管网管段的实际管径、管道阻力系数和管网各节点实际水压情况，以便经济合理地确定扩建方案，进行水力计算。

3.4.2　污水管道系统主要设计内容

城市排水系统采用分流制时，污水管道系统仅担负城市污水（生活污水和纳入城市污水管道的工业废水）的收集和输送任务。污水管道系统设计的主要内容与步骤包括：

1）管道系统平面布置。

2）设计流量计算。

3）管道直径和坡度计算。

4）管道埋设深度设计。

5）附属构筑物设计。

污水管网的平面图和纵剖面图，是污水管网设计的主要图样。根据设计阶段的不同，图样表现的深度也有所不同。初步设计阶段的管道平面图就是管道总体布置图，通常采用比例尺为 1：5000 ~ 1：10000，图上有地形、地物、河流、风玫瑰或指南针等。已有和设计的污水管道用粗线条表示，在管线上画出设计管段起讫点的检查井并编上号码，标出各设计管段的服务面积、可能设置的中途泵站、倒虹管及其他的特殊构筑物、污水处理厂、出口等。初步设计的管道平面图中还应将主干管各设计管段的长度、管径和坡度在图上标明。此外，图上应有管道主要工程的工程项目表和说明。施工图阶段的管道平面图比例尺常用 1：1000 ~ 1：5000，图上内容基本同初步设计，但要求更为详细确切。图 3-20 所示为某城镇小区污水管网初步设计平面布置图。

污水管道的纵剖面图反映管道沿线的高程位置，它是和平面图相对应的。图上用单线条表示原地面高程线和设计地面高程线，用双竖线表示检查井，图中还应标出沿线支管接入处的位置、管径、标高，与其他地下管线、构筑物或障碍物交叉点的位置和标高，沿线地质钻孔位置和地质情况等。在剖面图的下方有一表格，表格中列有检查井号、管道长度、管径、坡度、地面标高、管内底标高、埋深、管道材料、接口形式和基础类型等。有时也标明流量、流速、充满度等数据。采用比例尺，一般横向 1∶500～1∶2000，纵向 1∶50～1∶200。对工程量较小，地形、地物较简单的污水管网，也可不绘制纵剖面图，只需要将管道的直径、坡度、长度、检查井的标高以及交叉点等注明在平面图上即可。图 3-21 所示为某污水管网主干管初步设计纵剖面图。

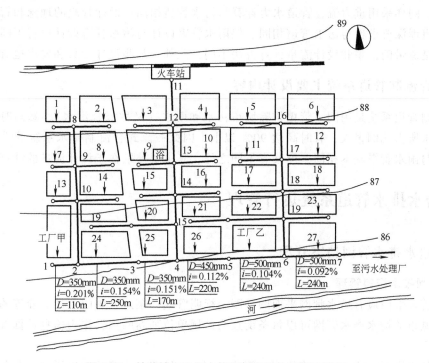

图 3-20　某城镇小区污水管网初步设计平面布置图

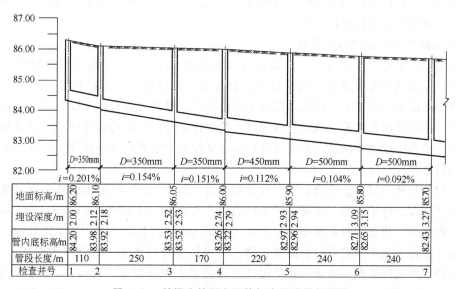

图 3-21　某污水管网主干管初步设计纵剖面图

3.4.3 雨水管渠系统主要设计内容

雨水易在极短时间内形成极大的地面径流，若不及时排除便会造成很大危害。因此，雨水管渠设计流量往往是很大的。

雨水管渠系统设计与污水管道系统设计有很多相同之处。例如，雨水管渠系统也是树状管网形式，同样采用重力流，管道水力计算与污水管道相同；设计管段的理念和管段之间衔接以及管道埋深要求也与污水管道相同。但雨水管渠设计与污水管道设计也有不同之处，其主要不同是流量的汇集和设计流量计算方法不同，此外，某些设计参数和要求也有差别。

3.4.4 合流制管道系统主要设计内容

合流制管道系统是用同一管渠排除城市污水和雨水（又称混合污水）。暴雨时，在混合污水中雨水所占比例很大，有时高达 90% 以上，因此截流式合流制排水系统的主要设计内容和要求与雨水管渠基本相同，但又有不同之处，其主要差别在于设计流量的计算。

3.5 给水排水管道系统运行管理

3.5.1 给水排水管网档案管理

1. 管网技术资料管理

技术管理部门应有给水管网平面图，图上标明管线、泵站、阀门、消火栓等的位置和尺寸。大中城市的给水排水管网可以每条街道为区域单位列卷归档，作为信息数据查询的索引目录。

管网技术资料主要包括：管线图，管线过河、过铁路和公路的构造详图，各种管网附件及附属设施的记录数据和图文资料，管网设计文件和施工图文件、竣工记录和竣工图，管网运行、改建及维护记录数据和文档资料。

2. 给水排水管网地理信息系统

城市给水排水地理信息系统（可以称为给水排水 GIS）是融计算机图形和数据库于一体，储存和处理给水排水系统空间信息的高新技术，它把地理位置和相关属性有机结合起来，根据实际需要准确真实、图文并茂地输出给用户，借助其独有的空间分析功能和可视化表达，进行各项管理和决策，满足管理部门对给水排水管网系统的运行管理、设计和信息查询的需要。给水排水地理信息系统是可以将给水系统和排水系统分开处理，也可以统一成一个整体的信息系统。

给水排水管网地理信息管理系统（简称给水排水管网 GIS）的主要功能是给水排水管网的地理信息管理，包括泵站、管道、管道阀门井、水表井、减压阀、泄水阀、排气阀、检查井、用户资料等。建立管网系统中央数据库，全面实现管网系统档案的数字化管理，形成科学、高效、丰富、翔实、安全可靠的给水排水管网档案管理体系。为管网系统规划、改建、扩建提供图样及精确数据，准确定位管道的埋设位置、埋设深度、管道井、阀门井的位置、给水排水管道与其他地下管线的布置和相对位置等，以减少由于开挖位置不正确造成的施工浪费和开挖时对通信、电力、煤气等地下管道的损坏带来的经济损失甚至严重后果。提供管网优化规划设计、实时运行模拟、状态参数校核、管网系统优化调度等技术性功能的软件接口，实现给水排水管网系统的优化、科学运行，降低运行成本。

管网地理信息系统的空间数据信息主要包括与给水排水管网系统有关的各种基础地理特征信息，如地形、土地使用、地表特征、地下构筑物、河流等，以及给水排水管网系统本身的各地理特征信息，如水表、管道、泵站、阀门、水厂等。

管网属性数据可按实体类型分为节点属性、管道属性、阀门属性、水表属性等。在管网系统中采用地理信息技术，可以使图形和数据之间的互相查询变得十分方便快捷。

3.5.2 给水管道系统运行管理

1. 水压和流量测定

选择有代表性的测压点进行管网水压测定。测压点以设在大中口径的干管线上为主，不宜设在进户支管上或有大量用水的用户附近。测压方式有三种：

1）将自动记录压力仪安装在固定测点如消火栓或给水龙头上，可以得出 24h 的水压变化曲线。

2）将固定测压点的水压通过电传方式及时而连续地传至调度中心。

3）用普通压力表在规定时间、规定测点由人工测定瞬时压力。

大、中型自来水公司一般采用前两种方式测压。根据测定的水压资料，在管网平面图上绘出等水压线，由此反映各条管线的负荷。水压线的密集程度可作为今后放大管径或增敷管线的依据。另外，等水压线标高结合地面标高，可绘出等自由水压线图，据此可了解管网内是否存在低水压区。

给水管网中的流量测定是现代化供水管网管理的重要手段。管网流量测点通常选在具有代表性的主要干管节点附近的直管段上。普遍采用带传感头的插入式电磁流量计或便携式超声波流量计，安装使用方便，不增加管道中的水头损失，容易实现数据的计算机自动采集和数据库管理。根据实测管径可算出流速，还能测得水流方向。

2. 管网检漏

检漏是给水管网管理部门的一项日常工作。减少漏水量既可降低给水成本，也等于新辟水源，具有很大的经济意义。水管损坏引起漏水的原因很多，例如，因水管质量差或使用期长而破损；由于管线接头不密实或基础不平整引起的损坏；因使用不当（例如阀门关闭过快产生水锤）以致破坏管线；因阀门锈蚀、阀门磨损或污物嵌住无法关紧等，都会导致漏水。

目前常用的检漏的方法包括：实地观察法、音听检漏法、区域装表法和区域检漏法等，可根据具体条件选用先进且适用的检漏方法。漏水位置查明后，应做好记录以便于检修。

3. 管网运行调度

给水管网运行调度的目的是安全可靠地将符合水量、水压和水质要求的水送往用户，降低输配水电费，提高供水安全性，取得最好的社会效益和经济效益。

大城市的给水管网往往随着用水量的增加而逐步形成多水源供水系统，通常在管网中设有水库和泵站。多水源给水系统的管网调度是很复杂的，仅凭经验不可能达到优化调度的目的，从而影响经济而有效地供水。为此，必须利用计算机信息化和自动控制技术，包括管网地理信息系统（GIS）、管网压力、流量及水质的遥测系统等，通过计算机数据库管理系统和管网水力及水质动态模拟软件，实现给水管网的程序逻辑控制和运行调度管理，达到管网优化调度目的。目前，已在不少城市的自来水公司进行了这方面的工作，并取得了良好效果。

4. 管道防腐蚀和修复

金属管道（钢管、铸铁管、镀锌管等）腐蚀包括外壁腐蚀和内壁腐蚀，其表现方式有生锈、坑蚀、结瘤、开裂或脆化等。当金属管道与水或潮湿土壤接触后，会因化学作用或电化学作用产生的腐蚀而遭到损坏。管道腐蚀结垢不仅增加管道内水流的水头损失，而且还影响水质。金属管道腐蚀和结垢的防治方法主要有：阴极保护（防止电化学腐蚀）；金属表面涂层（如涂油漆、沥青、内壁涂水泥砂浆或环氧树脂等）；采用非金属管道；在可能条件下进行水质稳定处理，调整水的 pH 值等。

为了防止管壁腐蚀或积垢后降低管线的输水能力，除了新敷管线内壁事先采用水泥砂浆涂衬外，对已埋地敷设的管线则有计划地进行刮管涂料，即清除管内壁积垢并加涂保护层，以恢复输水能力，节省输水能量费用和改善管网水质。金属管线清垢的方法有高速水流冲洗、压缩空气和水力同时冲洗、化学清洗与机械刮管等，应根据不同管径、结垢物或沉积物的化学性质和坚硬程度选择不同清除方法。管壁积垢清除以后，一般是在水管内壁涂水泥砂浆或聚合物改性水泥砂浆，以保持输水能力和延长管道寿命。

为了保证城市地下管道系统的安全运行，作为非开挖施工技术的组成部分，管道修复技术正在不断发展和应用。管道修复技术分为管道局部修补技术和全断面修复技术。当管道的结构完好，仅有局部性缺陷（裂隙或接头损坏）时应考虑局部修补技术。目前我国局部修补技术发展较快，密封法、补丁法、铰接管法、局部软衬法、灌浆法、机器人法等均在工程中应用。全断面修复技术应用较多的有内衬（插管）法、缠绕法和喷涂法。内衬（插管）法适用于管径范围大，一次性修复管道长的情况；缠绕法适用于管径范围大，一次性修复管道短的情况，但适用于各种断面形式；喷涂法主要用于管道的防腐处理，被修复管道的管径较大，且一次性修复管道不超过 150m。近几年，静压裂管法是管道原位全断面修复技术中的一项新工艺。其基本方式为：以待更新的旧管道为导向，在将其破碎的同时，将新管节拉入或顶入旧管道内，实施管道更新。

3.5.3　排水管道系统运行管理

1. 排水管渠清通

在排水管渠中，往往由于水量不足，坡度较小，污水中污物较多或施工质量不良等原因而发生沉淀、淤积，淤积过多将影响管渠的通水能力，甚至使管渠堵塞。因此，必须定期清通。清通的方法主要有水力方法和机械方法两种。

水力清通是指用水对管道进行冲洗的方法。可以利用管道内污水自冲，也可利用自来水或河水。水力清通方法操作简便，效率较高，操作条件好，目前已得到广泛采用。当管渠淤塞严重，淤泥已黏结密实，水力清通的效果不好时，需要采用机械清通方法。

2. 排水管渠修复

系统地检查管渠的淤塞及损坏情况，有计划地安排管渠的修复，是养护工作的重要内容。当发现管渠系统有损坏时，应及时修复，以防损坏处扩大而造成事故。管渠的修复有大修与小修之分，应根据各地的技术和经济条件来划分。

为减少地面开挖，从 20 世纪 80 年代初，国外采用了"热塑内衬法"和"胀破内衬法"技术进行排水管道的修复。上述方法适用于各种管径的管道，且可以不开挖地面施工，但费用较高。

当进行检查井的改建、添建或整段管渠翻修时，常常需要断绝污水的流通，此时，应采取安装临时水泵将污水从上游检查井抽送到下游检查井，或者临时将污水引入雨水管渠中等措施。修理项目应尽可能在短时间内完成，如能在夜间进行更好。当需时较长时，应与交通部门取得联系，设置路障，夜间应挂红灯。

3. 排水管道渗漏检测

为了保证新管道的施工质量和运行管道的完好状态，应进行新建管道的防渗漏检测和运行管道的日常检测。常采用低压空气检测方法，即将低压空气通入一段排水管道，记录管道中空气压力降低的速率，检测管道的渗漏情况。如果空气压力下降速率超过规定的标准，则表示管道施工质量不合格，或者需要进行修复。

4. 排水泵站的运行调度

很多城市排水管渠系统均建有提升泵站。提升泵站与管渠系统、各提升泵站之间均互有影响。例如，暴雨时如果上游泵站提升流量大于下游泵站或管渠排水能力，可能会引起下游管渠溢流或积水。又如，水泵若在吸水池水位较高条件下运行，可以节省动力费，但排水管渠流速降低从而使沉淀物增多，增加管渠维护管理费。因此，从技术经济上考虑，泵站存在的优化控制调度问题值得研究。

3.6　室外给水排水管道材料

管道是给水排水工程中投资最大且作用最为重要的组成部分，管道的材料和质量是给水排水工程质量和运行安全的关键保障。给水排水管道有多种制作材料和规格。

3.6.1　室外给水管道材料

室外给水管道主要有金属管（铸铁管、钢管等）和非金属管（预应力钢筋混凝土管、玻璃钢管、塑料管等）。选择给水管材时，应考虑管道承受的水压和外部荷载强度、管道耐腐蚀性能、管道内壁是否结垢及光滑程度、地质及施工条件、市场供应情况等因素。

1. 钢管

钢管常用于长距离输水管道及城市中的大口径给水管道和水压高处，以及因地质、地形条件限制或穿越铁路、河谷和地震的地区。钢管管径一般大于 800mm，最大直径可以达到 4000mm。

钢管有热轧无缝钢管和有纵向及螺旋焊缝的焊接钢管。直径较大的钢管通常在施工现场用钢板卷圆，焊接而成。钢管具有耐高压、耐振动、质量较轻、单管的长度大和接口方便等优点，但其承受外部荷载的稳定性差，成本高，耐蚀性差，必须对其进行外壁涂层和内壁内衬的防腐措施。国内广泛应用的钢管外防腐层为 2~3 层玻璃布环氧沥青涂层；内防腐层为水泥砂浆内衬。一般当钢管的埋地敷设长度大于 500m 时，还需做阴极保护。

目前国外已普遍使用承插式焊接接口的钢管，它是传统钢管的第二代产品，它把传统钢管的对接焊缝接口改为搭接焊缝接口，提高了接口焊缝的质量，使环向焊缝应力集中减少，避免管道发生爆漏。

2. 铸铁管

铸铁管能承受较大的管内水压力，耐腐蚀性强并且价格较钢管低廉，因而应用较为普遍。但铸铁管为脆性材料，在运输方法不当时易损坏。铸铁管按材质可分为灰铸铁管和球墨铸铁管。

承插式接口铸铁管的内径为 100~1200mm，为了增加铸铁管的耐蚀性，通常在铸造铸铁管的工艺中，对管道外壁喷涂沥青，或用水泥砂浆衬里。

近年来，球墨铸铁管已逐渐被采用，它具有较高的强度、韧性及抗腐蚀性，接口为承插式与法兰混合式（称 K 型接口），只用一个异形橡胶圈，管内衬有厚度为 15mm 的水泥砂浆，价格较钢管高。

3. 塑料管

塑料管具有强度高、表面光滑、不易结垢、水头损失小、耐腐蚀、质量小、施工和接口方便等优点，但是管材的强度较低，热膨胀系数较大，用做长距离管道时需考虑温度补偿措施，例如伸缩节和活络接口。

目前室外给水塑料管多采用聚乙烯塑料（PE）管，如图 3-22 所示。根据生产管道的原材料不同，分为 PE63 级（第一代）、PE80 级（第二代）、PE100 级（第三代）及 PE112 级（第四代）聚乙烯管材，目前给水 PE 管道主要是 PE80 级、PE100 级。

图 3-22　聚乙烯塑料（PE）管

聚乙烯塑料（PE）管也分为高密度 HDPE 型管和中密度 MDPE 型管。高密度 HDPE 型管与中密度 MDPE 型管相比刚性增强、拉伸强度提高、剥离强度提高、软化温度提高，但脆性增加、柔韧性下降、抗应力开裂性下降。

4. 预应力钢筋混凝土管

预应力钢筋混凝土管分普通和加钢套筒两种，其特点是造价低，抗震性能强，管壁光滑，水力条件好，耐腐蚀，抗裂性能较强，爆管率低。但其质量大，不便于运输和安装。预应力钢筋混凝土管的管径规格为 400~3000mm，适用于地基不均匀或地震地区。

现多用预应力钢筋混凝土管（管芯缠丝工艺）代替钢管或铸铁管作为大口径输水管。大口径输水管易爆管、漏水，为克服这个缺陷，现采用预应力钢板套筒混凝土管（PCCP 管），其管芯中间夹有一层厚度为 1.5mm 左右的薄钢筒，并在环向增加一层或二层预应力丝，具有抗震性能好，使用寿命长，不易腐蚀和渗漏的特点，是较理想的大水量输水管材。

3.6.2　室外排水管道材料

室外排水管道一般采用预制的圆形管道敷设而成。但在地形平坦、埋深或出口深度受到限制的地区，也用土建材料在现场修筑的沟渠排水。

1. 混凝土管和钢筋混凝土管

混凝土管和钢筋混凝土管在排水工程中应用极为广泛，可以在专门的工厂预制，也可以现场浇制。但它抵抗酸和抗碱侵蚀及抗渗性能较差；管节短、接头多、施工复杂。另外，大管径管道自重大，搬运不便。

混凝土管管径一般不超过450mm，长度不大于1m，适用于管径较小的无压管；当直径大于400mm时，一般做成钢筋混凝土管，长度为1～3m，多用在埋深较大或地质条件不良的地段。

2. 塑料管

塑料管在室外排水管道工程中应用越来越广泛。目前市场应用较多的塑料排水管道主要有双壁波纹管、中空壁缠绕管和HDPE螺旋缠绕管。

双壁波纹管是由高密度聚乙烯一次溶结挤压成型的，挤压成型过程中同时挤出波纹外壁和一层光滑内壁，如图3-23所示。内层是一个连续实壁管，内层管外缠绕复合成倒"U"形的环形波状钢带增强体，在钢带增强体外复合有与钢带增强体波形相同的HDPE外层。

中空壁缠绕管的结构形式与双壁波纹管很相似，内层和外层均为HDPE膜，中间为钢带增强体，如图3-24所示。中空壁缠绕管内外表面都光滑，双壁波纹管只有内表面光滑。

图3-23　双壁波纹管

图3-24　中空壁缠绕管

HDPE螺旋缠绕管是由HDPE板带材和具有防腐性能的钢带缠绕而成的，内层为HDPE板带材，外层为钢带增强体，如图3-25所示。

3. 玻璃钢夹砂管

玻璃钢夹砂管是以树脂为基体材料，玻璃纤维及其制品为增强材料，石英砂为填充材料制成的新型复合材料管材，如图3-26所示。玻璃钢管按制造工艺不同分为离心浇铸型玻璃钢管和纤维缠绕型玻璃钢管。

玻璃钢夹砂管具有质量小、强度高、耐腐蚀、水头损失小等优点，并且运输、吊装、连接方便。但其刚性较低，易损坏，沟槽开挖回填的要求高，专业性安装要求高，安装费用较高。在排水和给水工程均有应用。

4. 陶土管

陶土管是用塑性黏土焙烧而成的。可根据需要做成无釉、单面釉及双面釉的陶土管。陶土管的管径一般不超过600mm，有效长度为400～800mm。

带釉的陶土管内外壁光滑，水流阻力小，不透水性好，耐磨损，抗腐蚀，特别适用于排除腐蚀性工业废水或敷设在地下水侵蚀性较强的地方。陶土管质脆易碎，不宜远运，不能受

图 3-25　HDPE 螺旋缠绕管

图 3-26　玻璃钢夹砂给水管

内压，抗弯、抗拉强度低，不宜敷设在松土中或埋深较大的地方。陶土管管节短，需要较多的接口，增大施工费用。普通陶土排水管（缸瓦管）适用于居民区室外排水管。

5. 金属管

金属管有铸铁管和钢管，室外重力排水管道较少采用金属管，只在抗压或防渗要求较高的地方采用。如泵站的进出水管，穿越河流、铁路的倒虹管。

金属管质地坚固，抗压、抗震、抗渗性能好，内壁光滑，水流阻力小，管子每节长度大，接头少；但价格昂贵，并且钢管抵抗酸碱腐蚀及地下水侵蚀的能力差。金属管适用于排水管道承受高内压、高外压或对渗漏要求特别高的地方，对于地震烈度大于 8 度或地下水位高，流沙严重的地区也应采用。

6. 大型排水管渠

排水管道的预制管径一般小于 2m，当设计管道断面尺寸大于 1.5m 时，可建造大型排水管渠。排水管渠的常用材料有砖、石、陶土块、混凝土和钢筋混凝土等，一般现场浇制、铺砌和安装。它具有便于就地取材，抗蚀性好，断面形式多等优点。当断面尺寸小于 800mm 时不宜现场施工，而且现场施工时间较预制管长。

思考题与练习题

1. 什么叫合流制排水系统？什么叫分流制排水系统？
2. 简述给水管网的布置形式及特点。
3. 简述排水管道的布置形式及特点。
4. 给水管道系统设计的主要内容有哪些？
5. 简述污水管道系统设计的主要内容与步骤。
6. 常用的给水排水管道材料有哪些？

第4章
水质工程

4.1 水质、水质指标

4.1.1 天然水体的类型及杂质特征

天然水体按水源的种类可分为地表水和地下水两种。地表水包括江、河、湖泊、水库等，地下水是指地表面以下，土壤或岩石孔隙中的水。

自然界中的各种水源都含有不同成分的杂质。按杂质颗粒的尺寸大小可分为悬浮物、胶体和溶解物质三类。

悬浮物：石灰、石英、石膏及黏土和某些植物。

胶体：黏土、硅和铁的化合物及微生物生命活动的产物即腐殖质和蛋白质。

溶解物质：碱金属、碱土金属及一些重金属的盐类，还含有一些溶解气体，如氧气、氮气和二氧化碳等。除此之外，还含有大量的有机物质。

4.1.2 污水的分类与水质特征

污水包括生活污水、工业废水和被污染的雨水。

生活污水是指人类在日常生活中使用过的，并被生活废弃物所污染的水。

工业废水是指在工矿企业生产活动中用过的水。工业废水可分为生产污水与生产废水两类。生产污水是指在生产过程中形成，并被生产原料、半成品或成品等废料所污染，也包括热污染的水（指生产过程中产生的温度超过60℃的水）；生产废水是指在生产过程中形成的，但未直接参与生产工艺，未被生产原料、半成品或成品污染或只是温度稍有上升的水。生产污水需要进行净化处理；生产废水不需要净化处理或仅需做简单的处理，如冷却处理。

被污染的雨水，主要是指初期雨水。由于初期雨水冲刷了地表的各种污物，污染程度很高，故宜做净化处理。

生活污水与生产污水（或经工矿企业局部处理后的生产污水）的混合污水，称为城市污水。

污水中的污染物质与其来源有关，主要有有机污染物、无机污染物两大类。

4.1.3 水质指标

水质，就是水及其所含杂质共同表现出来的物理的、化学的和生物学的综合特性。某一水质特性，可通过所谓水质指标来表达。某种水的水质全貌，可通过建立水质指标体系来表达。

水质指标项目很多，按其性质可分为物理的、化学的和生物的三大类。每种水质指标，都有其国际上通用的标准分析方法，这样各地各种水质指标的检测数据才有可比性，便于相互参考和交流。

1. 水的物理水质指标

水的物理水质指标主要有温度、色度、浑浊度、臭味、电导率、总固体量、溶解性固体量等。

（1）水温　与水的物理化学性质有关，气体的溶解度、微生物的活性及 pH 值、硫酸盐的饱和度等都受水温影响。

（2）色度　表现在水体呈现的不同颜色。纯净水无色透明；天然水中含有黄腐酸的呈黄褐色，含有藻类的水呈绿色或褐色。较清洁的地表水色度一般为 15～25 度，湖泊水色度可在 60 度以上，饮用水色度不超过 15 度。生活污水的颜色常呈灰色。工业废水的色度由于工矿企业的不同而差异很大，如印染、造纸等生产污水色度很高，使人感官不悦。

（3）臭味　这是一项感官性状指标。天然水是无色无味的。水体受到污染后产生气味，影响了水环境。生活污水的臭味主要由有机物腐败产生的气体造成，主要来源于还原性硫和氮的化合物；工业废水的臭味主要由挥发性化合物造成。

（4）浑浊度　表示水中含有悬浮及胶体状态的杂质物质。浑浊度主要来自生活污水与工业废水的排放。

（5）固体物质　水中所有残渣含量的总和为总固体量（TS），其测定方法是将一定量水样在 105～110℃ 烘箱中烘干至恒重，所得含量即为总固体量。总固体量主要由有机物、无机物及生物体三种组成。也可按其存在形态分为：悬浮物、胶体和溶解物。显然，总固体包括溶解固体物质（DS）和悬浮固体物质（SS）。悬浮固体是由有机物和无机物组成，根据其挥发性能，悬浮固体又可分为挥发性悬浮固体（VSS）（也称灼烧减重）和非挥发性悬浮固体（NVSS）（或称灰分）两种。挥发性悬浮固体主要是污水中的有机质，而非挥发性悬浮固体为无机质。生活污水中挥发性悬浮固体约占 70%。

溶解固体的浓度与成分对污水处理效果有直接影响。悬浮固体含量较高能使管道系统产生淤积和堵塞现象，也可使污水泵站的设备损坏。如果不处理直接排入受纳水体，能造成水生动物窒息，破坏生态。

2. 水的化学水质指标

水的化学水质指标包括有机物指标和无机物指标两类。有机物指标主要包括化学需氧量、生化需氧量、总有机碳量（TOC）、总需氧量（TOD）等；无机物指标主要包括氮、磷、无机盐类和重金属离子及酸碱度等。

（1）有机物指标　主要有以下几项：

1）生物化学需氧量（BOD）。生物化学需氧量简称生化需氧量。在一定条件下，即水温为 20℃，由于好氧微生物的生化活动，将有机物氧化成无机物（主要是水、二氧化碳和氨）所消耗的溶解氧量，称为生物化学需氧量，单位为 mg/L。

BOD 的测定至少需要 20 天时间，所以在实际工作中要想测得准确的数值需要时间太长，有一定难度，故工程实际中常用 5 天生化需氧量（BOD_5）作为可生物降解有机物的综合浓度指标。

5 天的生化需氧量 （BOD_5） 约占总生化需氧量 （BOD_u） 的 70%~80%，即测得 BOD_5 后，基本能折算出 BOD 的总量。

2）化学需氧量 （COD）。污水中的有机物按被微生物降解的难易程度可分为两类：可生物降解有机物和难以被生物降解有机物；这两类有机物都能被氧化成无机物，但氧化的方法完全不同。易于被微生物降解的有机物，在温度一定，有氧的条件下，可以用生物化学需氧量 （BOD） 测定出其含量，而难以被微生物降解的有机物，不能直接用生物化学需氧量表现出来，所以 BOD 不能准确地反映污水中有机污染物质的含量。

化学需氧量 （COD） 是用化学氧化剂氧化污水中有机污染物质，氧化成二氧化碳和水，测定其消耗的氧化剂量，单位为 mg/L。常用的氧化剂有两种，即重铬酸钾和高锰酸钾。重铬酸钾的氧化性略高于高锰酸钾。以重铬酸钾作氧化剂时，测得的值为 COD_{Cr} 或 COD；用高锰酸钾作氧化剂测得的值为 COD_{Mn} 或 OC。

显然化学需氧量 （COD） 既能反映出易于被微生物降解的有机物，同时又反映出难以被微生物降解的有机物，所以能较精确地表示污水中有机物的含量。

3）总有机碳量 （TOC）。TOC 的测定原理为：将一定数量的水样，经过酸化后，注入含氧量已知的氧气流中，再通过铂作为触媒的燃烧管，在 900℃ 高温下燃烧，把有机物所含的碳氧化成二氧化碳，用红外线气体分析仪记录二氧化碳的数量，折算成含碳量即为总有机碳量。在进入燃烧管之前，需用压缩空气吹脱经酸化水样中的无机碳酸盐，排除测试干扰。TOC 的单位为 mg/L。

4）总需氧量 （TOD）。有机物的主要组成元素为碳、氢、氧、氮、硫等。将其氧化后，分别产生二氧化碳、水、二氧化氮和二氧化硫等物质，所消耗的氧量称为总需氧量，单位为 mg/L。

TOD 和 TOC 都是通过燃烧化学反应，测定原理相同，但有机物数量表示方法不同，TOC 是用含碳量表示，TOD 是用消耗的氧量表示。

（2）无机物指标　无机物主要有以下几项：

1）污水中的氮磷物质。污水中的氮、磷为植物的营养物质，氮、磷对于高等植物的生长是宝贵物质，而对天然水体中的藻类，虽然是生长物质，但藻类的大量生长和繁殖，能使水体产生富营养化现象。

2）无机盐类。主要指污水中的硫酸盐，氯化物和氰化物等。除此以外，城市污水中还存在一些无机有毒物质，如无机砷化物。

3）重金属离子。主要有汞、镉、铅、铬、锌、铜、镍、锡等。重金属离子以离子状态存在时毒性最大，这些离子不能被生物降解，通常可以通过食物链在动物或人体内富集，产生中毒现象。上述金属离子在低浓度时，有益于微生物的生长，有些离子对人类也有益，但其浓度超过一定值后，即有毒害作用。

4）酸碱污染物。水中的酸碱度以 pH 值反映。酸性废水的危害在于有较大的腐蚀性；碱性废水易产生泡沫，使土壤盐碱化。天然水一般都接近中性，其 pH 值在 7 左右，一般在 6~8 变化。一般情况下，城市污水的酸碱性变化不大，微生物生长要求酸碱度为中性偏碱，当 pH 值超出 6~9 的范围，会对人畜造成危害。

3. 水的生物学指标

水的生物学指标，主要有细菌总数、总大肠菌群数、大肠菌指数、病毒等。对城市生活饮用水而言，水的生物学指标特别重要，因为水的生物学指标反映的是水中病原微生物的数量。

水中存在病原微生物，能导致疾病的爆发，危害极大。水中的病原微生物有病毒、细菌和原生动物三类，每类又有若干种。在日常工作中，要对它们一一分离，检测工作量极大，是非常困难的。因此，采用细菌总数和总大肠菌群等替代性水质指标。水中细菌总数少，表示水中病原细菌也可能少，它能反映水中细菌的数量水平。大肠菌是人类肠道中的一种主要细菌，而水介传染病主要也是肠道疾病，所以以大肠菌与肠道病菌的生活条件相近；此外，大肠菌的数量比肠道病菌要多得多，并且随粪便排出体外后，在水环境中的存活时间与肠道病菌比较相对较长，同时对大肠菌的检测也比较容易。如果水中大肠菌的数量降至一定水平以下，便可以认为水中病菌的存活概率已经很小，即水在细菌学上被认为是安全的了。

细菌总数和大肠菌群数分别以每升水样中含有的细菌总数和大肠菌群数来表示，单位是个/L。大肠菌指数是以查出一个大肠菌群所需的最少水样的水量来表示，单位是 mL。

4.2　水质标准

水质标准包括各行各业的用水标准、各种水环境水质标准以及污水排放标准等。我国的水质标准大致可以分为国家标准、行业（部门）标准和地方标准。由国家颁布的水质标准，在全国具有通用性、指令性和法律性。由部门制定的水质标准，则只适用于部门内部。由地方制定的水质标准，则只适用于地方。

4.2.1　生活饮用水卫生标准

我国政府为保障城镇居民的饮用水安全，制定了集中式供水的生活饮用水卫生标准。于1959 年颁布的第一个国家标准《生活饮用水卫生规程》只包括了 16 项水质指标，1976 年修订时将水质指标增加到 23 项，1985 年修订时《生活饮用水卫生标准》（GB 5749—1985）又将水质指标增加到 35 项。随着我国水环境污染的加剧，城镇水源水中对人体有害的污染物特别是有机污染物大幅增加，要求制定更严格的水质标准，所以于 2006 年修订的《生活饮用水卫生标准》（GB 5749—2006）将水质指标增加到 106 项，增加了 71 项，修订了 8项。其中微生物指标由 2 项增至 6 项，增加了大肠埃希氏菌、耐热大肠菌群、贾第鞭毛虫和隐孢子虫；修订了总大肠菌群；饮用水消毒剂由 1 项增至 4 项，增加了一氯胺、臭氧、二氧化氯；毒理指标中无机化合物由 10 项增至 21 项，增加了溴酸盐、亚氯酸盐、氯酸盐、锑、钡、铍、硼、钼、镍、铊、氯化氰，并修订了砷、镉、铅、硝酸盐；毒理指标中有机化合物由 5 项增至 53 项，增加了甲醛、三卤甲烷、二氯甲烷、1,2-二氯乙烷、1,1,1-三氯乙烷、三溴甲烷、一氯二溴甲烷、二氯一溴甲烷、环氧氯丙烷、氯乙烯、1,1-二氯乙烯、1,2-二氯乙烯、三氯乙烯、四氯乙烯、六氯丁二烯、二氯乙酸、三氯乙酸、三氯乙醛、苯、甲苯、二甲苯、乙苯、苯乙烯、2,4,6-三氯酚、氯苯、1,2-二氯苯、1,4-二氯苯、三氯苯、邻苯二甲酸二（2-乙基己基）酯、丙烯酰胺、微囊藻毒素-LR、灭草松、百菌清、溴氰菊酯、乐果、2,4-滴、七氯、六氯苯、林丹、马拉硫磷、对硫磷、甲基对硫磷、五氯酚、莠去津、呋喃丹、毒死蜱、敌敌畏、草甘膦，修订了四氯化碳；感官性状和一般理化指标由 15 项增至 20项，增加了耗氧量、氨氮、硫化物、钠、铝，修订了浑浊度；放射性指标中修订了总 α 放射性。

目前，我国水质标准已基本与国际接轨。表 4-1 为摘自《生活饮用水卫生标准》（GB 5749—2006）中的水质常规指标及限值。

表 4-1 水质常规指标及限值

指　　标	限　　值
1. 微生物指标[①]	
总大肠菌群(MPN/100mL 或 CFU/100mL)	不得检出
耐热大肠菌群(MPN/100mL 或 CFU/100mL)	不得检出
大肠埃希氏菌(MPN/100mL 或 CFU/100mL)	不得检出
菌落总数(CFU/mL)	100
2. 毒理指标	
砷/(mg/L)	0.01
镉/(mg/L)	0.005
铬(六价)/(mg/L)	0.05
铅/(mg/L)	0.01
汞/(mg/L)	0.001
硒/(mg/L)	0.01
氰化物/(mg/L)	0.05
氟化物/(mg/L)	1.0
硝酸盐(以 N 计)/(mg/L)	10 地下水源限制时为 20
三氯甲烷/(mg/L)	0.06
四氯化碳/(mg/L)	0.002
溴酸盐(使用臭氧时)/(mg/L)	0.01
甲醛(使用臭氧时)/(mg/L)	0.9
亚氯酸盐(使用二氧化氯消毒时)/(mg/L)	0.7
氯酸盐(使用复合二氧化氯消毒时)/(mg/L)	0.7
3. 感官性状和一般化学指标	
色度(铂钴色度单位)	15
浑浊度(NTU-散射浊度单位)	1 水源与净水技术条件限制时为 3
臭和味	无异臭、异味
肉眼可见物	无
pH 值(pH 单位)	不小于 6.5 且不大于 8.5
铝/(mg/L)	0.2
铁/(mg/L)	0.3
锰/(mg/L)	0.1
铜/(mg/L)	1.0
锌/(mg/L)	1.0
氯化物/(mg/L)	250
硫酸盐/(mg/L)	250
溶解性总固体/(mg/L)	1000

（续）

指　　　标	限　　　值
总硬度（以 $CaCO_3$ 计）/（mg/L）	450
耗氧量（COD_{Mn} 法，以 O_2 计）/（mg/L）	3 水源限制，原水耗氧量>6mg/L 时为 5
挥发酚类（以苯酚计）/（mg/L）	0.002
阴离子合成洗涤剂/（mg/L）	0.3
4. 放射性指标[②]	指导值
总 α 放射性/（Bq/L）	0.5
总 β 放射性/（Bq/L）	1

① MPN 表示最可能数；CFU 表示菌落形成单位。当水样检出总大肠菌群时，应进一步检验大肠埃希氏菌或耐热大肠菌群；水样未检出总大肠菌群，不必检验大肠埃希氏菌或耐热大肠菌群。

② 放射性指标超过指导值，应进行核素分析和评价，判定能否饮用。

4.2.2　工业用水标准

不同的工矿企业用水，对水质的要求各不相同，即使是同一种工业，不同生产工艺过程，对水质的要求也有差异。一般应该根据生产工艺的具体要求，对原水进行必要的处理以保证工业生产的需要。

食品工业用水水质标准与生活饮用水基本相同。

在纺织和造纸工业中，水直接与产品接触，要求水质清澈，否则会使产品产生斑点，铁锰过多能使产品产生锈斑。

石油化工、电厂、钢铁等企业需要大量的冷却水。这类水主要对水温有一定要求，同时易于发生沉淀的悬浮物和溶解性盐类不宜过高，以防止堵塞管道和设备，藻类和微生物的滋长也要控制，还要求水质对工业设备无腐蚀作用。

电子工业用水要求较高，半导体器件洗涤用水及药液的配制，都需要高纯水。

4.2.3　地表水环境质量标准

我国现行的地表水环境质量标准是由原国家环境保护总局和国家质量监督检验检疫总局于 2002 年发布并实施的《地表水环境质量标准》（GB 3838—2002）。该标准按照地表水环境功能分类和保护目标，规定了水环境质量应控制的项目及限值，适合于江河、湖泊、运河、渠道、水库等具有使用功能的地表水水域。其标准值主要参考美国的水质基准数据以及日本、俄罗斯、欧洲等国家及地区的水质标准值确定。

该标准依据地表水水域环境功能和保护目标，按功能高低依次划分为五类：

Ⅰ类主要适用于源头水、国家自然保护区。

Ⅱ类主要适用于集中式生活饮用水地表水源地一级保护区、珍稀水生生物栖息地、鱼虾类产卵场等。

Ⅲ类主要适用于集中式生活饮用水地表水源地二级保护区、鱼虾类越冬场、洄游通道、水产养殖区等渔业水域及游泳区。

Ⅳ类主要适用于一般工业用水区及人体非直接接触的娱乐用水区。

Ⅴ类主要适用于农业用水区及一般景观要求水域。

对应地表水上述五类水域功能,将地表水环境质量标准基本项目的标准值分为五类,不同功能类别分别执行相应类别的标准值。同一水域兼有多类功能类别的,依最高类别功能划分。

该标准项目共计 109 项,其中地表水环境质量标准基本项目 24 项(表 4-2),集中式生活饮用水地表水源地补充项目 5 项,集中式生活饮用水地表水源地特定项目 80 项。

表 4-2　地表水环境质量标准基本项目

序 号	项　　目	分类 / 标准值	Ⅰ 类	Ⅱ 类	Ⅲ 类	Ⅳ 类	Ⅴ 类
1	水温/℃		人为造成的环境水温变化应限制在:周平均最大温升≤1 周平均最大温降≤2				
2	pH 值		6~9				
3	溶解氧/(mg/L)	≥	饱和率90%(或7.5)	6	5	3	2
4	高锰酸盐指数/(mg/L)	≤	2	4	6	10	15
5	化学需氧量(COD)/(mg/L)	≤	15	15	20	30	40
6	5 日生化需氧量(BOD_5)/(mg/L)	≤	3	3	4	6	10
7	氨氮(NH_3—N)/(mg/L)	≤	0.15	0.5	1.0	1.5	2.0
8	总磷(以 P 计)/(mg/L)	≤	0.02(湖、库 0.01)	0.1(湖、库 0.025)	0.2(湖、库 0.05)	0.3(湖、库 0.1)	0.4(湖、库 0.2)
9	总氮(湖、库,以 N 计)/(mg/L)	≤	0.2	0.5	1.0	1.5	2.0
10	铜/(mg/L)	≤	0.01	1.0	1.0	1.0	1.0
11	锌/(mg/L)	≤	0.05	1.0	1.0	2.0	2.0
12	氟化物(以 F 计)/(mg/L)	≤	1.0	1.0	1.0	1.5	1.5
13	硒/(mg/L)	≤	0.01	0.01	0.01	0.02	0.02
14	砷/(mg/L)	≤	0.05	0.05	0.05	0.1	0.1
15	汞/(mg/L)	≤	0.00005	0.00005	0.0001	0.001	0.001
16	镉/(mg/L)	≤	0.001	0.005	0.005	0.005	0.01
17	铬(六价)/(mg/L)	≤	0.01	0.05	0.05	0.05	0.1
18	铅/(mg/L)	≤	0.01	0.01	0.05	0.05	0.1
19	氰化物/(mg/L)	≤	0.005	0.05	0.2	0.2	0.2
20	挥发酚/(mg/L)	≤	0.002	0.002	0.005	0.01	0.1
21	石油类/(mg/L)	≤	0.05	0.05	0.05	0.5	1.0
22	阴离子表面活性剂/(mg/L)	≤	0.2	0.2	0.2	0.3	0.3
23	硫化物/(mg/L)	≤	0.05	0.1	0.5	0.5	1.0
24	粪大肠菌群/(个/L)	≤	200	2000	10000	20000	40000

4.2.4 生活饮用水水源水质标准

1993 年原建设部颁布了《生活饮用水水源水质标准》（CJ 3020—1993），规定了生活饮用水水源的水质指标，该标准将生活饮用水水质分为二级。一级水源要求：水质良好，地下水只需消毒处理，地表水经简易净化处理（如过滤）消毒即可供生活饮用。二级水源要求：水质受轻度污染，经常规处理工艺（如混凝、沉淀、过滤、消毒等）处理后水质可达《生活饮用水卫生标准》（GB 5749—2006）规定，可供饮用。水质指标超过二级标准限值的水源水，不宜作为生活饮用水的水源。若限于条件需加以利用时，应采用相应的净化工艺进行处理。生活饮用水水源水质标准见表 4-3。

表 4-3 生活饮用水水源水质标准

项　　目	标　准　限　值	
	一　级	二　级
色度	色度不超过 15 度，并不得呈现其他异色	不应有明显的其他异色
浑浊度/度	≤3	≤3
臭和味	不得有异臭、异味	不应有明显的异臭、异味
pH 值	6.5~8.5	6.5~8.5
总硬度(以碳酸钙计)/(mg/L)	≤350	≤450
溶解铁/(mg/L)	≤0.3	≤0.5
锰/(mg/L)	≤0.1	≤0.1
铜/(mg/L)	≤1.0	≤1.0
锌/(mg/L)	≤1.0	≤1.0
挥发酚(以苯酚计)/(mg/L)	≤0.002	≤0.004
阴离子合成洗涤剂/(mg/L)	≤0.3	≤0.3
硫酸盐/(mg/L)	<250	<250
氯化物/(mg/L)	<250	<250
溶解性总固体/(mg/L)	<1 000	<1 000
氟化物/(mg/L)	≤1.0	≤1.0
氰化物/(mg/L)	≤0.05	≤0.05
砷/(mg/L)	≤0.05	≤0.05
硒/(mg/L)	≤0.01	≤0.01
汞/(mg/L)	≤0.001	≤0.001
镉/(mg/L)	≤0.01	≤0.01
铬(六价)/(mg/L)	≤0.05	≤0.05
铅/(mg/L)	≤0.05	≤0.07
银/(mg/L)	≤0.05	≤0.05
铍/(mg/L)	≤0.0002	≤0.0002
氨氮(以氮计)/(mg/L)	≤0.5	≤1.0
硝酸盐(以氮计)/(mg/L)	≤10	≤20
耗氧量($KMnO_4$ 法)/(mg/L)	≤3	≤6
苯并(a)芘/(μg/L)	≤0.01	≤0.01
滴滴涕/(μg/L)	≤1	≤1
六六六/(μg/L)	≤5	≤5
百菌清/(mg/L)	≤0.01	≤0.01
总大肠菌群/(个/L)	≤1000	≤10000
总 α 放射性/(Bq/L)	≤0.1	≤0.1
总 β 放射性/(Bq/L)	≤1	≤1

4.2.5　污（废）水排放标准

为保护水体免受污染，当污水需要排入水体时，应处理到允许排入水体的程度。我国根据生态、社会、经济三方面的情况综合平衡，全面规划，制定了污水的各种排放标准。具体可分为国家标准、行业排放标准和地方标准。国家标准是全国通用标准，如《污水综合排放标准》（GB 8978—1996），《城镇污水处理厂污染物排放标准》（GB 18918—2002），《污水排入城镇下水道水质标准》（GB/T 31962—2015）等。

《城镇污水处理厂污染物排放标准》（GB 18918—2002）对城镇污水处理厂污染物的排放进行了规定，在该标准中，将城镇污水污染物控制项目分为两类：

第一类为基本控制项目，主要是对环境产生较短期影响的污染物，也是城镇污水处理厂常规处理工艺能去除的主要污染物，包括 BOD、COD、SS、动植物油、石油类、LAS、总氮、氨氮、总磷、色度、pH 值和粪大肠菌群数共 12 项，一类重金属汞、烷基汞、镉、铬、六价铬、砷、铅共 7 项。

第二类为选择控制项目，主要是对环境有较长期影响或毒性较大的污染物，或是影响生物处理、在城市污水处理厂又不易去除的有毒有害化学物质和微量有机污染物，如酚、氰、硫化物、甲醛、苯胺类、硝基苯类、三氯乙烯、四氯化碳等 43 项。

该标准制定的技术依据主要是处理工艺和排放去向，根据不同工艺对污水处理程度和受纳水体功能，对常规污染物排放标准分为三级：一级标准、二级标准、三级标准。一级标准分为 A 标准和 B 标准。一级标准是为了实现城镇污水资源化利用和重点保护饮用水源的目的，适用于补充河湖景观用水和再生利用，应采用深度处理或二级强化处理工艺。二级标准主要是以常规或改进的二级处理为主的处理工艺为基础制定的。三级标准是为了在一些经济欠发达的特定地区，根据当地的水环境功能要求和技术经济条件，可先进行一级半处理，适当放宽的过渡性标准。一类重金属污染物和选择控制项目不分级。

一级标准的 A 标准是城镇污水处理厂出水作为回用水的基本要求。当污水处理厂出水引入稀释能力较小的河湖作为城镇景观用水和一般回用水等用途时，执行一级标准的 A 标准。

城镇污水处理厂出水排入《地表水环境质量标准》（GB 3838—2002）划分的地表水Ⅲ类功能水域（划定的饮用水水源保护区和游泳区除外）、《海水质量标准》（GB 3097—1997）划分的海水二类功能水域和湖、库等封闭或半封闭水域时，执行一级标准的 B 标准。

城镇污水处理厂出水排入《地表水环境质量标准》（GB 3838—2002）划分的地表水Ⅳ、Ⅴ类功能水域或《海水质量标准》（GB 3097—1997）划分的海水三、四类功能海域，执行二级标准。

非重点控制流域和非水源保护区的建制镇的污水处理厂，根据当地经济条件和水污染控制要求，采用一级强化处理工艺时，执行三级标准。但必须预留二级处理设施的位置，分期达到二级标准。

城镇污水处理厂水污染物排放基本控制项目，执行表 4-4 和表 4-5 所示的规定。选择控制项目按表 4-6 的规定执行。

表 4-4　基本控制项目最高允许排放浓度（日均值）

序号	基本控制项目	一级标准 A 标准	一级标准 B 标准	二级标准	三级标准
1	化学需氧量(COD)/(mg/L)	50	60	100	120①
2	生化需氧量(BOD₅)/(mg/L)	10	20	30	60①
3	悬浮物(SS)/(mg/L)	10	20	30	50
4	动植物油/(mg/L)	1	3	5	20
5	石油类/(mg/L)	1	3	5	15
6	阴离子表面活性剂/(mg/L)	0.5	1	2	5
7	总氮(以 N 计)/(mg/L)	15	20	—	—
8	氨氮(以 N 计)②/(mg/L)	5(8)	8(15)	25(30)	—
9	总磷 (以 P 计)/(mg/L) 2005 年 12 月 31 日前建设的	1	1.5	3	5
	2006 年 1 月 1 日起建设的	0.5	1	3	5
10	色度(稀释倍数)	30	30	40	50
11	pH 值	6~9			
12	粪大肠菌群数(个/L)	10³	10⁴	10⁴	

① 下列情况下按去除率指标执行：当进水 COD>350mg/L 时，去除率应大于 60%；BOD>160mg/L 时，去除率应大于 50%。

② 括号外数值为水温>12℃时的控制指标，括号内数值为水温≤12℃时的控制指标。

表 4-5　部分一类污染物最高允许排放浓度（日均值）（单位：mg/L）

序 号	项 目	标 准 值	序 号	项 目	标 准 值
1	总汞	0.001	5	六价铬	0.05
2	烷基汞	不得检出	6	总砷	0.1
3	总镉	0.01	7	总铅	0.1
4	总铬	0.1			

表 4-6　选择控制项目最高允许排放浓度（日均值）（单位：mg/L）

序号	选择控制项目	标准值	序号	选择控制项目	标准值
1	总镍	0.05	12	甲醛	1.0
2	总铍	0.002	13	苯胺类	0.5
3	总银	0.1	14	总硝基化合物	2.0
4	总铜	0.5	15	有机磷农药(以 P 计)	0.5
5	总锌	1.0	16	马拉硫磷	1.0
6	总锰	2.0	17	乐果	0.5
7	总硒	0.1	18	对硫磷	0.05
8	苯并(a)芘	0.00003	19	甲基对硫磷	0.2
9	挥发酚	0.5	20	五氯酚	0.5
10	总氰化物	0.5	21	三氯甲烷	0.3
11	硫化物	1.0	22	四氯化碳	0.03

(续)

序号	选择控制项目	标准值	序号	选择控制项目	标准值
23	三氯乙烯	0.3	34	对硝基氯苯	0.5
24	四氯乙烯	0.1	35	2,4-二硝基氯苯	0.5
25	苯	0.1	36	苯酚	0.3
26	甲苯	0.1	37	间-甲酚	0.1
27	邻-二甲苯	0.4	38	2,4-二氯酚	0.6
28	对-二甲苯	0.4	39	2,4,6-三氯酚	0.6
29	间-二甲苯	0.4	40	邻苯二甲酸二丁酯	0.1
30	乙苯	0.4	41	邻苯二甲酸二辛酯	0.1
31	氯苯	0.3	42	丙烯腈	2.0
32	1,4-二氯苯	0.4	43	可吸附有机卤化物(AOX 以 Cl 计)	1.0
33	1,2 二氯苯	1.0			

　　行业标准是对某个行业的污染物排放做出规定，如《医疗机构水污染物排放标准》（GB 18466—2005），《制浆造纸工业水污染物排放标准》（GB 3544—2008），《制革及毛皮加工工业水污染物排放标准》（GB 30486—2013），《纺织染整工业水污染物排放标准》（GB 4287—2012）等。

　　地方标准是结合本地区的实际情况，对污染物的排放做出规定，如北京市地方标准《水污染物综合排放标准》（DB 11/307—2013），辽宁地方标准《辽宁省污水综合排放标准》（DB 21/1627—2008）等。地方标准的一些指标要高于国家标准。

　　污水排放标准的实施，对水环境的保护起到了非常重要的作用。

4.3　水处理原理与方法

4.3.1　物理处理

1. 筛滤

　　筛滤就是利用格栅和筛网等拦截水中的漂浮物和粗大的悬浮物。格栅一般由互相平行的金属栅条、格栅框和清渣耙三部分组成。按形状格栅分为平面格栅和曲面格栅。筛网由金属线材构成，其孔径较栅条缝隙小得多，可拦截更细小的悬浮物。筛网按其运行方式分为固定式和旋转式。

　　在河水的取水工程中，格栅和筛网常设于取水口，用以拦截河水中的大块漂浮物和杂草。在污水处理厂，格栅和筛网常设于最前部的污水泵之前，以拦截大块漂浮物以及较小物体，保护水泵及管道不被堵塞。图 4-1 所示为用于城市污水处理厂的平面格栅。

2. 沉淀

　　水中许多悬浮固体的密度比水大，因此在水中它们可以自然下沉，利用这一原理去除水中颗粒杂质的过程叫沉淀。

　　（1）沉淀类型　根据悬浮物质的性质、浓度及絮凝性能，沉淀可分为四种类型。

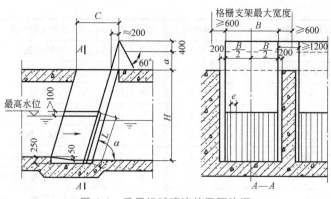

图 4-1　采用机械清渣的平面格栅

第一类为自由沉淀，当悬浮物质浓度不高时，在沉淀的过程中，颗粒之间互不碰撞，呈单颗粒状态，各自独立地完成沉淀过程。典型例子是沙粒在沉砂池中的沉淀。

第二类为絮凝沉淀（也称干涉沉淀），在沉淀过程中，颗粒与颗粒之间可能互相碰撞产生絮凝作用，使颗粒的粒径与质量逐渐加大，沉淀速度不断加快。典型例子是活性污泥在二次沉淀池中的沉淀。

第三类为区域沉淀（或称成层沉淀，拥挤沉淀），在沉淀过程中，相邻颗粒之间互相妨碍、干扰，沉速大的颗粒也无法超越沉速小的颗粒，各自保持相对位置不变，并在聚合力的作用下，颗粒群结合成一个整体向下沉淀，与澄清水之间形成清晰的液-固界面，沉淀显示为界面下沉。典型例子是二次沉淀池下部的沉淀过程及浓缩池开始阶段。

第四类为压缩，区域沉淀的继续，即形成压缩。颗粒间互相支承，上层颗粒在重力作用下，挤出下层颗粒的间隙水，使污泥得到浓缩。典型的例子是活性污泥在二次沉淀池的污泥斗中及浓缩池中的浓缩过程。

（2）*沉淀构筑物*　水处理中的沉淀装置一般分为两类：一类是沉淀无机固体为主的装置，通称为沉砂池；另一类是沉淀有机固体为主的装置，通称为沉淀池。

1）沉砂池。沉砂池按其结构形式分为平流式沉砂池、竖流式沉砂池、钟式沉砂池、多斗沉砂池、曝气沉砂池等。图 4-2 所示为多斗式平流式沉砂池，其横断面多为矩形，平面为长方形。水进入沉砂池后由于断面变大、流速减小，使水中砂粒沉淀，沉渣的排除方式有重力排砂和机械排砂（采用砂泵或空气提升器）。

2）沉淀池。沉淀池按构造形式可分为平流式沉淀池、辐流式沉淀池和竖流式沉淀池，另外还有斜板（管）沉淀池和迷宫沉淀池。在污水处理中，按照其在工艺中的位置可分为初次沉淀池和二次沉淀池。沉淀池在不同的工艺中，所分离的固体悬浮物也有所不同。例如，在生物处理前的沉淀池主要是去除无机颗粒和部分有机物质，在生物处理后的沉淀池主要是分离出水中的微生物固体。

图 4-3 所示为辐流式沉淀池。辐流式沉淀池一般为圆形，也有正方形的，主要由进水管、出水管、沉淀区、污泥区及排泥装置组成。按进出水的形式不同可分为中心进水周边出水、周边进水中心出水和周边进水周边出水三种类型。中心进水周边出水辐流式沉淀池应用最为广泛，污水经中心进水头部的出水口流入池内，在挡板的作用下平稳均匀地流向周边出水堰，沉于池底的积泥由旋转的刮泥桁架将泥刮至池中心，经池底排泥管排出。辐流式沉淀

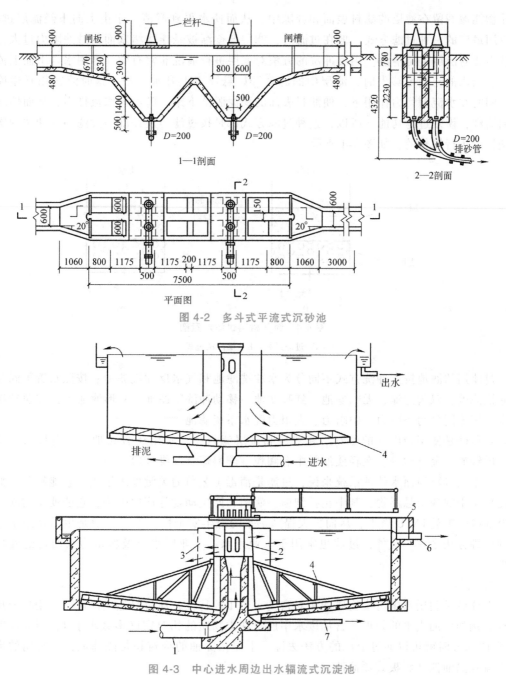

图 4-2　多斗式平流式沉砂池

图 4-3　中心进水周边出水辐流式沉淀池

1—进水管　2—中心管　3—穿孔挡板　4—刮泥机　5—出水槽　6—出水管　7—排泥管

池具有优良的排泥性能，故常用于浑浊度很高的河水处理厂，以及城市污水处理厂中的初次沉淀池和二次沉淀池中。

3. 粒状材料过滤

水处理的过滤一般是指通过过滤介质的表面或滤层截留水体中悬浮固体和其他杂质的过程。粒状材料过滤是用细颗粒的材料（例如石英砂）构成滤层，当水通过滤层时，水中的悬浮物能被截留在滤层的滤料表面和缝隙中,从而使水得到澄清。水由上向下经滤层过滤,是应用最广的一种过滤方式,但在过滤时,滤层会逐渐被悬浮物堵塞而致过滤阻力过大,这时就需要对滤层进行清洗。用反冲洗的方法对滤层进行清洗非常有效,即用水自下而上流经滤层,当水的流速足够大时,滤层中的滤料开始悬浮于上升水流中,这时滤料相互碰撞摩擦,同时在水流剪切力作用下,使滤料表面的积泥脱落下来,随上升水流排出,从而使滤层得到清洗,恢复过滤功能。所以,这种过滤方式都是按过滤→反冲洗→过滤→反冲洗的次序周期性地进行操作的,如图 4-4 所示。

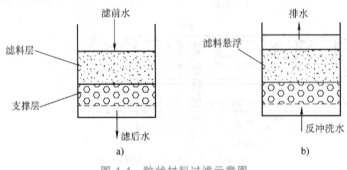

图 4-4 粒状材料过滤示意图

a) 过滤过程 b) 反冲洗过程

过滤用的滤池按照冲洗方式不同分为水冲洗滤池和气水反冲洗滤池;按照布置不同分为普通快滤池、双阀滤池、无阀滤池、虹吸滤池、移动冲洗罩滤池、V 形滤池等;按照冲洗的配水系统不同分为小阻力、中阻力、大阻力配水系统滤池。

石英砂是使用最广泛的滤料。在双层和多层滤料中,常用还有无烟煤、石榴石、钛铁矿、磁铁矿、金刚砂等。在轻质滤料中有陶粒、塑料球、纤维球等。

对于大多数地面水处理系统来说,过滤是消毒工艺前的关键处理手段。它能够截留混凝沉淀后水中的残留悬浮物,其中包括细菌、病菌、原生动物等病原生物,它能使水的浑浊度降至 3NTU 甚至 1NTU 以下,从而大大提高了水的卫生安全性。所以过滤是生活饮用水最重要的处理方法之一。此外,过滤也常用于工业用水、工业废水以及城市污水回用的处理工艺中。

4. 上浮

上浮就是利用水中污染物质的相对密度小于 1 的特性,通过自然上浮进行污染物分离的过程,例如含油废水的处理。含油废水中所含油类物质的相对密度多数小于 1,当油珠粒径大于 100μm 时就可以通过上浮的方法去除。上浮法除油的构筑物是隔油池,其常用的形式有平流式隔油池、斜板式隔油池。

平流式隔油池工艺构造与平流式沉淀池基本相同,平面多为矩形,但平流式隔油池出水端设有集油管。图 4-5 所示是传统型平流式隔油池,在我国应用较为广泛。废水从池的一端流入池内,从另一端流出。在流经隔油池的过程中,由于流速降低,相对密度小于 1.0 而粒径较大的油品杂质得以上浮到水面上,相对密度大于 1.0 的杂质则沉于池底。在出水一侧的水面上设集油管。集油管一般用直径为 200~300mm 的钢管制成,沿其长度在管壁的一侧开有切口,集油管可以绕轴线转动。平时切口在水面上,当水面浮油达到一定厚度时,转动集油管,使切口浸入水面油层之下,油进入管内,再流到池外。

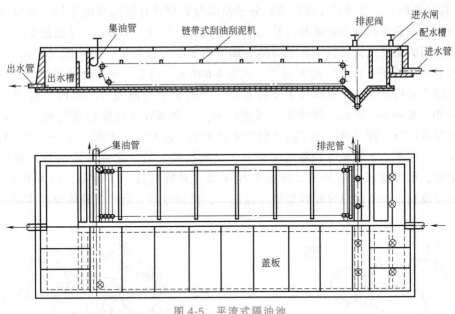

图 4-5　平流式隔油池

4.3.2　化学及物理化学处理

1. 混凝

混凝过程即向水中投加一些药剂（常称为混凝剂），使水中难以沉降的颗粒相互聚合增大，直至能自然沉淀或通过过滤分离。它是水处理的一个重要工艺，主要用以去除呈细小悬浮和胶体形态的污染物。

（1）混凝的概念　混凝一直是水处理与化学工作者关注的课题。在现有文献中，对凝聚和絮凝的含义有多种不同的理解：一种是把两者作为同义语考虑，可以通用；另一种把凝聚理解为胶体被压缩双电层而脱稳的过程，而絮凝则理解为胶体脱稳后（或由于高分子物质的吸附架桥作用）结成大颗粒絮体的过程；还有一种将凝聚理解为胶体脱稳和结成絮体的整个过程，而絮凝仅指结成絮体这一阶段。相对来说，第二种理解较为普遍，并将凝聚与絮凝合起来称为混凝。凝聚是瞬时完成的，而絮凝则需要一定的时间在絮凝设备中完成。

（2）混凝机理　混凝剂促使胶粒脱稳凝聚，从机理上解释主要有：

1）电性中和。电性中和包括压缩双电层和吸附电中和两个机理。压缩双电层是指在胶体分散系中投加能产生高价反离子的活性电解质，通过增大溶液中的反离子强度来减小扩散层厚度，从而使 ζ 电位降低的过程。由于 ζ 电位降低，且碰撞时的间距缩小，排斥能峰降低，相互间吸力增大。因此，只要药剂投量适宜，排斥能峰降到某一值，胶粒动能可以超越它时，两胶粒就可靠近发生凝聚。吸附电中和是指胶粒表面对异号离子、异号胶粒或链状高分子带异号电荷的部位有强烈的吸附作用，由于这种吸附作用中和了它的部分电荷，减少了静电斥力，降低了 ζ 电位，使胶体的脱稳和凝聚易于发生。由于这种吸附作用中和了电位离子所带电荷，此时静电引力是这些作用的主要方面。在水处理过程中，三价铝盐或铁盐混凝剂投量过多，凝聚效果反而下降的现象，可以用本机理解释。因为胶粒吸附了过多的反离子，使原来的电荷变号，排斥力变大，从而发生了再稳现象。

2) 吸附架桥。不仅带异性电荷的高分子物质与胶粒具有强烈吸附作用，不带电甚至带有与胶粒同性电荷的高分子物质与胶粒也有吸附作用。拉曼（Lamer）等通过对高分子物质吸附架桥作用的研究认为：当高分子链的一端吸附了某一胶粒后，另一端又吸附另一胶粒，形成"胶粒—高分子—胶粒"的絮凝体，如图 4-6 所示。高分子物质在这里起了胶粒与胶粒之间相互结合的桥梁作用，故称吸附架桥作用。当高分子物质投量过多时，将产生"胶体保护"作用，如图 4-7 所示。胶体保护可理解为：当全部胶粒的吸附面均被高分子覆盖以后，两胶粒接近时，就受到高分子的阻碍而不能聚集。这种阻碍来源于高分子之间的相互排斥。排斥力可能来源于胶粒与胶粒之间高分子受到压缩变形（像弹簧被压缩一样）而具有的排斥势能，也可能源于高分子之间的电性斥力（对带电高分子而言）或水化膜。因此，高分子物质投量过少不足以将胶粒架桥连接起来，投量过多又会产生胶体保护作用。

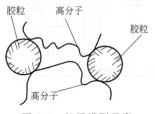

图 4-6　架桥模型示意

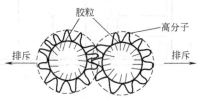

图 4-7　胶体保护示意

3) 网捕或卷扫。当铝盐或铁盐混凝剂投量很大而形成大量氢氧化物沉淀时，可以网捕、卷扫水中胶粒以致产生沉淀分离，称卷扫或网捕作用。这种作用，基本上是一种机械作用，所需混凝剂量与原水杂质含量成反比，即原水胶体杂质含量少时，所需混凝剂多，反之亦然。

（3）影响混凝效果的因素

1) 废水性质的影响。废水的胶体杂质浓度、pH 值、水温及共存杂质等都会不同程度地影响混凝效果。胶体杂质浓度过高或过低都不利于混凝。用无机金属盐作混凝剂时，胶体浓度不同，所需脱稳的 Al^{3+} 和 Fe^{3+} 的用量也不同。

pH 值也是影响混凝的重要因素。采用某种混凝剂对任一废水进行混凝，都有一个相对最佳 pH 值存在，使混凝反应速度最快，絮体溶解度最小，混凝作用最大。例如硫酸铝作为混凝剂时，合适的 pH 值范围是 $5.7 \sim 7.8$，不能高于 8.2。如果 pH 值过高，硫酸铝水解后生成的 $Al(OH)_3$ 胶体就要溶解，水解生成的 AlO_2^- 对含有负电荷胶体微粒的废水就没有作用。

水温对混凝效果影响很大，水温高时效果好，水温低效果差。因无机盐类混凝剂在水解时呈吸热反应，水温低时水解困难，如硫酸铝，当水温低于 5℃ 时，水解速度变慢，不易生成 $Al(OH)_3$ 胶体，其最佳温度是 $35 \sim 40℃$。其次，低温时，水的黏度大，水中杂质的热运动减慢，彼此接触碰撞的机会减少，不利相互凝聚。水的黏度大，水流的剪力增大，絮凝体的成长受到阻碍，因此，水温低时混凝效果差。但温度过高，超过 90℃ 时，易使高分子絮凝剂老化生成不溶性物质，反而降低絮凝效果。

共存杂质的种类对混凝的效果是不同的。除硫、磷化合物以外的其他各种无机金属盐，它们均能压缩胶体粒子的扩散层厚度，促进胶体粒子凝聚。离子浓度越高，促进能力越强，并可使混凝范围扩大。磷酸离子、亚硫酸离子、高级有机酸离子等阻碍高分子絮凝作用。另外，氯、螯合物、水溶性高分子物质和表面活性物质都不利于混凝。

2）混凝剂的影响。对无机金属盐混凝剂来说，无机金属盐水解产物的分子形态、荷电性质和荷电量等对混凝效果均有影响。对高分子絮凝剂来说，其分子结构形式和分子量均直接影响混凝效果。一般线状结构较支链结构的絮凝效果好，相对分子质量较大的单个链状分子的吸附架桥作用比相对分子质量小的好，但水溶性较差，不易稀释搅拌。相对分子质量较小时，链状分子短，吸附架桥作用差，但水溶性好，易于稀释搅拌。

另外，混凝剂的投加量对混凝效果也有很大影响，应根据实验确定最佳的投药量。

3）搅拌的影响。搅拌的目的是帮助混合反应，凝聚和絮凝，搅拌的速度和时间对混凝效果都有较大的影响。过于激烈地搅拌会打碎已经凝聚和絮凝的絮状沉淀物，反而不利于混凝沉淀，因此搅拌一定要适当。

（4）常用的混凝剂　按照所加药剂在混凝过程中所起的作用，混凝剂可分为凝聚剂和絮凝剂两类，分别起胶粒脱稳和结成絮体的作用。根据混凝剂的化学成分与性质，混凝剂还可分为无机混凝剂、有机混凝剂和微生物混凝剂三大类。

传统的无机混凝剂主要为低分子的铝盐和铁盐，铝盐主要有硫酸铝 $[Al_2(SO_4)_3 \cdot 18H_2O]$、明矾 $[(Al_2(SO_4)_3 \cdot K_2SO_4 \cdot 24H_2O)]$、氯化铝、铝酸钠（$NaAlO_2$）等。铁盐主要有三氯化铁（$FeCl_3 \cdot 6H_2O$）、硫酸亚铁（$FeSO_4 \cdot 7H_2O$）和硫酸铁 $[Fe_2(SO_4)_3 \cdot 2H_2O]$ 等。

有机高分子混凝剂与无机高分子混凝剂相比，具有用量少，絮凝速度快，受共存盐类、pH 值及温度影响小，污泥量少等优点。但普遍存在未聚合单体有毒的问题，而且价格昂贵，这在一定程度上限制了它的应用。目前使用的有机高分子混凝剂主要有合成的和改性的两种。

水处理中大量使用的有机混凝剂多为人工合成有机高分子混凝剂，主要有聚丙烯、聚乙烯物质，如聚丙烯酰胺、聚乙烯亚胺等。这些混凝剂都是水溶性的线性高分子物质，每个大分子由许多包含有带电基团的重复单元组成，因而也称为聚电解质。按其在水中的电离性质，聚电解质又有非离子型、阴离子型和阳离子型三类。

微生物絮凝也被称为第三代混凝剂。该类混凝剂是利用生物技术，通过微生物发酵抽提、精制而得的一种新型、高效的水处理药剂。微生物混凝剂与普通混凝剂相比，具有更强的凝聚性能，可使一些难降解的高浓度废水混凝，另外它易于固液分离、形成沉淀物少、易被微生物降解、无毒无害、无二次污染、适用范围广并有除浊脱色功能。

在水混凝处理中，有时使用单一的混凝剂不能取得良好的效果，往往需要投加辅助药剂以提高混凝效果，这种辅助药剂称为助凝剂。助凝剂的作用只是提高絮凝体的强度，增加其质量，促进沉降，且使污泥有较好的脱水性能，或者用于调整 pH 值，破坏对混凝作用有干扰的物质。助凝剂本身不起凝聚作用，因为它不能降低胶粒的 ζ 电位。

常用的助凝剂有 CaO、$Ca(OH)_2$、Na_2CO_3、$NaHCO_3$ 等碱性物质以及聚丙烯酰胺、活性硅酸、活性炭、各种黏土等。

混凝过程是在混合装置和絮凝反应池中完成的，混凝工艺流程如图 4-8 所示。

药剂溶液投入水中后，经混合装置使水与药液充分混合，流入絮凝反应池进行絮凝反应。胶体颗粒表面电荷被中和后，在分子布朗运动的作用下迅速相互聚结成较大的颗粒，随

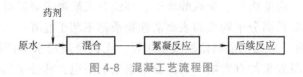

图 4-8 混凝工艺流程图

着颗粒的增大，聚结速度迅速减慢。在絮凝反应池中将水搅动，利用水的湍动作用加快颗粒的聚结，以使其尽快生成易于下沉的大颗粒絮体。

在城市生活饮用水的处理中，混凝是去除地表水中浑浊物质最常用的处理方法。混凝在工业废水处理中也应用甚广。

2. 气浮

（1）气浮原理　气浮法是向水中注入或通过电解的方法产生大量的微气泡，使其与废水中密度接近于水的固体或液体污染物微粒黏附，形成密度小于水的气浮体，在浮力的作用下上浮至水面形成浮渣，进行固液或液液分离的一种水处理技术。

气浮分离是一个涉及气、液、固三相体系的问题，要实现气浮分离，首先必须使气泡吸附到颗粒上去。

这一吸附能否实现的关键是水对该种颗粒的润湿性，即被水润湿的程度。水对各种颗粒润湿性可用它们与水的接触角来表示。在三相接触点上，由气液界面与固液界面构成的夹角，称为接触角。接触角 $\theta < 90°$ 的为亲水物质；$\theta > 90°$ 的为疏水物质。这可由图 4-9 所示的接触角大小看出。一般情况下，疏水性颗粒易被气泡吸附，亲水性颗粒难被气泡吸附。为提高气浮法的分离效果，往往采取措施改变固体或液体污染物微粒的表面特性。例如向水中投加浮选剂，使亲水性颗粒转变成为疏水性颗粒；向乳化油废水中投加破乳剂（混凝剂），使难以气浮的乳化油聚集成气浮可去除的油粒等。

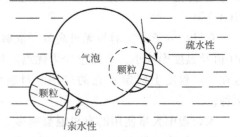

图 4-9　亲水性和疏水性物质的接触角 θ 示意图

（2）气浮方法　根据布气方式的不同，气浮处理分为散气气浮、溶气气浮和电解气浮。

散气气浮直接将空气注入水中，通过扩散装置使空气以微小气泡的形式进入水中，进行气浮。

溶气气浮法有加压溶气气浮法和真空溶气气浮法两种。加压溶气气浮是将空气在压力下送入水中，然后在常压下析出；真空溶气气浮是将空气在压力或常压下送入，然后在负压条件下析出。目前，加压溶气气浮应用较多。

电解气浮法是在直流电的作用下，用不溶性阳极和阴极直接电解废水，正负两极产生的氢和氧的微气泡将废水中呈颗粒状的污染物带至水面以进行固液分离的一种技术。

3. 氧化还原

利用溶解于水中的有毒有害物质，在氧化还原反应中能被氧化或还原的性质，把它们转化为无毒无害的新物质，这种方法称为氧化还原法。

根据有毒有害物质在氧化还原反应中能被氧化或还原的不同，废水的氧化还原法又可分为氧化法和还原法两大类。在废水处理中常用的氧化剂有：空气中的氧、纯氧、臭氧、氯气、漂白粉、次氯酸钠、三氯化铁等；常用的还原剂有硫酸亚铁、亚硫酸盐、氯化亚铁、铁屑、锌粉、二氧化硫、硼氢化钠等。

（1）氧化法　氧化法有药剂氧化法和臭氧氧化法等。

药剂氧化法就是向废水中投加氧化剂，氧化废水中的有毒有害物质，使其转变为无毒无害的或毒性小的新物质的方法。药剂氧化法中最常用的是氯氧化法。

氯是最为普遍使用的氧化剂，而且氧化能力较强，可以氧化处理废水中的酚类、醛类、醇类以及洗涤剂、油类、氰化物等，还有脱色、除臭、杀菌等作用。在化学工业方面，它主要用于处理含氰、含酚、含硫化物的废水和染料废水。

氯氧化处理常用的药剂有：漂白粉、漂白精、液氯、次氯酸和次氯酸钠等。工业上最常用的是漂白粉 $[CaCl(OCl)]$、漂白精 $[Ca(OCl)_2]$、液氯。它们在水溶液中可电离生成次氯酸离子：

$$CaCl(OCl) \rightarrow Ca^{2+} + Cl^- + OCl^- \tag{4-1}$$

$$Ca(OCl)_2 \rightarrow Ca^{2+} + 2OCl^- \tag{4-2}$$

$$Cl_2 + H_2O \rightarrow H^+ + Cl^- + HOCl \tag{4-3}$$

$$HOCl \rightarrow H^+ + OCl^- \tag{4-4}$$

$HOCl$ 和 OCl^- 具有很强的氧化能力。

臭氧是一种强氧化剂，臭氧氧化法在废水处理中能使多种污染物氧化分解，用于降低 BOD、COD，脱色、除臭、除味，杀菌、杀藻，除铁、锰、氰、酚等。例如处理含氰废水时，臭氧和氰化物发生如下反应：

$$KCN + O_3 \rightarrow KCNO + O_2 \uparrow \tag{4-5}$$

$$2KCNO + H_2O + 3O_3 \rightarrow 2KHCO_3 + N_2 \uparrow + 3O_2 \uparrow \tag{4-6}$$

有毒的氰化钾经臭氧氧化后变成无毒的碳酸氢钾和氮气，含氰废水得到有效治理。

（2）还原法　还原法常用的有金属还原法和药剂还原法。

金属还原法是以固体金属为还原剂，用于还原废水中的污染物，特别是汞、镉、铬等重金属离子。如含汞废水可以用铁、锌、铜、锰、镁等金属作为还原剂，把废水中的汞离子置换出来，其中效果较好、应用较多的是铁和锌。

药剂还原法是采用一些化学药剂作为还原剂，把有毒物转变成低毒或无毒物质，并进一步将污染物去除，使废水得到净化。常用的还原剂有亚硫酸钠、亚硫酸氢钠、焦亚硫酸钠、硫代硫酸钠、硫酸亚铁、二氧化硫、水合肼、铁屑、铁粉等。

如含铬废水中六价铬的毒性很大，利用硫酸亚铁、亚硫酸氢钠、二氧化硫等还原剂可以将 Cr^{6+} 还原成 Cr^{3+}。如用硫酸亚铁还原剂，首先在酸性条件下（pH = 2.9 ~ 3.7），把废水中 Cr^{6+} 还原成 Cr^{3+}，反应如下：

$$H_2Cr_2O_7 + 6FeSO_4 + 6H_2SO_4 \rightarrow Cr_2(SO_4)_3 + 3Fe_2(SO_4)_3 + 7H_2O \tag{4-7}$$

然后投加石灰，在碱性条件下（pH = 7.5 ~ 8.5）生成氢氧化铬沉淀，其反应如下：

$$Cr_2(SO_4)_3 + 3Fe_2(SO_4)_3 + 12Ca(OH)_2 \rightarrow 2Cr(OH)_3 \downarrow + + 6Fe(OH)_3 \downarrow + 12CaSO_4 \tag{4-8}$$

（3）高级氧化技术　高级氧化技术又称为深度氧化技术，以产生具有强氧化能力的羟基自由基（·OH）为特点，在高温高压、电、声、光辐照、催化剂等反应条件下，使大分子难降解有机物氧化成低毒或无毒的小分子物质。目前常用高级氧化技术主要有 Fenton 试剂法、湿式氧化法、超临界氧化法、光催化氧化法等。

1) Fenton 试剂氧化法。Fenton 试剂由亚铁盐和过氧化氢组成，当 pH 值足够低时，在 Fe^{2+} 的催化作用下，过氧化氢就会分解出 $\cdot OH$，从而引发一系列的链反应。其中 $\cdot OH$ 的产生为链的开始：

$$Fe^{2+}+H_2O_2 \rightarrow Fe^{3+}+\cdot OH+OH^- \tag{4-9}$$

以下反应则构成了链的传递节点：

$$\cdot OH + Fe^{2+} \rightarrow Fe^{3+} + OH^- \tag{4-10}$$

$$\cdot OH + H_2O_2 \rightarrow HO_2 \cdot + H_2O \tag{4-11}$$

$$Fe^{3+} + H_2O_2 \rightarrow Fe^{2+} + HO_2 \cdot + H^+ \tag{4-12}$$

$$HO_2 \cdot + Fe^{3+} \rightarrow Fe^{2+} + O_2 \cdot + H^+ \tag{4-13}$$

各种自由基之间或自由基与其他物质的相互作用使自由基被消耗，反应链终止。

Fenton 试剂之所以具有非常强的氧化能力，是因为过氧化氢在催化剂铁离子存在下生成氧化能力很强的羟基自由基（其氧化电位高达 +2.8V），另外，羟基自由基具有很高的电负性或亲电子性，其电子亲和能力为 569.3kJ，具有很强的加成反应特征。因而 Fenton 试剂可无选择地氧化水中大多数有机物，特别适用于生物难降解或一般化学氧化难以奏效的有机废水的氧化处理。因此，Fenton 试剂在废水处理中的应用具有特殊意义，在国内外受到普遍重视。

2) 湿式氧化法。湿式氧化法一般在高温（150~350℃）高压（0.5~20MPa）操作条件下，在液相中，用氧气或空气作为氧化剂，氧化水中呈溶解态或悬浮态的有机物或还原态的无机物的一种处理方法，最终产物是二氧化碳和水。可以看作是不发生火焰的燃烧。

在高温高压下，水及作为氧化剂的氧的物理性质都发生了变化。在室温到 100℃ 范围内，氧的溶解度随温度升高而降低，但在高温状态下，氧的这一性质发生了改变。当温度大于 150℃，氧的溶解度随温度升高反而增大，且其溶解度大于室温状态下的溶解度。同时氧在水中的传质系数也随温度升高而增大。因此，氧的这一性质有助于高温下进行的氧化反应。

湿式氧化过程比较复杂，一般认为有两个主要步骤：一是空气中的氧从气相向液相的传质过程；二是溶解氧与基质之间的化学反应。若传质过程影响整体反应速率，可以通过加强搅拌来消除。下面着重介绍化学反应机理。

目前普遍认为，湿式氧化去除有机物所发生的氧化反应主要属于自由基反应，共经历诱导期、增殖期、退化期以及结束期四个阶段。在诱导期和增殖期，分子态氧参与了各种自由基的形成。但也有学者认为分子态氧只是在增殖期才参与自由基的形成。生成的 $\cdot HO$、$\cdot RO$、$\cdot ROO$ 等自由基攻击有机物 RH，引发一系列的链反应，生成其他低分子酸和二氧化碳。

3) 超临界水氧化技术。任何物质，随着温度、压力的变化，都会相应地呈现为固态、液态和气态这三种物相状态，即所谓的物质三态。三态之间互相转化的温度和压力值称为三相点。除了三相点外，每种相对分子质量不太大的稳定的物质都具有一个固定的临界点。严格意义上，临界点由临界温度、临界压力、临界密度构成。当把处于气液平衡的物质升温升压时，热膨胀引起液体密度减少，而压力的升高又使气液两相的相界面消失，成为一均相体系，这一点即为临界点。当物质的温度、压力分别高于临界温度和临界压力时就处于超临界状态。在超临界状态下，流体的物理性质处于气体和液体之间，既具有与气体相当的扩散系数和较低的黏度，又具有与液体相近的密度和对物质良好的溶解能力。因此可以说，超临界流体是存在于气、液这两种流体状态以外的第三流体。超临界水氧化技术就是利用超临界水作为介质来氧化分解有机物。在超临界水氧化过程中，由于超临界水对有机物和氧气都是极好的溶剂，因此有机物的氧化可以在富氧的均一相中进行，反应不会因相间转移而受限制。同时，高的反应温度（建议采用的温度范围为 400～600℃）也使反应速度加快，可以在几秒钟内对有机物达到很高的破坏效率。

4. 中和

用化学法去除废水中的酸或碱，使其 pH 值达到中性左右的过程称为中和。处理酸、碱废水的碱、酸称为中和剂。

酸、碱废水来源很广，化工厂、化纤厂、电镀厂、煤加工厂及金属酸洗车间等都排出酸性废水，印染厂、金属加工厂、炼油厂、造纸厂等排出碱性废水。酸、碱废水随意排放不仅会造成污染，腐蚀管道，毁坏农作物，危害水体，影响渔业生产，破坏生物处理系统的正常运行，而且会使重要工业原料流失造成浪费。当废水中酸或碱的含量很高时，如在 3%～5%，就应当首先考虑回收和综合利用，当含量不高，回收或综合利用经济价值不大时，才考虑中和处理。

酸性废水的中和方法有利用碱性废水或碱性废渣进行中和、投加碱性药剂及通过有中和性能的滤料过滤三种方法。碱性废水的中和方法有利用酸性废水或酸性废渣进行中和、投加酸性药剂等。

用以中和酸性废水的碱性物质，主要有碱性药剂，如石灰、白云石等。用以中和碱性废水的酸性物质，主要有酸性药剂，如无机酸（硫酸、盐酸），酸性废气（含一氧化碳的烟道气）等。如同时存在酸性废水和碱性废水的情况下，可以相互中和，以节省药剂。

5. 化学沉淀

向水中投加化学药剂，使之与水中某些溶解物质发生反应，生成难溶解盐沉淀下来，从而降低水中溶解物质的含量，这种方法称为化学沉淀法。化学沉淀法一般用于给水处理中去除钙、镁硬度，废水处理中去除重金属离子。

化学沉淀法分为氢氧化物沉淀法、硫化物沉淀法等。氢氧化物沉淀法就是通过向水中投加某种化学药剂使水中的金属阳离子生成氢氧化物沉淀而被去除。常用的沉淀剂有石灰、碳酸钠、苛性钠等。

硫化物沉淀法就是通过向水中投加某种化学药剂使水中的金属阳离子生成硫化物沉淀而被去除。常用的沉淀剂有硫化氢、硫化钠等。由于金属硫化物的溶解度比氢氧化物小，因此常作为氢氧化物沉淀法的补充方法。但金属硫化物颗粒细小，沉淀分离比较困难。

6. 电解

通常人们把电解质溶液在电流的作用下发生电化学反应的过程称为电解。利用电解的原理来处理废水中有毒有害物质的方法，称为电解法。

对水进行电解时，水中的有毒物质在阳极或阴极进行氧化还原反应，结果产生新物质。这些新物质在电解过程中或沉积于电极表面，或沉淀在槽中，或生成气体从水中逸出，从而降低废水中有毒物质的浓度。电解法常用于去除废水中的铬、铜、镉、硫、氰以及有机磷等。例如，电解法在处理含铬废水的应用中，在电解槽中一般放置铁电极。在电解过程中，铁板阳极溶解产生亚铁离子，它是强还原剂，在酸性条件下可将六价铬还原成三价铬，反应如下：

$$Fe-2e=Fe^{2+} \tag{4-14}$$

$$Cr_2O_7^{2-}+6Fe^{2+}+14H^+=2Cr^{3+}+6Fe^{3+}+7H_2O \tag{4-15}$$

$$CrO_4^{2-}+3Fe^{2+}+8H^+=Cr^{3+}+3Fe^{3+}+4H_2O \tag{4-16}$$

在阴极上有氢气生成

$$2H^++2e=H_2\uparrow \tag{4-17}$$

随着电解过程的进行，废水中氢离子浓度逐渐减少，碱性增强，便发生下述沉淀反应：

$$Cr^{3+}+3(OH)^-\rightarrow Cr(OH)_3\downarrow \tag{4-18}$$

$$Fe^{3+}+3(OH)^-\rightarrow Fe(OH)_3\downarrow \tag{4-19}$$

将氢氧化铬 Cr（OH）₃ 沉淀物由水中分离除去，从而达到除去水中铬的目的。

7. 吸附

一种物质（吸附质）附着在另一种物质（吸附剂）表面上的过程称为吸附。利用多孔性的固体物质，使水中的一种或多种物质被吸附在固体表面而被去除的方法叫吸附法。吸附过程既可以发生在液—固之间，又可以发生在气—固或气—液之间。水处理主要是利用固体对水中溶质的吸附作用。

吸附分为物理吸附和化学吸附。物理吸附的吸附力是范德华力，在低温下就能吸附，吸附是可逆的，无选择性；化学吸附的吸附力是化学键力，一般在较高温下才能吸附，吸附不是可逆的，有选择性。

吸附剂必须具有较大比表面积，这样才能保证较大的吸附容量。天然吸附剂有黏土、硅藻土、无烟煤、天然沸石等。人工吸附剂有活性炭、分子筛、活性氧化铝、磺化煤、活性氧化镁、树脂吸附剂等。

活性炭是目前最常用的一种吸附剂。活性炭内部有大量孔隙，其比表面积可达 $1000m^2/g$ 以上，所以吸附容量很大。活性炭对水中的有机物具有很强的吸附能力，比如对酚、苯、石油及其产品以及杀虫剂、洗涤剂、合成染料、胺类化合物等都具有较强的去除效果，其中有些有机物通常是生物法或其他氧化法难以去除的，但却非常容易被活性炭所吸附。

一般说来，活性炭对有机物的吸附作用与有机物本身的溶解度、极性、相对分子质量的大小等有关。就同系有机物而言，吸附量一般随相对分子质量的增大而增加。活性炭对有机物的吸附速度与其在孔隙内的扩散速度也有一定关系。如果相对分子质量过大，无疑会使吸附速度降低。用活性炭去除有机物时，对相对分子质量在 1000 以下的吸附质最有效。

活性炭对某些无机物，例如汞、铅、镍、六价铬、锑、铋、钴等都有较好的吸附能力。

当活性炭吸附饱和后，经过再生可使吸附能力得以恢复。活性炭再生通常有热再生、化学再生等方法。

活性炭吸附被广泛用于饮用水、工业用水、污（废）水的处理中，能够去除因酚、石油等引起的异味，去除由各种染料、有机物、铁、锰形成的色度，去除难降解的有机物，去除重金属。

8. 离子交换

离子交换是指在固体颗粒和液体之间界面上发生的离子互换过程，一般指水溶液通过离子交换剂时产生的固—液间离子的互相交换。离子交换剂是一种不溶于水的固体颗粒状物质，它能够从电解质溶液中吸收某种阳离子或阴离子，而把本身所含有的另一种相同电荷的离子等当量地释放到溶液中去，即与溶液中的离子进行等量的离子交换。水处理中使用的离子交换剂有离子交换树脂、磺化煤、钠沸石等，目前所用的主要为离子交换树脂。按照所交换的离子种类，离子交换剂可分为阳离子交换剂和阴离子交换剂两大类。

离子交换剂的交换容量耗尽后，便失去了离子交换能力，这时需对离子交换剂进行再生。离子交换过程是一个可逆反应，它受离子浓度的影响很大，利用离子交换剂的这一特征，就可对离子交换剂进行再生。

离子交换法是水的软化除盐处理最常用的方法，在工业废水中可用于各种重金属的去除或回收以及放射性废水的处理。

9. 膜分离

利用膜将水中的物质（微粒、分子或离子）分离出去的方法称为水的膜析处理法（或称膜分离法、膜处理法）。在膜处理中，以水中的物质透过膜来达到处理目的时称为渗析，以水透过膜来达到处理目的时称为渗透。膜处理法有渗析、电渗析、反渗透、扩散渗析、纳滤、超滤、微孔过滤等。膜分离法在水处理中已被广泛应用。在这里仅介绍应用较多的电渗析、反渗透、纳滤、超滤和微孔过滤。

（1）电渗析 电渗析是在直流电场作用下，利用阴、阳离子交换膜对水溶液中阴、阳离子的选择透过性质（即阳膜只允许阳离子通过，阴膜只允许阴离子通过），使溶液中的溶质与水分离的一种物理化学过程。

电渗析原理如图4-10所示。在阴极与阳极之间，放置着若干交替排列的阳膜与阴膜，让水通过网膜及网膜与两极之间所形成的隔室，在两端电极接通直流电源后，水中阴、阳离子分别向阳极、阴极方向迁移，由于阳膜、阴膜的选择透过性，就形成了交替排列的离子浓度减少的淡室和离子浓度增加的浓室。与此同时，在两电极上也发生着氧化还原反应，即电极反应，其结果是使阴极室因溶液呈碱性而结垢，阳极室因溶液呈酸性而腐蚀。因此，在电渗析过程中，电能的消耗主要用来克服电流通过溶液、膜时所受到的阻力以及电极反应。

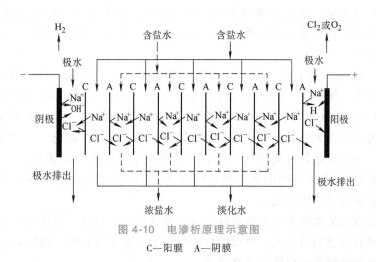

图 4-10 电渗析原理示意图

C—阳膜 A—阴膜

电渗析法常用于水中脱盐，例如进行苦咸水的淡化，或作为制作纯水的前处理等。

（2）反渗透 用一种只能让水分子透过而不允许溶质透过的半透膜将纯水与咸水分开，则水分子将从纯水一侧通过膜向咸水一侧透过，结果使咸水一侧的液面上升，直到到达某一高度，此即所谓渗透过程，如图 4-11a、b 所示。

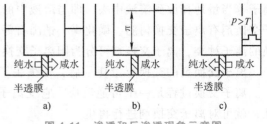

图 4-11 渗透和反渗透现象示意图

当渗透达到动平衡状态时，半透膜两侧存在一定的水位差或压力差，如图 4-11b 所示，此即为指定温度下的溶液（咸水）渗透压。如图 4-11c 所示，如果在咸水一侧施加的压力大于该溶液的渗透压，可迫使渗透反向，即水分子从咸水一侧反向地通过膜透过到纯水一侧，实现反渗透过程。

反渗透可用于海水和苦咸水淡化，即使海水处于半透膜的一侧，通过反渗透作用在膜的另一侧得到淡水。海水的含盐量约为 35000mg/L，其渗透压约为 2.5MPa。向海水外加 5～7MPa 的压力，在膜的另一侧得到的淡水，盐的去除率可达 99.8%，淡水的含盐量小于 1000mg/L，可供饮用。苦咸水的含盐量多为每升数千毫克，反渗透所需外加压力显然要比海水低得多。反渗透在工业废水处理中也可用于有用物质的浓缩回收。

（3）超滤 超滤又称超过滤，用于截留水中胶体大小的颗粒，而水和相对分子质量低的溶质则允许透过膜。其机理是筛孔分离，因此可根据去除对象选择超滤膜的孔径。

超滤与反渗透的工作方式相同，装置相似。由于孔径较大，无脱盐性能，操作压力低，设备简单，因此在纯水终处理中用于部分去除水中的细菌、病毒、胶体、大分子等微粒，尤其是对浊度的去除非常有效，其出水浊度甚至可达 0.1NTU 以下。工业废水处理中用于去除或回收高分子物质和胶体大小的微粒。在中水处理中也可部分去除细菌、病毒、有机物和悬浮物等。

在超滤过程中，水在膜的两侧流动时，在膜附近的两侧分别形成水流边界层，在高压侧由于水和小分子的透过，大分子被截留并不断累积在膜表面边界层内，使其浓度高于主体水流中的浓度，从而形成浓度差，当浓度差增加到一定程度时，大分子物质在膜表面生成凝胶，影响水的透过通量，这种现象称浓差极化。此时，增大压力，透水通量并不增大，因此，在超滤操作中应合理地控制操作压力、溶液流速、水温、操作时间（及时进行清洗），对原水进行预处理。

（4）纳滤 纳滤（NF）是介于反渗透和超滤之间，又一种新型分子级的膜分离技术。它是适宜于分离摩尔质量在 200g/mol 以上，分子大小 1nm 的溶解组分的膜工艺，故被命名为"纳滤"。纳滤操作压力通常为 0.5～1.0MPa，一般为 0.7MPa 左右，最低为 0.3MPa，与反渗透所需压力相比大大降低，因此，有时将纳滤称为"低压反渗透"或"疏松反渗透"。

纳滤膜的一个特点是具有离子选择性：一价阴离子可以大量地渗过膜（但并非无阻挡的），然而膜对具有多价阴离子的盐（例如硫酸盐、碳酸盐）的截留率要高得多。因此，盐的渗透性主要由阴离子的价态决定。

纳滤能比较有效地去除水中的有机物，因为有机物的相对分子质量及尺寸远比无机离子大，能被纳米膜有效地截留除去，所以纳米膜可用于饮用水除有机污染物的处理工艺中。纳米膜在其他水处理领域中的应用也越来越多。

（5）微孔过滤 前面介绍的膜处理法均是水在膜的两侧流动中得到净化，一侧是浓水，一侧是处理水，而微孔过滤是将全部进水挤压滤过，小于膜孔的粒子通过膜，大于膜孔的粒子被截流在膜表面，其作用相当于"过滤"，因此又称膜过滤或精密过滤。微孔过滤在水处理中用于去除水中细小悬浮物、微生物、微粒、细菌、胶体等杂质。如在活性污泥法中用微滤膜代替二沉池进行泥水分离的膜生物反应器。其优点是设备简单、操作方便、效率高、工作压力低等，缺点是由于截留杂质不能及时被冲走，因而膜孔容易堵塞和污染，需及时清洗与更换。

4.3.3 好氧生物处理

水的生物处理是利用微生物具有氧化分解有机物的这一功能，采取一定的人工措施，创造有利于微生物生长、繁殖的环境，使其大量增殖以提高氧化分解有机物效率的一种污水处理方法。根据生物处理过程中微生物对氧的需求情况，生物处理一般分为好氧生物处理和厌氧生物处理。好氧生物处理是指在有氧条件下进行生物处理，污染物最终被氧化分解为 CO_2 和 H_2O。好氧生物处理方法主要有活性污泥法和生物膜法。厌氧生物处理则在无氧的环境下，污染物最终被分解为 CH_4、CO_2、H_2S、N_2、H_2 和 H_2O 以及有机酸和醇等。另外，自然生物处理方法，如氧化塘、人工湿地等也是生物处理法。生物处理法因具有高效、经济等优点，在城市污水和工业废水处理中得到广泛的应用。

1. 活性污泥法

（1）基本概念与流程 活性污泥法是污水处理技术领域中最有效的生物处理方法。它于 1914 年由安登（Ardern）和洛克特（Lockett）开创，并在英国曼彻斯特市建成试验厂，已有 100 多年的历史。多年来，研究人员从生物学、反应动力学以及工艺等方面，对活性污泥法进行了深入广泛的研究，研制开发了能够适应各种条件的工艺流程。迄今为止，活性污泥法已被广泛地应用在城市污水处理和有机工业废水处理领域。

活性污泥法是以活性污泥为主体的一种污水好氧生物处理方法。活性污泥是一种絮状的泥粒，主要是由大量繁殖的微生物群体构成，还含有一些分解中的有机物和无机物。活性污泥具有很大的比表面积，具有很强的吸附和氧化分解有机物的能力。活性污泥法的基本流程如图 4-12 所示。

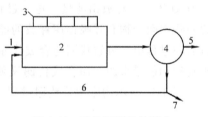

图 4-12 活性污泥法的基本流程（传统活性污泥法）
1—进水 2—活性污泥反应器——曝气池 3—空气 4—二次沉淀池 5—出水 6—回流污泥 7—剩余污泥

活性污泥法处理系统是以活性污泥反应器——曝气池为核心的处理单元，此外还有二次沉淀池、污泥回流设备和曝气系统。污水经过前处理去除大量漂浮物和悬浮物后，进入曝气池内。与此同时，从二次沉淀池沉淀回流的活性污泥连续回流到曝气池，作为接种污泥，二者均在曝气池首端同时进入池体。曝气系统的空气压缩机将压缩空气通过管道和铺放在曝气池底部的空气扩散装置以较小气泡的形式进入污水中，向曝气池混合液供氧，保证活性污泥中微生物的正常代谢反应。另一方面，通入的空气还能使曝气池内的污水和活性污泥处于混合状态。活性污泥与污水互相混合、充分接触，使得生化反应得以正常进行。

在曝气池内，活性污泥和污水进行生化反应，反应结果是污水中的有机物得到降解、去除，污水得到净化，同时，微生物得以繁殖增长，活性污泥量也在增加。

活性污泥净化作用经过一段时间后，曝气池混合液由曝气池末端流出，进入二次沉淀池进行泥水分离，澄清后的污水作为处理水排出。二次沉淀池排出的活性污泥一部分作为接种污泥回流到曝气池，剩余部分则作为剩余污泥排出系统。剩余污泥与在曝气池内增长的污泥，在数量上保持平衡，使曝气池内污泥浓度相对保持在恒定的范围内。

（2）活性污泥净化污水的反应过程 活性污泥法中起主要作用的活性污泥，它是由具有活性的微生物、微生物自身氧化的残留物、吸附在活性污泥上不能被微生物降解的有机物和无机物组成。活性污泥的微生物又是由细菌、真菌、原生动物等多种微生物群落组成的。在大多数情况下，主要微生物类群是细菌，特别是异养型细菌占优势。在活性污泥处理系统中，细菌是净化污水的第一承担者，也是主要承担者，而摄食处理水中游离细菌，使污水进一步净化的原生动物则是污水净化的第二承担者。原生动物摄取细菌，是活性污泥生态系统的首次捕食者。后生动物摄食原生动物，则是生态系统的第二次捕食者。原生动物个体比细菌大，生态特点也容易在显微镜下观察，本身对环境改变较为敏感，所以国内外都把原生动物当作污水处理的指示性生物，利用原生动物种群、数量和活性等变化，了解污水处理效果及运转是否正常。

活性污泥净化污水主要经历初期吸附、微生物代谢和絮凝沉淀三个阶段来完成。在吸附阶段，曝气池内的活性污泥由于具有很大的比表面积 [$2000 \sim 10000 m^2/m^3$ （混合液）] 及表面具有多糖类的黏质层，因此当污水中悬浮的和胶体的物质与活性污泥接触后就很快被吸附上去，使污水得到净化。这一过程进行较快，能够在 $30min$ 内完成，污水 BOD 的去除率可达 70%。

微生物代谢是在有氧的条件下发生在生物体内的一种生物化学的代谢过程：被活性污泥吸附的大分子有机物质，在微生物胞外酶的作用下，水解可溶性有机小分子物质，透过细胞膜进入微生物细胞内，作为微生物的营养物质，经过一系列的生化反应，最终被氧化为 CO_2 和 H_2O 等，并释放出能量，这一过程叫分解代谢；与此同时，微生物利用氧化过程中产生的一些中间产物和呼吸作用释放的能量合成细胞物质，这一过程叫合成代谢。在微生物的生命活动过程中，分解代谢与合成代谢同时存在，两者相互依赖；分解代谢为合成代谢提供物质基础和能量来源，而合成代谢又使微生物本身不断增加，两者存在使得生命活动得以延续。图 4-13 所示为微生物代谢过程。

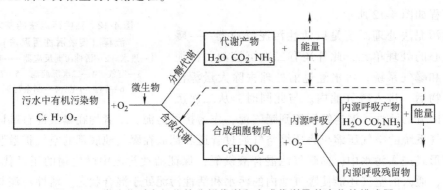

图 4-13 微生物对有机物的分解代谢和合成代谢及其产物的模式图

无论是分解代谢还是合成代谢，都能够去除污水中的有机污染物，但产物却有所不同，分解代谢的产物是 CO_2 和 H_2O，可直接排入环境，而合成代谢的产物则是新生的微生物细胞，并以剩余污泥的方式排出活性污泥处理系统，对其需进行妥善处理，否则可能造成二次污染。

凝聚沉淀是污水经过微生物代谢阶段，其中的有机物一部分被氧化分解为 CO_2 和 H_2O，另一部分则合成新的细胞物质成为菌体，许多菌种在一定条件下都能形成易于沉淀的絮凝体；将絮凝体沉淀下来而与水分离，就可达到由水中去除有机物的目的。

活性污泥法的核心处理构筑物是曝气池。从混合液流动形态方面分类，曝气池分为推流式、完全混合式和循环混合式三种，详见本章 4.5 节的相关内容。

（3）活性污泥法的主要技术工艺　经过几十年的发展和不断革新，已形成多个以活性污泥法为技术基础的污水处理工艺。主要有传统活性污泥法、阶段曝气活性污泥法、再生曝气活性污泥法、吸附-再生活性污泥法、延时曝气活性污泥法、深水曝气活性污泥法、浅层深水曝气活性污泥法、纯氧深水曝气活性污泥法，以及具有脱氮除磷功能的缺氧-好氧活性污泥法（A/O 工艺）、厌氧-好氧活性污泥法（An/O 工艺）、厌氧-缺氧-好氧活性污泥法（A^2/O 工艺）等。另外，还有间歇性活性污泥法（SBR 法）及其变型工艺、氧化沟、吸附-生物降解工艺（AB 法）等。关于这些工艺的原理及应用将在本章 4.5 节中做详细介绍。

2. 生物膜法

（1）基本原理　生物膜法是使微生物在滤料或某些载体上生长繁殖，形成膜状生物性污泥——生物膜，在与水接触时，生物膜上的微生物摄取水中的有机物作为营养物质，从而使水得到净化。污水流过固体介质（滤料）表面经过一段时间后，固体介质表面形成了生物膜，生物膜覆盖了滤料表面，这个过程是生物膜法处理污水的初始阶段，也称挂膜。对于不同的生物膜法污水处理工艺以及性质不同的污水，挂膜阶段需 15~30d；一般城市污水，在 20℃ 左右的条件下，需 30d 左右完成挂膜。

图 4-14 所示是附着在生物滤池滤料上的生物膜的构造。

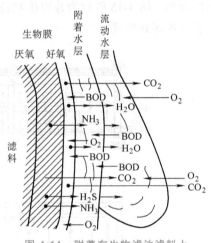

图 4-14　附着在生物滤池滤料上生物膜的构造（剖面图）

生物膜是高度亲水的物质，在污水不断在其表面更新的条件下，其外侧总是存在着一层附着水层。生物膜又是微生物高度密集的物质，在膜的表面和一定深度的内部生长繁殖着大量的各种类型的微生物和微型动物，并形成有机污染物—细菌—原生动物（后生动物）的食物链。

生物膜在其形成与成熟后，由于微生物不断增殖，生物膜的厚度不断增加，在增厚到一定程度后，在氧气不能透入的里侧深部将转变为厌氧状态，形成厌氧性生物膜。这样，生物膜便由好氧层和厌氧层两层组成。好氧层的厚度一般为 2mm 左右，有机物的降解主要是在好氧层内进行。

从图 4-14 可见，在生物膜内、外，生物膜与水层之间进行着多种物质的传递过程。空气中的氧气溶解于流动水层中，从那里通过附着水层传递给生物膜，供微生物呼吸；污水中的有机物则由流动水层传递给附着水层，然后进入生物膜，并通过细菌的代谢活动而被降解。这样就使污水在其流动过程中逐步得到净化。微生物的代谢产物如 H_2O 等则通过附着水层进入流动水层，并随其排走，而 CO_2 及厌氧层分解产物如 H_2S、NH_3 以及 CH_4 等气态代谢产物则从水层逸出进入空气中。

当厌氧层还不厚时,它与好氧层保持着一定的平衡与稳定关系,使好氧层能保持很好的净化功能。但随着厌氧层逐渐加厚,其代谢产物也会逐渐增多,它们在通过好氧层向外逸出时,就破坏了好氧层生态系统的稳定性,此时生物膜就已老化,再加上气态产物的不断逸出,减弱了生物膜在滤料上的固着力,促使了生物膜脱落。老化的生物膜脱落后,随水流排出,所以在生物膜法中要设二次沉淀池。当然,老化的生物膜脱落后又会长出新的生物膜,重复这一过程。

(2) **常用的处理构筑物** 生物膜法有多种处理构筑物,如生物滤池、生物转盘、生物接触氧化池以及生物流化床等。

1) 生物滤池。生物滤池是以土壤自净原理为依据发展起来的,滤池内设固定填料,污水流过时与滤料相接触,微生物在滤料表面形成生物膜,净化污水。装置由提供微生物生长栖息的滤床、使污水均匀分布的布水设备及排水系统组成。生物滤池操作简单、费用低,适用于小城镇和边远地区。生物滤池分为普通生物滤池(滴滤池)、高负荷生物滤池和塔式生物滤池等。图4-15所示为普通生物滤池构造。普通生物滤池由池体、滤料、排水设备和布水装置四部分组成。

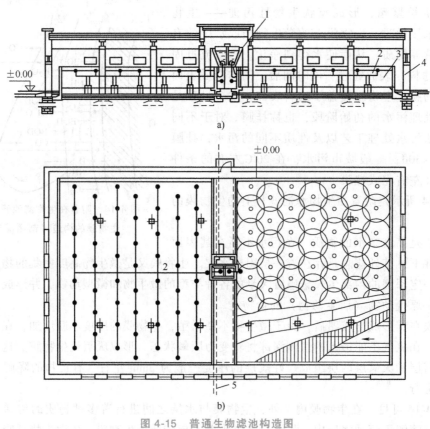

图 4-15　普通生物滤池构造图

a) 剖面图　b) 平面图

1—投配池　2—喷嘴及系统　3—滤料层　4—生物滤池池壁　5—生物滤池进水管道

2) 生物转盘。通过传动装置驱动生物转盘以一定的速度在反应池内转动,交替地与空气和污水接触,每一周期完成吸附—吸氧—氧化分解的过程,通过不断转动,使污水中的污染物不断氧化分解。生物转盘流程中除了生物转盘外，还有初次沉淀池和二次沉淀池。生物转盘的适应范围广泛，除了应用于处理生活污水外，还用于处理各种行业的生产污水。生物转盘的动力消耗低，抗冲击负荷能力强，管理维护简单。图 4-16 所示是生物转盘装置的示意图。

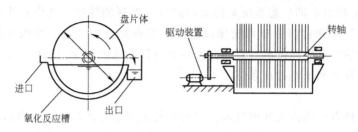

图 4-16　生物转盘装置示意图

3）生物接触氧化池。生物接触氧化法也称淹没式生物滤池。在池内装有滤料，整个滤料全部浸没在水中，水以一定速度流经滤层，同时向滤层底部通入空气进行曝气。填料上长满生物膜，污水与生物膜相接触，水中有机物被微生物吸附，氧化分解和转化成新的生物膜。从填料上脱落的生物膜，随水流到二次沉淀池后被去除，污水得到净化。生物接触氧化处理技术除了上述的生物膜降解有机物机理外，还存在与曝气池相同的活性污泥降解机理，即向微生物提供所需氧气，并搅拌污水和污泥使之混合，因此，这种技术相当于在曝气池内填充供微生物生长繁殖的栖息地——惰性填料，所以，此方法又称接触曝气法。

生物接触氧化法是一种将活性污泥法与生物滤池两者结合的生物处理技术。因此，此方法具备活性污泥法与生物膜法的特点。

生物接触氧化池主要由池体、曝气装置、填料床及进出水系统组成，如图 4-17 所示。

4）生物流化床。采用相对密度大于 1 的细小惰性颗粒（如砂、焦炭、活性炭、陶粒等）作为载体，微生物在载体表面附着生长，形成生物膜。充氧污水自下而上流动使载体处于流化状态，使生物膜与污水充分接触。生物流化床处理效率高，能适应较大冲击负荷，占地小。

5）曝气生物滤池。曝气生物滤池是近年新开发的一种污水生物处理技术。它是集生物降解、固液分离于一体的污水处理设备。曝气生物滤池兼具活性污泥法和生物膜法的特点，同时因为池内不仅完成生物降解，还进行固液分离，所以有反冲洗系统。曝气生物滤池构造示意如图 4-18 所示。

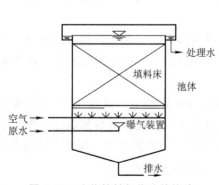

图 4-17　生物接触氧化池的构造

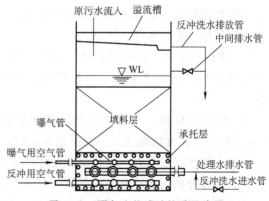

图 4-18　曝气生物滤池构造示意图

4.3.4　自然生物处理法

自然生物处理法就是利用在自然条件下生长、繁殖的微生物处理污水，形成水体（土壤）、微生物、植物组成的生态系统对污染物进行一系列的物理、化学和生物净化。自然生物处理法将污水处理和自然生态系统建设与保护紧密结合在一起，是因地制宜、经济、节能、简易和有效的污水处理技术。目前在世界上包括发达国家应用最广泛的自然生物处理法有氧化塘、人工湿地和土地处理系统。

1. 氧化塘

氧化塘是一种古老的污水处理技术，能够有效地用于生活污水、城市污水和各种工业废水的处理。美国第一个有记录的氧化塘是 1901 年在得克萨斯州的圣安东尼奥市修建的。氧化塘是一个面积比较大的池塘。污水进入池塘后，首先被塘内的水稀释，降低了污水中污染物的浓度；污染物中部分悬浮物逐渐沉积到水底形成污泥，这也使污水中污染物浓度降低。同时，污水中溶解和胶体状有机物在塘内大量繁殖的菌类、水生动物、藻类和水生植物的作用下逐渐分解，并被微生物等吸收，其中一部分在氧化分解的同时释放能量，另一部分用于合成新的有机体。在此净化过程中一些重金属和有毒有害组分也可以很好地被去除。图 4-19 所示为典型的兼性稳定塘的生态系统，其中包括好氧区、厌氧区及两者之间的兼性区。

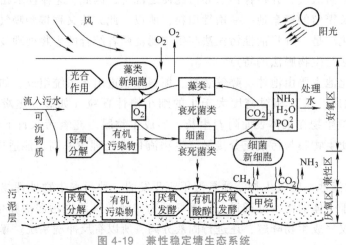

图 4-19　兼性稳定塘生态系统

根据氧化塘内溶解氧的来源和塘内有机污染物降解的形式，氧化塘可以分为好氧塘、兼性塘、厌氧塘、曝气塘等多种形式。

1）好氧氧化塘，简称好氧塘，深度较浅，一般不超过 0.5m，阳光能够透入塘底，主要由藻类供氧，全部塘水都呈好氧状态，由好氧微生物完成有机污染物的降解与污水的净化。

2）兼性氧化塘，简称兼性塘，塘水较深，一般在 1.0m 以上，从塘面到一定深度（0.5m 左右），阳光能够透入，藻类光合作用旺盛，溶解氧比较充足，呈好氧状态；塘底为沉淀污泥，处于厌氧状态，进行厌氧发酵；介于好氧与厌氧之间为兼性区，存活大量的兼性微生物。兼性塘的污水净化是由好氧、兼性、厌氧微生物协同完成的。

兼性氧化塘是城市污水处理最常用的一种氧化塘。

3）厌氧氧化塘，简称厌氧塘。塘水深度一般在 2.0m 以上，有机负荷率高，整个塘水基本上都呈厌氧状态，在其中进行水解、产酸以及甲烷发酵等厌氧反应全过程。净化速度低，污水停留时间长。

厌氧氧化塘一般用作高浓度有机废水的首级处理工艺，继之还设兼性塘、好氧塘甚至深度处理塘。

4）曝气氧化塘，简称曝气塘，塘深在 2.0m 以上，由表面曝气器供氧，并对塘水进行搅动，在曝气条件下，藻类的生长与光合作用受到抑制。

曝气塘又可分为好氧曝气塘及兼性曝气塘两种。好氧曝气塘处理原理与活性污泥处理法中的延时曝气法相近。

不同形式的单个塘可以不同的组合方式形成多级串联塘系统。多级串联塘系统不仅有很高的 COD、BOD 去除率和较高的氮、磷去除率，还有很高的病原菌、寄生虫卵和病毒去除率。氧化塘系统不仅在发展中国家广泛应用，而且在发达国家应用也很普遍。我国也建造了很多污水处理氧化塘，如黑龙江省齐齐哈尔氧化塘系统、山东省东营氧化塘处理系统、广东省尖峰山养猪场氧化塘、内蒙古乌兰察布市氧化塘系统等。

氧化塘处理工艺具有基建投资少、施工简单、处理能耗低、运行维护方便、成本低、污泥产量少、抗冲击负荷能力强等诸多优点，不足之处就是占地面积大。氧化塘适用于土地资源丰富、地价便宜城镇的污水处理，尤其是具有大片废弃的坑塘洼地、旧河道等可以利用的小城镇，可考虑采用该处理系统。

2. 人工湿地

人工湿地是人工建造的、可控制的和工程化的湿地系统，它通过对湿地自然生态系统中的物理、化学和生物作用的优化组合来进行废水处理。为保证污水在其中有良好的水力流态和较大体积的利用率，人工湿地的设计应采用适宜的形状和尺寸，适宜的进水、出水和布水系统，并在其中种植抗污染和去污染能力强的沼生植物。人工湿地一般都由防渗层、基质层、腐质层、水体层和湿地植物构成，如图 4-20 所示。

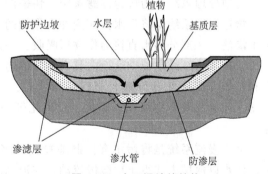

图 4-20　人工湿地的结构

根据污水在湿地中水面位置的不同，人工湿地可以分为自由水面人工湿地（也称表流人工湿地）和潜流人工湿地。

表流人工湿地是用人工筑成水池或沟槽，然后种植一些水生植物，如芦苇、香蒲等。在表流人工湿地系统中，污水在湿地的表面流动，水位较浅，多在 0.1~0.6m。这种湿地系统中水的流动更接近于天然状态，污染物的去除也主要是依靠植物生长在水下部分的茎、杆上的生物膜完成的，处理能力较低。同时，该系统处理效果受气候影响较大，在寒冷地区冬天还会发生表面结冰问题。因此，表流人工湿地单独使用较少，大多和潜流人工湿地或其他处理工艺组合在一起。这种系统投资小。

潜流人工湿地的水面位于基质层以下。基质层由上下两层组成，上层为土壤，下层是由易于使水流通的介质组成的根系层，如粒径较大的砾石、炉渣或砂等，在上层土壤层中种植芦苇等耐水植物。床底铺设防渗层或防渗膜，以防止废水流出该处理系统，并具有一定的坡度。潜流人工湿地比表流人工湿地具有更高的负荷，同时占地面积小，效果可靠，耐冲击负荷，也不易滋生蚊蝇，但构造相对复杂。

人工湿地污水处理技术是 20 世纪 70~80 年代发展起来的一种污水生态处理技术。由于它能有效地处理多种多样的废水，如生活污水、工业废水、垃圾渗滤液、地面径流雨水、合流制下水道暴雨溢流水等，且能高效地去除有机污染物，氮、磷等营养物，重金属，盐类和病原微生物等多种污染物。具有出水水质好，氮、磷去除处理效率高，运行维护管理方便，投资及运行费用低等特点，近年来得到迅速发展，并推广应用。

采用人工湿地处理污水，不仅能使污水得到净化，还能够改善周围的生态环境和景观效果。乡镇周围的坑塘、废弃地等较多，有利于建设人工湿地处理系统。

北方地区人工湿地通过增加保温措施能够解决过冬问题，只是投资要高一些，湿地结构要复杂一些。

3. 土地处理系统

污水土地处理系统是在人工控制下，将污水投配在土地上，通过土壤-植物系统净化污水的一种处理工艺。

污水土地处理系统能够经济有效地净化污水，还能充分利用污水中的营养物质和水来满足农作物、牧草和林木对水、肥的需要，并能绿化大地、改良土壤。所以说，污水土地处理系统是一种环境生态工程。

污水土地处理系统的组成部分包括：①预处理系统；②调节及储存设备；③污水的输送、配布和控制系统；④土地净化田；⑤净化水收集、利用系统。

污水土地处理系统的净化作用是一个十分复杂的综合过程，其中包括：物理及物化过程的过滤、吸附和离子交换，化学反应的化学沉淀，微生物代谢分解等。

土地处理系统分为慢速渗滤系统、快速渗滤系统和地表漫流系统。

慢速渗滤系统是将污水投配到种有作物的土地表面，污水缓慢地在土地表面流动并向土壤中渗滤，一部分污水直接为作物所吸收，一部分则渗入土壤中，使污水得到净化。

快速渗滤系统是周期性地向具有良好渗透性能的渗滤田灌水和休灌，使表层土壤处于淹水和干燥（即厌氧和好氧）交替运行状态，在污水向下渗滤的过程中，通过过滤、沉淀、氧化、还原以及生物氧化、硝化、反硝化等一系列物理、化学及生物的作用，使污水得到净化。

地表漫流系统是将污水有控制地投配到多年生牧草、坡度和缓、土壤渗透性差的土地上，污水以薄层方式沿土地缓慢流动，在流动的过程中得到净化，然后收集排放或利用。

4.3.5　厌氧生物处理

1. 基本原理

活性污泥法与生物膜法是在有氧条件下，由好氧微生物降解污水中有机物的，其最终产物是水和二氧化碳，它们作为无害化和高效化的方法被广泛应用。但当污水中有机物含量很高时，特别是对于有机物含量大大超过生活污水的工业废水，采用好氧法就显得耗能太多，很不经济了。因此，对于高浓度有机废水一般采用厌氧消化法。即在无氧的条件下，由兼性菌及专性厌氧细菌降解有机物，最终产物是二氧化碳和甲烷气体。厌氧生物处理具有高效、低耗的特点，因此在处理高浓度有机废水时，比好氧生物处理技术更具优越性。

厌氧生物处理是一个复杂的微生物化学过程,依靠三大主要类群的细菌,即水解产酸细菌、产氢产乙酸细菌和产甲烷细菌的联合作用完成,因此可将厌氧消化过程划分为三个连续阶段,即水解酸化阶段、产氢产乙酸阶段和产甲烷阶段。三阶段的模式如图 4-21 所示。

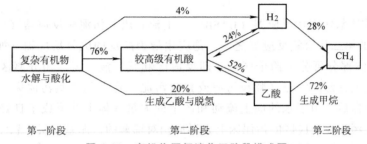

图 4-21　有机物厌氧消化三阶段模式图

第一阶段(水解酸化阶段):复杂的大分子、不溶性有机物先在细胞外酶的作用下水解为小分子、溶解性有机物,然后转入细胞体内,分解产生挥发性有机酸、醇类、醛类等。这个阶段主要产生较高级脂肪酸。

第二阶段(产氢产乙酸阶段):第一阶段产生的各种有机酸和醇类,在产氢产乙酸细菌的作用下,被分解转化成乙酸、H_2 和 CO_2 等。

第三阶段(产甲烷阶段):产甲烷细菌将乙酸(乙酸盐)、CO_2 和 H_2 等转化为甲烷。此过程由两类生理功能截然不同的产甲烷菌完成,一类把 H_2 和 CO_2 转化成甲烷,另一类使乙酸或乙酸盐脱羧产生 CH_4。

2. 厌氧生物处理反应器

(1) 厌氧接触工艺　厌氧接触工艺是 20 世纪 50 年代中期出现的,其反应器被称为第一代厌氧反应器。该工艺参照了好氧活性污泥法的工艺流程,由一个厌氧的完全混合消化池和沉淀池组成,如图 4-22 所示。由于在厌氧消化池后增加了污泥分离和回流装置,从而使污泥停留时间大于水力停留时间,有效地增加了反应器中的污泥浓度。为了保证沉淀池的沉淀效果,通常在消化池和沉淀池之间设置脱气设备。

(2) 厌氧滤器(AF)　厌氧滤器是 20 世纪 60 年代末发明的第二代厌氧反应器之一。厌氧滤器是采用填充材料作为微生物载体的一种高速厌氧反应器,厌氧菌在填充材料上附着生长,形成生物膜。生物膜与填充材料一起形成固定的滤床。因此其结构与原理类似于好氧生物滤床。图 4-23 所示为上流式厌氧滤器示意图。废水进入反应器底部并均匀布水,在向上流动的过程中,废水中的有机物被生物膜吸附并分解,进而通过微生物的代谢作用将有机物

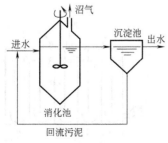

图 4-22　厌氧接触工艺示意图

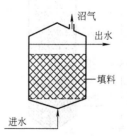

图 4-23　上流式厌氧滤器示意图

给排水科学与工程概论 第3版

转化为甲烷和二氧化碳。沼气和出水由反应器上部分别排出。填料表面的生物膜不断生长，部分老化的生物膜剥落随出水排出，在反应器后设置的沉淀池中分离成为剩余污泥。

厌氧滤器采用的填充材料是多种多样的，通常使用孔隙度大、价格便宜的材料，例如多孔陶瓷与塑料。

（3）上流式厌氧污泥床反应器（UASB） 上流式厌氧污泥床反应器（UASB）是20世纪70年代发明的第二代厌氧反应器之一，是应用最为广泛的厌氧反应器，如图4-24所示。UASB反应器主体部分可分为两个区域，即反应区和气、液、固三相分离区。在反应区下部，是由沉淀性能良好的污泥（颗粒污泥或絮状污泥）形成的厌氧污泥床。当废水由反应器底部进入反应器后，由于水的向上流动和产生的大量气体上升形成了良好的自然搅拌作用，并使一部分污泥在反应区的污泥床上方形成相对稀薄的污泥悬浮层。悬浮液进入分离区后，气体首先进入集气室被分离，含有悬浮液的废水进入分离区的沉降室。由于气体已被分离，悬浮液在沉降室扰动很小，污泥在此沉降，由斜面返回反应区。

UASB反应器运行的三个重要的前提是：

1）反应器内形成沉降性能良好的颗粒污泥或絮状污泥。

2）由产气和进水的均匀分布所形成的良好的自然搅拌作用。

3）设计合理的三相分离器，使沉淀性能良好的污泥能保留在反应器内。

（4）折流板厌氧反应器（ABR） ABR是由美国斯坦福大学的Bachman和McCarty等于20世纪80年代初提出的第三代厌氧反应器，其工艺如图4-25所示。反应器内设置若干竖向导流板，将反应器分隔成串联的几个反应室，每个反应室都可以看作是一个相对独立的上流式厌氧污泥床（UASB），废水进入反应器后沿导流板上下折流前进，依次流经每个反应室的污泥床，废水中的有机物通过与微生物的充分接触而得到去除。借助于废水流动和生物气上升的作用，反应室中的污泥上下运动，但是由于导流板的阻挡和污泥自身的沉降性能，污泥在水平方向的流速极其缓慢，从而使大量的厌氧污泥被截留在反应室中。由此可见，虽然在构造上ABR可以看作是多个UASB的简单串联，但在工艺上与单个UASB有着显著的不同，ABR更接近于推流式工艺。

ABR独特的分格式结构及推流式流态使得每个反应室中可以驯化培养出与流至该反应

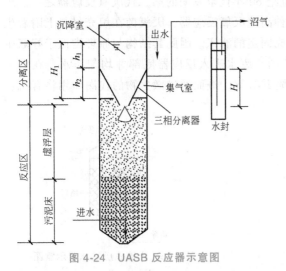

图4-24 UASB反应器示意图

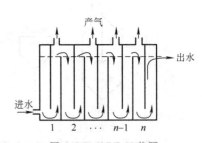

图4-25 ABR工艺图

室中的污水水质、环境条件相适应的微生物群落，从而导致厌氧反应产酸相和产甲烷相的分离，两大类厌氧菌群可以生长在各自最适宜的环境下，有利于充分发挥厌氧菌群的活性，提高系统的处理效果。

4.4 给水处理的常用工艺及工艺单元的作用

4.4.1 生活饮用水的常规处理工艺

1. 工艺流程

把未受污染的地表水处理成生活饮用水，其去除对象主要为悬浮物、胶体和致病微生物，一般采用的常规处理流程是混凝、沉淀、过滤、消毒，如图 4-26 所示。

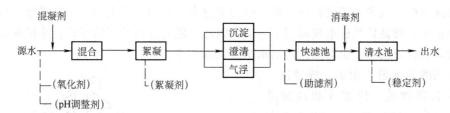

图 4-26 常规给水处理工艺流程

对不同水源的水质，流程中反应器可以增减。源水水质优良的地下水，直接消毒即可饮用，省去了混凝、沉淀、过滤等所有工艺。当源水浊度经常在 15NTU 的情况下，色度不超过 20 度时可采用直接过滤的方法，省去混凝、沉淀等工艺。因此，给水工艺流程要充分考虑源水水质情况，经论证后确定，以节约工程投资和运行管理费用。

2. 混凝的作用

混凝的目的是通过投加混凝剂，增大颗粒粒径，加速悬浮杂质的沉淀，去除悬浮物和胶体物质。由于原水中的细菌等微生物大多裹挟在悬浮物当中，经过混凝沉淀细菌等微生物可以有较大程度的降低。同时，混凝对源水中天然大分子有机物和某些合成有机物也有一定的去除效果。

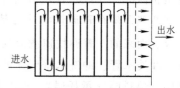

图 4-27 平流式隔板式絮凝池

混凝包括混合和絮凝两个过程。混合主要有水泵混合、管式混合和混合槽混合。絮凝采用的构筑物是絮凝池，主要有隔板式絮凝池、折板式絮凝池和机械絮凝池。图 4-27 所示为平流式隔板式絮凝池。

常用的混凝剂主要有铝盐和铁盐，如硫酸铝、三氯化铁等。另外，还有高分子混凝剂和复合型的高分子混凝剂。

3. 沉淀的作用

加药混凝后的水要进入沉淀池进行沉淀，进而达到泥水分离的目的。常用沉淀池有平流式沉淀池、斜板斜管沉淀池和澄清池。图 4-28 所示是使用比较广泛的一种平流式沉淀池，流入装置是横向潜孔，潜孔均匀地分布在整个宽度上，在潜孔前设挡板，其作用是消能，使进水均匀分布。挡板高出水面 0.15~0.2m，伸入水下的深度不小于 0.2m。

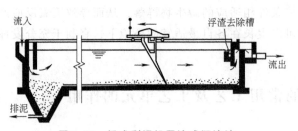

图 4-28　桥式刮泥机平流式沉淀池

4. 过滤的作用

过滤的目的是进一步去除沉淀不能去除的悬浮物质。过滤过程：当水进入滤料层时，较大的悬浮物颗粒自然被截留下来，而较微细的悬浮颗粒则通过与滤料颗粒或已附着的悬浮颗粒接触，出现吸附和凝聚而被截留下来。一些附着不牢的被截留物质在水流作用下，随水流到下一层滤料中。或者由于滤料颗粒表面吸附量过大，孔隙变得更小，于是水流速增大，在水流的冲刷下，被截留物也能被带到下一层，因此，随着过滤时间的增长，滤层深处被截留的物质增多，甚至随水带出滤层，使出水水质变坏。

过滤用的滤池形式很多，按滤速大小，可分为慢滤池、快滤池和高速滤池；按水流过滤层的方向，可分为上向流、下向流、双向流等；按滤料种类，可分为砂滤池、煤滤池、煤-砂滤池等；按滤料层数，可分为单层滤池、双层滤池和多层滤池；按水流性质，可分为压力滤池和重力滤池；按进出水及反冲洗水的供给和排出方式，可分为普通快滤池、虹吸滤池、无阀滤池等。

滤池的种类虽然很多，但其基本构造是相似的，在废水深度处理中使用的各种滤池都是在普通快滤池的基础上加

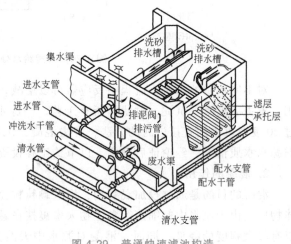

图 4-29　普通快速滤池构造

以改进而来的。普通快速滤池的构造如图 4-29 所示。滤池外部由滤池池体、进水管、出水管、冲洗水管、冲洗水排出管等管道及其附件组成；滤池内部由冲洗水排出槽、进水渠、滤料层、垫料层（承托层）、排水系统（配水系统）组成。

5. 消毒单元的作用

消毒的目的有两个：一是消灭水中的细菌和病原菌；二是保证净化后的水在输送到用户之前不致被再次污染。消毒通常在过滤以后进行。目前常用的消毒方法有液氯、次氯酸钠、二氧化氯、臭氧、紫外线等。选择消毒方式应综合考虑工程的适用性、技术的适用性、安全性、可靠性、运行及管理方便、运行成本等因素。

（1）液氯消毒　氯气溶解在水中后，水解为 HCl 和次氯酸 HOCl，次氯酸再离解为 H^+ 和 OCl^-，HOCl 比 OCl^- 的氧化能力要强得多。另外，由于 HOCl 是中性分子，容易接近细菌而予以氧化，而 OCl^- 带负电荷，难以靠近同样带负电的细菌，虽然有一定氧化作用，但在

浓度较低时很难起到消毒作用。液氯消毒效果可靠，投配设备简单，投量准确，投资少，液氯价格便宜，管理简便，但是可能产生 THMs（三卤甲烷）等致癌物质。

液氯消毒系统主要由加氯机、氯瓶及余氯吸收装置组成。

（2）次氯酸钠消毒　次氯酸钠投入水中能够生成 HOCl，因而具有消毒杀菌的能力。次氯酸钠可用次氯酸钠发生器，以海水或食盐水的电解液电解产生。从次氯酸钠发生器产生的次氯酸钠可直接投入水中，进行接触消毒。

（3）二氧化氯消毒　二氧化氯是一种广谱型的消毒剂，它对水中的病原微生物，包括病毒、细菌芽孢等均有较高的杀死作用。

二氧化氯消毒处理工艺成熟，效果好。二氧化氯只起氧化作用，不起氯化作用，不会生成有机氯化物。它杀菌能力强，消毒效力持续时间较长，效果可靠，具有脱色、助凝、除氰、除臭等多种功能，不受污水 pH 值及氨氮浓度影响，消毒杀菌能力高于氯，但必须现场制备，设备复杂，原料具有腐蚀性，制备复杂，需化学反应生成，操作管理要求高。

二氧化氯消毒系统包括两个药液储罐、二氧化氯发生器及投加设备。

（4）臭氧氧化　臭氧（O_3）是一种具有刺激味、不稳定的气体，它由三个氧原子结合成分子。由于其不稳定性，通常在使用地点生产臭氧。臭氧作为一种强氧化剂在水处理中可发挥多种作用。如设计和管理得当，在去除浊度、色度、嗅、病毒及难降解有机物等方面都有很好的效果。

臭氧的氧化性比次氯酸还强，比氯更能有效地杀死病毒和胞囊。臭氧消毒不会形成 THMs（三卤甲烷）或任何含氯消毒副产物，与二氧化氯一样，臭氧不会长时间地存在于水中，几分钟后就会重新变成氧气。在欧洲普遍用臭氧处理饮用水，在美国也逐渐流行。自1975 年起美国开始运用臭氧对污水进行消毒。

臭氧是一种优良的消毒剂，其杀菌效果好，且一般无有害副产物生成。但目前臭氧发生装置的产率通常较低，设备昂贵，安装管理复杂，运行费用高，而且臭氧在水中溶解度低，衰减速度快，为保证管网内持续的杀菌作用，必须和其他消毒方法协同进行。

（5）紫外线消毒　细菌受紫外光照射后，紫外光谱能量为细菌核酸所吸收，使核酸结构破坏，从而达到消毒的目的。

紫外线消毒具有广谱消毒效果，速度快、接触时间短，反应快速、效率高，无须投加任何化学药剂，不影响水的物理性质和化学成分，不增加水的臭和味，占地小，操作简单，便于管理，易于实现自动化。但是紫外线消毒无持续消毒作用，水中色度及悬浮物浓度影响污水透光率，从而直接影响消毒效果，而且电耗较大。

紫外线消毒系统主要设备是高压水银灯。

紫外线消毒的基本原理为：紫外线对微生物的遗传物质（即 DNA）有畸变作用，在吸收了一定剂量的紫外线后，DNA 的结合键断裂，细胞失去活力，无法进行繁殖，细菌数量大幅度减少，达到灭菌的目的。当紫外线的波长为 254mm 时，DNA 对紫外线的吸收达到最大，因此在这一波长具有最大能量输出的低压水银弧灯被广泛使用，在水量较大时，也使用中压或高压水银弧灯。

紫外线消毒的主要优点是灭菌效率高，作用时间短，危险性小，无二次污染等，并且消毒时间短，不需建造较大的接触池，占地面积和土建费用大大减少，也不影响尾水受纳水体的生物种群。缺点是设备投资高，抗悬浮固体干扰的能力差，对水中悬浮物（SS）浓度有严格要求，石英套管需定期清洗。经紫外线消毒的出水，没有持续的消毒作用。

4.4.2 微污染饮用水源水的处理工艺

1. 工艺流程

由于工业废水的大量排放，水体受到了不同程度的污染，水中污染物的种类较多，性质较复杂。污染物含量比较低微的水源，常称为微污染水源。尽管污染物浓度较低，但常含有有毒、有害物质，尤其是难降解的、具有生物积累性和致癌、致畸、致突变性的有机污染物，对人体健康的危害性极大。微污染水作为饮用水源时，靠常规处理流程很难去除这些有机污染物，因此在常规处理的基础上，需增加预处理或深度处理。

图 4-30 所示为微污染饮用水源水的处理流程，图中虚框部分表示可以采用的预处理技术或深度处理技术。

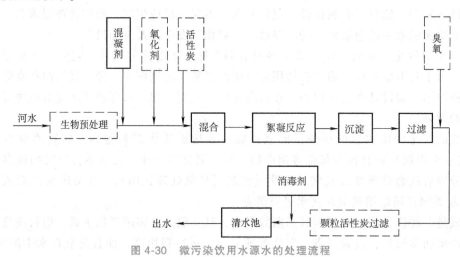

图 4-30　微污染饮用水源水的处理流程

2. 预处理技术单元的作用

预处理的目的就是去除水源水中的污染物质，包括有机物、氮素等。预处理技术包括生物氧化法、化学氧化剂法、吸附法（如采用粉末活性炭、活化黏土）等。

生物氧化法就是采用生物方法去除有机污染物，具体方法有生物接触氧化池、生物流化床、塔式生物滤池、淹没式生物粒状滤料滤池等。

采用化学氧化剂法不仅能氧化去除有机污染物，同时去除源水中的色度，降低臭和味。具体方法有臭氧氧化法、高锰酸钾氧化法等。

吸附法是采用吸附剂去除污染物，包括色度和臭味等物质。具体方法有活性炭吸附法、活化黏土吸附法等。

3. 深度处理技术单元的作用

深度处理技术包括粒状活性炭吸附法、臭氧-活性炭法（即生物活性炭法）、光化学氧化法（包括光激发氧化法和光催化氧化法）、膜过滤法、活性炭-硅藻土过滤法等。

4.4.3 劣质地下水的处理工艺

劣质地下水主要是指地下水中的铁、锰、氟等超标的地下水。地下水中的铁、锰一般以

Fe^{2+}、Mn^{2+}的形式存在，去除的方法是将其氧化为三价铁和四价锰的沉淀物。具体办法可以采用曝气充氧—氧化反应—滤池过滤，也可采用药剂氧化或离子交换法等。

常采用的曝气氧化除铁工艺——地下水除铁工艺示意图如图 4-31 所示。

图 4-31 地下水除铁工艺示意图

含铁水井中一般不含氧，在此采用曝气法，可使空气中的氧溶于水中，作为氧化二价铁的氧化剂。曝气后的含铁水流经接触催化滤池，水中的二价铁在滤料表面催化剂的作用下被溶解氧氧化为三价铁，并沉淀析出附着于滤料表面，滤后水的含铁浓度便可降至 0.3mg/L以下，符合水质标准要求。向滤后水投加氯进行消毒，便可使水的细菌学指标也符合标准。

除锰的方法与除铁的方法相同，当铁锰同时存在时，如果地下水含锰浓度小于 1.5mg/L，可采用一套曝气和除铁装置同时除铁、除锰。如果含锰浓度大于 1.5mg/L 时，采用强化曝气，双层除铁除锰罐，上层除铁、下层除锰。曝气氧化双层除铁除锰工艺流程如图 4-32所示。

当水中的氟含量超标时，应进行除氟处理，目前一般采用活性氧化铝吸附除氟，工艺流程如图 4-33 所示。

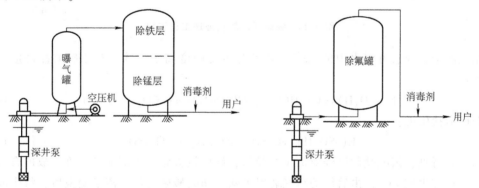

图 4-32 曝气氧化双层除铁除锰工艺流程图　　　图 4-33 活性氧化铝吸附除氟工艺流程图

4.4.4 高浊度水源水的处理工艺

我国地域辽阔，水源水质差异较大。黄河水的含沙量高，有的河段最大平均含沙量超过100kg/m³，以黄河为水源的给水厂处理工艺，要充分考虑泥沙的影响，应在混凝工艺前段设置预处理工艺，以去除高浊度水中的泥沙，图 4-34 所示为不设调蓄水库时的二次沉淀处理工艺。

4.4.5 富营养化水源水的处理工艺

地表水指江河、湖泊、水库等水，我国的湖泊及水库的蓄水量占全国淡水资源的 23%。

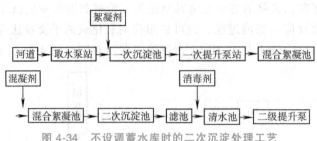

图 4-34 不设调蓄水库时的二次沉淀处理工艺

所以，以湖泊水库作为水源的城市占全国城市供水量的 25% 左右。由于湖泊、水库的水文特征，加上含氮、磷污水大量排入，使水体富营养化现象严重，藻类大量繁殖。目前水处理中含藻水的处理方法主要有化学药剂法、微滤机过滤法、气浮法、直接过滤和生物处理等。

4.4.6 工业用水的处理工艺

由于工业用水种类较多，处理流程也不尽相同。如锅炉用水可在自来水的基础上进行软化处理，电子工业用水则应进行除盐处理。

图 4-35 所示为以城市自来水作为锅炉用水的补给水的软化处理工艺流程。

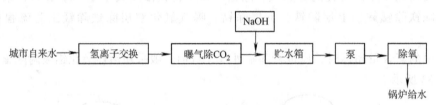

图 4-35 锅炉用水软化处理工艺流程

用氢离子交换法可将水中的 Ca^{2+}、Mg^{2+} 等主要硬度离子去除。对于碳酸盐硬度，反应式如下：

$$R(-SO_3H)_2+Ca(HCO_3)_2=R(-SO_3)Ca+2CO_2\uparrow+2H_2O \qquad (4-20)$$

对于非碳酸盐硬度：

$$R(-SO_3H)_2+CaSO_4=R(-SO_3)Ca+H_2SO_4 \qquad (4-21)$$

由上式可见，碳酸盐硬度经氢离子交换后，硬度被去除，由碳酸盐硬度构成的含盐量也被除去，反应生成 CO_2，由后续的曝气装置去除。非碳酸硬度经氢离子交换后，将生成等当量的酸，在后续处理中向水中投碱剂以中和水中的酸，处理后的水在储水箱中待用。最后，将水加热，以去除水中的溶解氧补给锅炉使用。

4.5 污水处理常用工艺及工艺单元的作用

4.5.1 污水处理的基本方法

污水处理的基本方法，按原理可分为物理处理法、化学及物理化学处理法和生物化学处理法三类。

物理处理法主要有筛滤、沉淀、离心分离、上浮法、过滤、调节等。

化学及物理化学处理法主要有中和、氧化还原、化学沉淀、混凝、气浮、电解、汽提、萃取、吸附、离子交换和膜处理法等。化学处理法多用于处理生产污水。

生物化学处理法主要有好氧生物处理法和厌氧生物处理法。好氧生物处理法广泛用于处理城市污水及有机生产污水，其中有活性污泥法和生物膜法两种；厌氧生物处理法多用于处理高浓度有机污水与污水处理过程中产生的污泥，现在也开始用于处理城市污水与低浓度有机污水。

城市污水与生产污水中的污染物是多种多样的，往往需要采用几种方法的组合，才能处理不同性质的污染物与污泥，达到净化的目的与排放标准。

4.5.2 城市污水处理的基本工艺流程

城市污水处理，按处理程度划分，可分为一级、二级和三级处理。

1. 一级处理工艺

一级处理，主要去除污水中呈悬浮状态的固体污染物质，物理处理法大部分只能完成一级处理的要求。经过一级处理后的污水，BOD 一般可去除 30% 左右，达不到排放标准。一级处理属于二级处理的预处理，工艺单元一般包括格栅、沉砂池和初沉池，如图 4-36 所示。

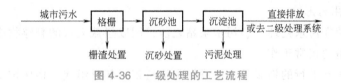

图 4-36 一级处理的工艺流程

2. 二级处理工艺

二级处理是在一级处理的基础上，对污水中呈胶体和溶解状态的有机污染物质（即 BOD、COD 物质）进行去除。工艺单元一般包括生物处理构筑物、二沉池和消毒，如图 4-37 所示。

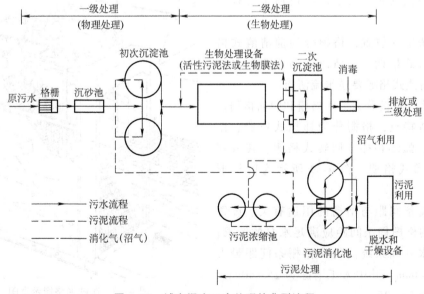

图 4-37 城市污水二次处理的典型流程

3. 三级处理工艺

三级处理是在一级、二级处理后，进一步处理难降解的有机物、磷和氮等能够导致水体富营养化的可溶性无机物等。三级处理的方法是多种多样的，主要有生物脱氮除磷法、混凝沉淀法、砂滤法、活性炭吸附法、离子交换法和电渗析法等。图 4-38 所示为城市污水三级处理流程。

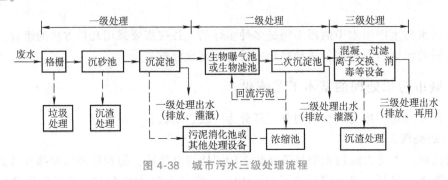

图 4-38　城市污水三级处理流程

4.5.3　城市污水处理各工艺单元的作用

1. 格栅的作用与形式

格栅一般安装在污水处理厂、污水泵站之前，用以拦截大块的悬浮物或漂浮物，以保证后续构筑物或设备的正常工作。

格栅一般由相互平行的格栅条、格栅框和清渣耙三部分组成。格栅按不同的方法可分为不同的类型。

按格栅条间距的大小，格栅分为粗格栅、中格栅和细格栅三类，其栅条间距分别为 4~10mm、15~25mm 和大于 40mm。

按清渣方式，格栅分为人工清渣格栅和机械清渣格栅两种。人工清渣格栅主要是粗格栅。

按清栅耙的位置，格栅分为前清渣式格栅和后清渣式格栅。前清渣式格栅要顺水流清渣，后清渣式格栅要逆水流清渣。

按形状，格栅分为平面格栅和曲面格栅。

按构造特点，格栅分为抓扒式格栅、循环式格栅、弧形格栅、回转式格栅、转鼓式格栅和阶梯式格栅。图 4-39 所示为阶梯形格栅。

格栅栅条间距与格栅的用途有关。设置在水泵前的格栅栅条间距应满足水泵的要求；设置在污水处理系统前的格栅栅条间距最大不能超过 40mm，其中人工清除为 25~40mm，机械清除为 16~25mm。

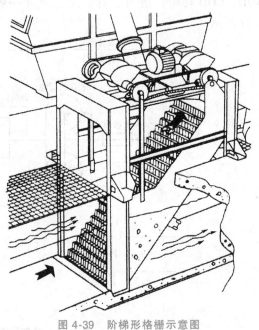

图 4-39　阶梯形格栅示意图

污水处理厂也可设置二道格栅，总提升泵站前设置粗格栅（50~100mm）或中格栅（10~40mm），处理系统前设置中格栅或细格栅（3~10mm）。若泵站前格栅栅条间距不大于25mm，污水处理系统前可不再设置格栅。

　　栅渣清除方式与格栅拦截的栅渣量有关。当格栅拦截的栅渣量大于 0.2m³/d 时，一般采用机械清渣方式；栅渣量小于 0.2m³/d 时，可采用人工清渣方式，也可采用机械清渣方式。机械清渣不仅为了改善劳动条件，而且利于提高自动化水平。

　　2. 沉砂池的作用与形式

　　沉砂池的作用是去除密度较大的无机颗粒。一般设在初沉池前，或泵站、倒虹管前。常用的沉砂池有平流式沉砂池、曝气沉砂池、涡流式沉砂池和多尔沉砂池等。

　　平流式沉砂池实际上是一个比入流渠道和出流渠道宽而深的渠道，平面为长方形，横断面多为矩形。当污水流过时，由于过水断面增大，水流速度下降，污水中夹带的无机颗粒在重力的作用下下沉，从而达到分离水中无机颗粒的目的。平流式沉砂池构造简单，处理效果较好，工作稳定。但沉砂中夹杂一些有机物，易于腐化散发臭味，难以处置，并且对有机物包裹的砂粒去除效果不好。

　　曝气沉砂池的平面形状为长方形，横断面多为梯形或矩形，池底设有沉砂斗或沉砂槽，一侧设有曝气管。在曝气的作用下，颗粒之间产生摩擦，将包裹在颗粒表面的有机物摩擦去除掉，产生洁净的沉砂，同时提高颗粒的去除效率。

　　圆形涡流式沉砂池是利用水力涡流原理除砂。圆形涡流式沉砂池与传统的平流式曝气沉砂池相比，具有占地面积小，土建费用低的优点，对中小型污水处理厂具有一定的适用性。

　　圆形涡流式沉砂池有多种池型，目前应用较多的有英国 Jones & Attwod 公司的钟式（Jeta）沉砂池（图 4-40）和美国 Smith & Loveless 公司的佩斯塔（Pista）沉砂池。

　　多尔沉砂池结构上部为方形，下部为圆形，装有复耙提升坡道式筛分机。图 4-41 所示为多尔沉

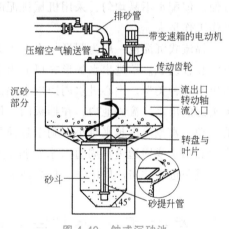

图 4-40　钟式沉砂池

砂池工艺图。多尔沉砂池属线形沉砂池，颗粒的沉淀是通过减小池内水流速度来完成的。为了保证分离出的砂粒纯净，利用复耙提升坡道式筛分机分离沉砂中的有机颗粒，分离出来的污泥和有机物再通过回流装置回流至沉砂池中。为确保进水均匀，多尔沉砂池一般采用穿孔墙进水，固定堰出水。多尔沉砂池分离出的砂粒比较纯净，有机物含量仅 10% 左右，含水率也比较低。

　　3. 初次沉淀池的作用与形式

　　初次沉淀池是城市污水一级处理的主体构筑物，用于去除污水中可沉悬浮物。初沉池对可沉悬浮物的去除率在 90% 以上，并能将约 10% 的胶体物质由于黏附作用而去除，总的悬浮物（SS）去除率为 50%~60%，同时能够去除 20%~30% 的有机物。初次沉淀池有平流式沉淀池、竖流式沉淀池和辐流式沉淀池三种类型，城市污水处理厂一般采用平流式沉淀池和辐流式沉淀池两种类型。

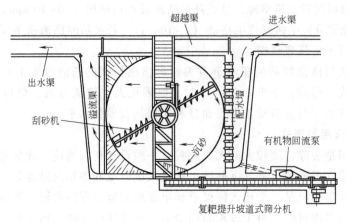

图 4-41　多尔沉砂池工艺图

平流式沉淀池平面呈矩形，一般由进水装置、出水装置、沉淀区、缓冲区、污泥区及排泥装置等构成。排泥方式有机械排泥和多斗排泥两种，机械排泥多采用链带式刮泥机和桥式刮泥机。

平流式沉淀池沉淀效果好，对冲击负荷和温度变化适应性强，而且平面布置紧凑，施工方便。但配水不易均匀，采用机械排泥时设备易腐蚀。若采用多斗排泥时，排泥不易均匀，操作工作量大。

辐流式沉淀池一般为圆形，也有正方形的。主要由进水管、出水管、沉淀区、污泥区及排泥装置组成。按进出水的形式可分为中心进水周边出水、周边进水中心出水和周边进水周边出水三种类型。中心进水周边出水辐流式沉淀池（图4-3）应用最为广泛。污水经中心进水头部的出水口流入池内，在挡板的作用下，平稳均匀地流向周边出水堰。随着水流沿径向的流动，水流速度越来越小，利于悬浮颗粒的沉淀。近几年，在实际工程中也有采用周边进水中心出水或周边进水周边出水辐流式沉淀池（图4-42）。周边进水可以降低进水时的流速，避免进水冲击池底沉泥，提高池的容积利用系数。这类沉淀池多用于二次沉淀池。

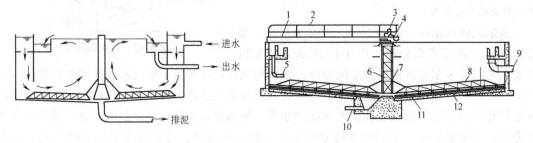

图 4-42　周边进水周边出水辐流式沉淀池
1—过桥　2—栏杆　3—传动装置　4—转盘　5—进水下降管　6—中心支架　7—传动器罩
8—桁架式耙架　9—出水管　10—排泥管　11—刮泥板　12—可调节的橡胶刮板

竖流式沉淀池一般为圆形或方形，由中心进水管、出水装置、沉淀区、污泥区及排泥装置组成。沉淀区呈柱状，污泥斗呈截头倒锥体。污水自中心管流入后向下经反射板呈上向流流至出水堰，污泥沉入污泥斗并在静水压力的作用下排出池外。竖流式沉淀池的直径（或正方形的一边）一般小于7.0m，澄清污水沿周边流出；当池子直径大于等于7.0m时，应增设辐射式集水支渠。由于竖流式沉淀池池体深度较大，施工困难，对冲击负荷和温度的变化适应性差，造价也相对较高。因此，城市污水处理厂的初沉池很少采用。

4. 生化处理构筑物的作用与形式

污水生化处理方法就是利用微生物的新陈代谢功能使污水中呈溶解和胶体状态的有机污染物被降解并转化为无害物质，使污水得以净化。生化处理方法分为好氧法和厌氧法。好氧法主要有活性污泥法、生物膜法和自然生物处理法。城市污水生化处理多采用活性污泥法，小规模也可以采用生物膜法。

（1）曝气池　从混合液流动形态方面，曝气池分为推流式、完全混合式和循环混合式三种。

1）推流式曝气池。推流式曝气池呈长方廊道形，污水（混合液）从池的一端流入，在后继水流的推动下，沿池长度方向流动，并从池的另一端流出池外。为避免短路，廊道的长宽比一般不小于 5∶1，根据需要，有单廊道、双廊道或多廊道等形式。图 4-43 所示是以三廊道推流式曝气池为生物处理构筑物的传统活性污泥法系统。推流式曝气池一般采用鼓风曝气，但也可以是机械曝气。

2）完全混合式曝气池。完全混合式曝气池混合液在池内充分混合循环流动，因而污水与回流污泥进入曝气池立即与池中所有混合液充分混合，使有机物浓度因稀释而迅速降至最低值。其特点是对入流水质水量的适应能力强，但受曝气系统混合能力的限制，池型和池容都需符合规定，当搅拌混合效果不佳时易发生短流。完全混合式曝气池多采用表面机械曝气装置，但也可以采用鼓风曝气系统。在完全混合曝气池中应当首推合建式完全混合曝气沉淀池，简称曝气沉淀池。图 4-44 所示为我国从 20 世纪 70 年代起广泛使用的圆形曝气沉淀池剖面图。曝气沉淀池在表面上多呈圆形，偶见方形或多边形。

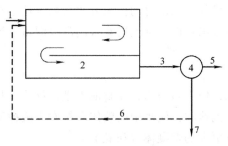

图 4-43　以三廊道推流式曝气池为生物
处理构筑物的传统活性污泥法系统

1—预处理后的污水　2—推流式曝气池　3—从曝
气池流出的混合液　4—二次沉淀池　5—处理水
6—回流污泥系统　7—剩余污泥

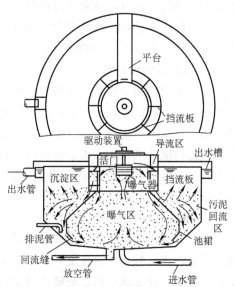

图 4-44　圆形曝气沉淀池剖面图

3）循环混合式曝气池。循环混合式曝气池主要是指氧化沟。氧化沟是平面呈椭圆环形或环形"跑道"的封闭沟渠，混合液在闭合的环形沟道内循环流动，混合曝气。图4-45所示为普通氧化沟处理系统。入流污水和回流污泥进入氧化沟中参与环流并得到稀释和净化，与入流污水及回流污泥总量相同的混合液从氧化沟出口流入二次沉淀池。处理水从二次沉淀池出水口排放，底部污泥回流至氧化沟。氧化沟不仅有外部污泥回流，而且还有极大的内回流。因此，氧化沟是一种介于推流式和完全混合式之间的曝气池形式，综合了推流式与完全混合式的优点。

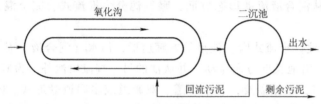

图 4-45　普通氧化沟处理系统

另外，按平面形状分类曝气池可分为长方廊道形、圆形、方形以及环状跑道形等四种；按采用的曝气方法分类，曝气池可分为鼓风曝气池、机械曝气池以及两者联合使用的机械—鼓风曝气池；按曝气池与二次沉淀池之间的关系分类，可分为曝气-沉淀池合建式和分建式两种。

（2）生物膜法处理构筑物　生物膜法使污水连续流经固体填料（碎石、炉渣或塑料蜂窝），在填料上就能够形成污泥状的生物膜，生物膜上繁殖着大量的微生物，能够起与活性污泥同样的净化作用，吸附和降解水中的有机污染物。从填料上脱落下来的衰亡生物膜随污水流入沉淀池，经沉淀池被澄清净化。

生物膜法有多种处理构筑物，如生物滤池、生物转盘、生物接触氧化以及生物流化床等，具体详见本章4.3节的介绍。

5. 二沉池的作用与形式

二沉池的作用是将活性污泥与处理水分离，并将沉泥加以浓缩。二沉池的基本功能与初沉池是基本一致的，因此，前面介绍的几种沉淀池都可以作为二沉池，另外，斜板沉淀池也可以作为二沉池。但由于二沉池所分离的污泥质量轻，容易产生异重流，因此，二沉池的沉淀时间比初沉池的长，水力表面负荷比初沉池的小。另外，二沉池的排泥方式与初沉池也有所不同。初沉池常采用刮泥机刮泥，然后从池底集中排出；而二沉池通常采用刮吸泥机从池底大范围排泥。

6. 接触池的作用与形式

当处理水需要加药或消毒剂时，需要设置接触池，使水与药剂在接触池中进行反应。接触反应池内水流特点是流速由大到小，在较大的反应流速时，使水中的胶体颗粒发生碰撞吸附，在较小的反应流速时，使碰撞吸附后的颗粒结成更大的絮凝体（矾花）。

接触反应池的形式有隔板反应池、涡流式反应池等，其中隔板反应池应用最为广泛。隔板反应池有平流式、竖流式和回转式三种。

1）平流式隔板反应池多为矩形钢筋混凝土池，池内设木质或水泥隔板，水流沿廊道回转流动，可形成很好的絮凝体。一般进口流速0.5～0.6m/s，出口流速0.15～0.2m/s，反应时间一般为 20~30min。其优点是反应效果好，构造简单，施工方便。但池容大，水头损失大。

2）竖流式隔板反应池与平流式隔板反应池的原理相同。

3）回转式隔板反应池的结构如图 4-46 所示，是平流式隔板反应池的一种改进形式，常和平流式沉淀池合建。其优点是反应效果好，压头损失小。

隔板反应池适用于处理水量大且水量变化小的情况。

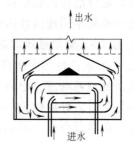

图 4-46　回转式隔板反应池

4.5.4　城市污水处理常用的工艺

1. 传统活性污泥法

传统活性污泥法又称普通活性污泥法或推流式活性污泥法，它是最早成功应用的运行方式，其他活性污泥法都是在其基础上发展而来的。曝气池呈长方形，污水和回流污泥一起从曝气池的首端进入，在曝气和水力条件的推动下，污水和回流污泥的混合液在曝气池内呈推流形式流动至池的末端，流出池外进入二沉池。在二沉池中处理后的污水与活性污泥分离，部分污泥回流至曝气池，部分污泥则作为剩余污泥排出系统。推流式曝气池一般建成廊道型，有单廊道、双廊道或多廊道等形式。传统活性污泥法系统如图 4-47 所示。

有机物降解反应的推动力较大，效率较高，因此曝气池需氧率沿池长逐渐择低，尾端溶解氧一般处于过剩状态，在保证末端溶解氧正常的情况下，前段混合液中溶解氧含量可能不足。

传统活性污泥法处理效果好，BOD 去除率可达 90% 以上。但曝气池容积大，占用的土地较多，基建费用高。

2. 阶段曝气活性污泥法

阶段曝气活性污泥法也称分段进水活性污泥法或多段进水活性污泥法，是针对传统活性污泥法存在的弊端进行了一些改革的运行方式。该工艺与传统活性污泥法主要不同点是污水沿池长分段注入，使有机负荷在池内分布比较均衡，缓解了传统活性污泥法曝气池内供氧速率与需氧速率存在的矛盾。曝气方式一般采用鼓风曝气。阶段曝气法基本流程如图 4-48 所示。

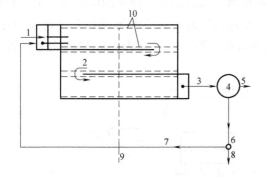

图 4-47　传统活性污泥法系统

1—经预处理后的污水　2—活性污泥反应器——曝气池
3—从曝气池流出的混合液　4—二次沉淀池　5—处理后污水
6—污泥泵站　7—回流污泥系统　8—剩余污泥
9—来自空压机站的空气　10—曝气系统与空气扩散装置

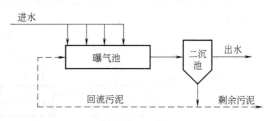

图 4-48　阶段曝气法流程示意图

阶段曝气活性污泥法供氧和需氧相对均衡，对水质、水量冲击负荷的适应能力较强；但处理效果略低于传统活性污泥法。

3. 缺氧-好氧活性污泥法（A/O法）

缺氧-好氧活性污泥法具有同时去除有机物和脱氮的功能。具体做法是在常规的好氧活性污泥法处理系统前，增加一段缺氧生物处理过程，经过预处理的污水先进入缺氧段，然后再进入好氧段。好氧段的一部分硝化液通过内循环管道回流到缺氧段。缺氧段和好氧段可以是分建，也可以合建。图4-49所示为分建式缺氧-好氧活性污泥处理系统。

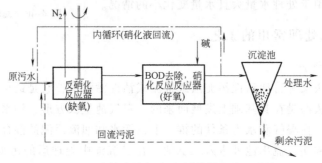

图 4-49 分建式缺氧-好氧活性污泥处理系统

A/O法的A段（缺氧段）在缺氧条件下运行，其作用是脱氮。在这里反硝化细菌以原水中的有机物作为碳源，以好氧段回流液中硝酸盐作为受电体，进行反硝化反应，将硝态氮还原为气态氮（N_2），使污水中的氮去除。

O段（好氧段）的作用有两个：一是利用好氧微生物氧化分解污水中的有机物；二是利用硝化细菌进行硝化反应，将氨氮转化为硝态氮。

A/O法是生物脱氮工艺中流程比较简单的一种工艺，而且装置少，不必外加碳源，基建费用和运行费用都比较低。但该工艺的脱氮效率取决于内循环量的大小，从理论上讲，内循环量越大，脱氮效果越好，但内循环量越大，运行费用就越高，而且缺氧段的缺氧条件也不好控制。因此，该工艺的脱氮效率很难达到90%。

4. 厌氧-缺氧-好氧活性污泥法（A^2/O法）

厌氧-缺氧-好氧活性污泥法不仅能够去除有机物，同时还具有脱氮和除磷的功能。具体做法是在A/O前增加一段厌氧生物处理过程，经过预处理的污水与回流污泥（含磷污泥）一起进入厌氧段，再进入缺氧段，最后再进入好氧段。图4-50所示为厌氧-缺氧-好氧活性污泥系统。

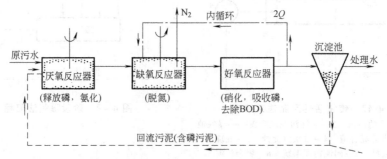

图 4-50 厌氧-缺氧-好氧活性污泥系统

厌氧段的首要功能是释放磷，同时对部分有机物进行氨化。

缺氧段的首要功能是脱氮，硝态氮是通过内循环由好氧反应器送来的，循环的混合液量较大，一般为 $2Q$（Q 为原污水流量）。

好氧段是多功能的，去除有机物、硝化和吸收磷等项反应都在该段进行。这三项反应都是重要的，混合液中含有硝酸盐氮，污泥中含有过剩的磷，而污水中的 BOD（或 COD）则得到去除。流量为 $2Q$ 的混合液从这里回流缺氧反应器。

5. 改良厌氧-缺氧-好氧活性污泥法（改良的 A^2/O 法）

改良的 A^2/O 法是在普通 A^2/O 工艺前增加一前置反硝化段，全部回流污泥和 $10\% \sim 30\%$（根据实际情况进行调节）的水量进入前置反硝化段中，剩下 $90\% \sim 70\%$ 的水量进入厌氧段。主要目的是利用少量进水中的可快速分解的有机物作碳源去除回流污泥中的硝酸盐氮，从而为后续厌氧段聚磷菌的磷释放创造良好的环境，提高生物除磷效果。

改良 A^2/O 工艺流程如图 4-51 所示。

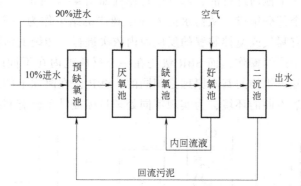

图 4-51　改良 A^2/O 工艺流程

6. 氧化沟

氧化沟又称循环曝气池，是荷兰 20 世纪 50 年代开发的一种生物处理技术，属活性污泥法的一种变法。图 4-52 所示为以氧化沟为生物处理单元的污水处理流程。

进入氧化沟的污水和回流污泥混合液在曝气装置的推动下，在闭合的环形沟道内循

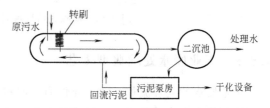

图 4-52　以氧化沟为生物处理单元的污水处理流程

环流动，混合曝气，同时得到稀释和净化。与入流污水及回流污泥总量相同的混合液从氧化沟出口流入二沉池。处理水从二沉池出水口排放，底部污泥回流至氧化沟。氧化沟是一种介于推流式和完全混合式之间的曝气池形式，综合了推流式与完全混合式优点。

氧化沟的曝气装置有横轴曝气装置和纵轴曝气装置。横轴曝气装置有横轴曝气转刷和曝气转盘；纵轴曝气装置就是表面机械曝气器。

氧化沟按其构造和运行特征可分多种类型，在城市污水处理中较多的有卡罗塞氧化沟、奥贝尔氧化沟、交替工作型氧化沟及 DE 型氧化沟。

7. 间歇式活性污泥法（SBR 法）

传统活性污泥法是连续进出水的，其实，活性污泥法最早出现时是间歇运行的，也就是

现在的间歇式活性污泥法又称序批式活性污泥法，简称 SBR 法。由于 SBR 法管理操作复杂，在自动化水平不高的年代，较难满足城市污水连续处理的要求，因此，在 20 世纪 80 年代以前应用较少。近年来，自动控制技术的迅速发展为其注入了生机，使其发展成为简单可靠、经济有效和多功能的污水处理技术。

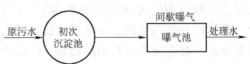

图 4-53　间歇式活性污泥法工艺流程

SBR 法主要特征是反应池一批一批地处理污水，采用间歇运行的方式，每一个反应池都兼有曝气池和二次沉淀池作用，因此不再设置二次沉淀池和污泥回流设备，而且一般也可以不建水质或水量调节池。图 4-53 所示为间歇式活性污泥法工艺流程。

SBR 法对水质水量变化的适应性强，可不设初沉池和二次沉淀池，基建费比常规活性污泥法低。

SBR 法的核心构筑物是集有机污染物降解与混合液沉淀于一体的反应器——间歇曝气池。处理过程都是在一个池内进行的，基本运行流程如图 4-54 所示，其操作由进水、反应、沉淀、出水和待机五个部分组成。从污水流入开始到待机结束作为一个周期。一个周期内，一切过程都在一个设有曝气或搅拌装置的反应池内依次进行。传统的活性污泥法是在空间上设置不同设施进行固定连续操作，而 SBR 法是在一个反应池内在不同时间进行各种目的不同操作，所以两者去除有机物的基本原理是相同的。SBR 法在时间上的这种灵活控制，易于实现厌氧、缺氧、好氧不同的环境，为实现不同处理目标提供了极有利的条件。

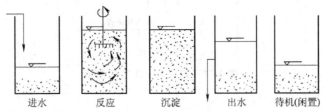

图 4-54　间歇式活性污泥法曝气池运行流程示意图

4.5.5　工业废水处理典型工艺

工业废水的处理流程，随工业性质、原料、成品及生产工艺的不同而不同，具体处理方法与流程应根据水质与水量及处理的对象，经调查研究或试验后决定。

图 4-55 所示为碱性氯化法处理含氰废水的工艺流程。

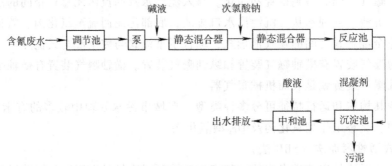

图 4-55　碱性氯化法处理含氰废水的工艺流程

含氰废水用泵从调节池经两个串联管式静态混合器送入反应池。在第一个混合器前投加碱液，其投量由 pH 计自动控制，使废水的 pH 值控制在 10~12。在第二个混合器前投加次氯酸钠溶液，在碱性条件下次氯酸钠将氰化物氧化为毒性较低的氰酸盐。废水在反应池停留一定时间进行反应后进入沉淀池，并投加高分子絮凝剂，加速重金属氢氧化物的沉淀。沉淀池间歇排泥。沉淀池出水 pH 值很高，需经中和池将 pH 值调至 6.5~8.5 后再排放或利用。

图 4-56 所示为电解法处理含铬废水的工艺流程。

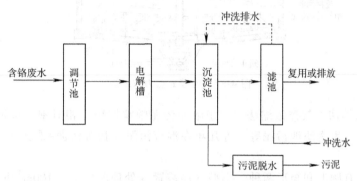

图 4-56　电解法处理含铬废水的工艺流程

从车间排出的含铬废水汇集于调节池内，然后送入电解槽，经电解处理后流入沉淀池，沉淀后的废水再经滤池处理，符合排放标准后可重复使用或直接排放。

调节池的作用是调节含铬废水的水量和浓度，使进入电解槽的废水量和浓度比较均匀，以保证电解处理效果。沉淀池的作用是将在电解过程中生成的氢氧化铬和氢氧化铁从水中分离出来。滤池的作用是去除未被沉淀池除去的氢氧化铬和氢氧化铁。

4.5.6　污泥的处理

污泥是污水处理过程中的产物。城市污水处理产生的污泥含有大量有机物，富有肥分，可以作为农肥使用，但又含有大量细菌、寄生虫卵以及从生产污水中带来的重金属离子等，需要做稳定与无害化处理。污泥处理的主要方法是减量处理（如浓缩法、脱水等），稳定处理（如厌氧消化法、好氧消化法等），综合利用（如消化气利用，污泥农业利用等），最终处置（如干燥焚烧、填地投海、建筑材料等）。

1. 污泥浓缩

污泥浓缩的目的是去除污泥中的水分，减少污泥的体积，进而降低运输费用和后续处理费用。剩余污泥含水率一般为 99.2%~99.8%，浓缩后含水率可降为 95%~97%，体积可以减少为原来的 1/4。

污泥浓缩常用的方法有重力浓缩法、气浮浓缩法和离心浓缩法三种。

（1）重力浓缩法　重力浓缩本质上是一种沉淀工艺，属于压缩沉淀。重力浓缩池按其运转方式可以分为连续式和间歇式两种。连续式主要用于大、中型污水处理厂，间歇式主要用于小型污水处理厂或工业企业的污水处理厂。重力浓缩池一般采用水密性钢筋混凝土建造，设有进泥管、排泥管和排上清液管，平面形式有圆形和矩形两种，一般多采用圆形。

连续式重力浓缩池的进泥与出水都是连续的，排泥可以是连续的，也可以是间歇的。当池子较大时采用辐流式浓缩池；当池子较小时采用竖流式浓缩池。竖流式浓缩池采用重力排泥。图 4-57 所示为有刮泥机与搅拌装置的连续式重力浓缩池。

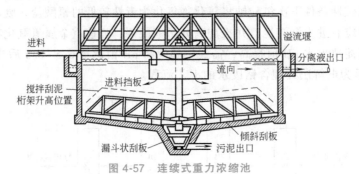

图 4-57 连续式重力浓缩池

（2）气浮浓缩法 气浮浓缩法多用于浓缩污泥颗粒较轻（相对密度接近于 1）的污泥，如剩余活性污泥、生物滤池污泥等，近几年在混合污泥（初沉污泥+剩余污泥）浓缩方面也得到了推广应用。

气浮浓缩池有圆形和矩形两种，小型气浮装置（处理能力小于 $100m^3/h$）多采用矩形气浮浓缩池，大中型气浮装置（处理能力大于 $100m^3/h$）多采用辐流式气浮浓缩池。

（3）离心浓缩法 离心浓缩工艺是利用离心力使污泥得到浓缩，主要用于浓缩剩余活性污泥等难脱水污泥或场地狭小的场合。由于离心力是重力的 500～3000 倍，因此在很大的重力浓缩池内要经十几小时才能达到的浓缩效果，在很小的离心机内就可以完成，且只需几分钟。含水率为 99.5% 的活性污泥，经离心浓缩后，含水率可降低到 94%。对于富磷污泥，用离心浓缩可避免磷的二次释放，提高污水处理系统总的除磷率。

2. 污泥厌氧消化

污泥厌氧消化是指在无氧的条件下，由兼性菌和专性厌氧细菌降解污泥中的有机物，最终产物是二氧化碳和甲烷气（或称污泥气、生物气、消化气），使污泥得到稳定。

厌氧消化池按几何形状分为圆柱形和蛋形两种，图 4-58 所示为柱形消化池。

污泥厌氧消化工艺主要有一级消化、二级消化、两相厌氧消化等。

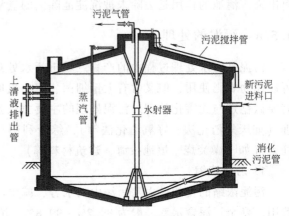

图 4-58 柱形消化池

一级污泥消化工艺：污泥在单级（单个）消化池内进行搅拌和加热，完成消化过程。

二级污泥消化工艺：污泥先在第一消化池中消化到一定程度后，再转入第二消化池。第一级消化池有集气罩、加热、搅拌设备，不排除上清液；第二消化池不加热、不搅拌，仅利用余热继续进行消化，消化温度约 20～26℃。

两相消化法，是把厌氧消化的第一、二阶段与第三阶段分别在两个消化池中进行，使各自都有最佳环境条件。因此，两相消化具有池容积小，加温与搅拌能耗少，运行管理方便，消化更彻底的优点。

3. 污泥的脱水与干化

浓缩消化后的污泥仍具有较高的含水率（一般在94%以上），体积仍较大，因此，应进一步采取措施脱除污泥中的水分，降低污泥的含水率。污泥脱水后不仅体积减小，而且呈泥饼状，便于运输和后续处理。污泥脱水的方法主要有机械脱水和自然干化。

（1）机械脱水　污泥机械脱水的方法主要有真空过滤脱水、压滤脱水和离心脱水三大类。

真空过滤脱水是将污泥置于多孔性过滤介质上，在介质另一侧制造真空，将污泥中的水分强行吸入，使之与污泥分离，从而实现脱水。常用的设备有各种形式的真空转鼓过滤脱水机。由于真空过滤脱水产生的噪声大，泥饼含水率较高、操作麻烦，占地面积大，所以很少采用。

压滤脱水是将污泥置于过滤介质上，在污泥一侧对污泥施加压力，强行让水分通过介质，使之与污泥分离，从而实现脱水。常用的设备有各种形式的带式压滤脱水机（图4-59）和板框压滤脱水机。板框压滤脱水机泥饼含水率最低，但这种脱水机为间断运行，效率低，操作麻烦，维护量很大，所以也较少采用。带式压滤脱水机具有出泥含水率较低且稳定、能耗少、管理控制简单等特点，被广泛使用。

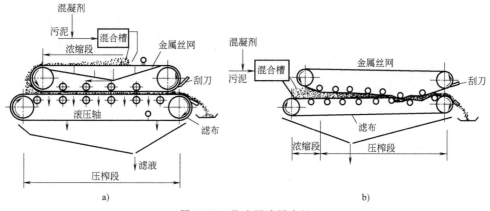

图 4-59　带式压滤脱水机

离心脱水是通过水分与污泥颗粒的离心力之差，使之相互分离，从而实现脱水。常用的设备有卧螺式等各种形式的离心脱水机。由于离心脱水机能自动、连续长期封闭运转，结构紧凑，噪声低，处理量大，占地面积小，尤其是有机高分子絮凝剂的普遍使用，使污泥脱水效率大大提高，是当前较为先进而逐渐被广泛应用的污泥处理方法。

（2）自然干化　污泥的自然干化是一种简便经济的脱水方法，但容易形成二次污染。它适合于有条件的中小规模污水处理厂。污泥自然干化的主要构筑物是干化场。干化场可分为自然滤层干化场与人工滤层干化场两种。前者适用于自然土质渗透性能好，地下水位低的地区。人工滤层干化场的滤层是人工铺设的，又可分为敞开式干化场和有盖式干化场两种。

干化场脱水主要依靠渗透、蒸发与撇除。

4. 污泥的最终处置与利用

污泥的最终处置和利用是目前污泥处理与处置的一个难题。目前国内污水处理厂污泥大都采用卫生填埋方式处置，国外对污泥处置采用较多的方法是焚烧、卫生填埋、堆肥、干化造粒和投海等。

思考题与练习题

1. 水的化学水质指标有哪些？
2.《生活饮用水卫生标准》（GB 5749—2006）共有多少项指标？其中常规指标有多少项？
3. 画出活性污泥法的基本流程图。
4. 生物膜法的处理构筑物有哪些？
5. 混凝的目的什么？常用的混凝剂主要有哪些？
6. 画出地表水水源的生活饮用水常规处理流程图。
7. 污水处理的基本方法有哪些？
8. 画出城市污水二级生物处理工艺流程图。

第 5 章
建筑给水排水工程

建筑给水排水工程主要介绍建筑内部和居住小区的给水排水设计的基本原理、方法及施工安装、管理等方面的基本知识。内容包括建筑给水工程、建筑排水工程、建筑消防工程、建筑热水供应工程及小区的给水排水工程等。

5.1 建筑给水工程

建筑给水工程的任务是选择安全、经济、合理的给水方式，将市政给水输送到建筑内部的用水设备，同时满足用户对水质、水量、水压三方面的用水要求。

5.1.1 建筑给水系统的分类

建筑给水系统按用途可分为生活给水系统、生产给水系统和消防给水系统。

1. 生活给水系统

生活给水系统是供给人们在日常生活中使用的给水系统，按供水水质可分为生活用水系统、直饮水系统和杂用水系统。生活用水系统提供饮用、盥洗、洗涤、沐浴、烹饪等用水；直饮水系统提供人们直接饮用的纯净水、矿泉水等；杂用水系统提供冲洗便器、冲洗汽车、绿化等用水，类似于中水给水系统。生活给水系统的水质应符合国家规定的《生活饮用水卫生标准》（GB 5749—2006）。

2. 生产给水系统

生产给水系统是供给生产设备冷却、原料和产品的洗涤，以及各类产品制造过程中所需的生产用水。生产用水对水质的要求，根据生产设备和工艺要求而定。目前生产给水的定义范围有所扩大，城市自来水公司将带有经营性质的商业用水也称为生产用水。将水资源作为水工业的原料，相应提高生产用水的费用，有利于合理利用水资源和可持续发展。

3. 消防给水系统

供给消防设施的给水系统，包括消火栓给水系统、自动喷水灭火系统、水幕系统、水喷雾灭火系统等。消防给水系统用于灭火和控火，即扑灭火灾和控制火灾蔓延。消防用水对水质要求不高。

上述三类给水系统可独立设置，也可根据实际条件和需要组合供水，如生活-消防组合、生产-消防组合、生活-生产-消防组合的给水系统。还可按供水水质分为饮用水给水系统、杂用水给水系统、消防给水系统、循环或重复使用的再生水给水系统等。

5.1.2 建筑给水系统的组成

建筑内部给水系统一般由引入管、水表节点、管道系统、给水附件、加压和储水设备、消防设备等组成，如图 5-1 所示。

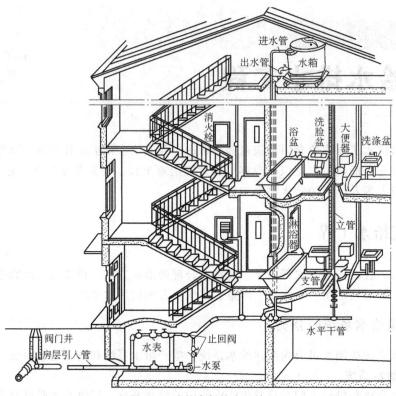

图 5-1 建筑内部给水系统

1. 引入管

引入管是城市给水管道与用户给水管道间的连接管。当用户为一幢单独建筑物时，引入管也称进户管；当用户为工厂、学校等建筑群体时，引入管是指总进水管。

2. 水表节点

水表及其前后设置的闸门、泄水装置等总称为水表节点。闸门在检修和拆换水表时用以关闭管道；泄水装置主要是用来放空管网，检测水表精度及测定进户点压力值。对于不允许断水的用户一般采用有旁通管的水表节点；对于允许在短时间内停水的用户，可以采用无旁通管的水表节点。为了保证水表前水流平稳，计量准确，螺翼式水表前应有长度为 8~10 倍水表公称直径的直管段。其他类型水表的前后，则应有不小于 300mm 的直线管段。

3. 管道系统

管道系统是指建筑内部各种管道，如水平或垂直干管、立管、横支管等。

4. 给水附件

给水附件包括控制附件和配水附件。控制附件主要包括各式阀门，配水附件主要包括各式配水嘴。

5. 加压和储水设备

当室外给水管网中的水压、水量不能满足用水要求时，或者用户对水压稳定性、供水安全性有要求时，须设置加压和储水设备，常见的有水泵、水箱、水池和气压水罐等。

6. 建筑内消防设备

建筑内部消防给水设备常见的是消火栓消防设备。包括消火栓、水枪和水带等。当消防上有特殊要求时，还应安装自动喷洒灭火设备，包括喷头、控制阀等。

5.1.3　建筑内部给水方式

建筑内部给水方式的选择应根据建筑物的性质、高度，室外供水管网能够提供的水量、水压及室内用水情况等诸方面因素综合分析加以选择。一般原则是满足生活、生产用水在水质、水量、水压三方面的要求，并尽可能利用外网水压，力求系统简单、经济、合理，供水安全可靠，施工安装及维护管理方便。当高层建筑底部静压过大时，要考虑竖向分区。

根据市政管网所提供的压力和建筑内部给水系统所需要水头之间的关系，给水系统可分为如下几种方式。

1. 直接给水方式

直接给水方式是建筑内部的给水系统直接利用城市给水系统的水压、水量，不在建筑内部另外附设加压和储水设备的供水方式。适用于城市给水管网的水量、水压一天内任何时间都能满足室内用水点的水量、水压要求的情况。直接给水系统能够充分利用外网压力，系统简单，原理如图 5-2 所示。

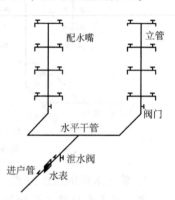

图 5-2　直接给水方式系统原理

2. 单设水箱的给水方式

单设水箱的给水方式是在直接给水方式的条件下，在建筑内部增设高位水箱的给水方式。适用于室外管网的水压周期性变化大，且一天内大部分时间室外管网的水压、水量能满足建筑内部用水要求的情况，或用户对水压的稳定性要求较高，而外网水压过高，需减压的给水系统。

单设水箱给水方式可以根据干管的位置不同分为下行上给单设水箱给水方式和上行下给单设水箱给水方式，其系统原理如图 5-3 所示。

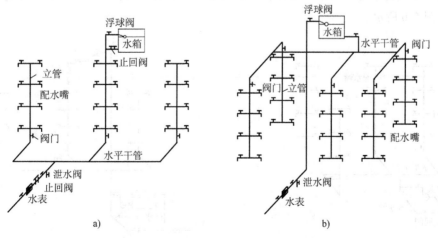

a)　　　　　　　　　　　　　b)

图 5-3　单设水箱给水方式系统原理

a）下行上给　b）上行下给

3. 设置水泵、水箱的联合供水方式

当室外给水管网的水压经常性低于或周期性低于建筑内部给水管网所需水压，且建筑内部用水又很不均匀时，应采用设置水泵、水箱的联合供水方式。设置水泵、水箱的联合供水方式的系统原理如图 5-4 所示。

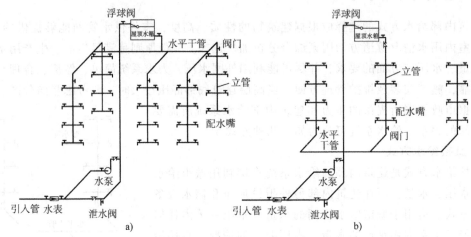

图 5-4　水泵、水箱的联合供水方式系统原理

4. 单设水泵的给水方式

当一天内室外给水管网的水压大部分时间满足不了建筑内部给水管网所需水压，且建筑物内部用水较大又较均匀时，常采用单设水泵的供水方式。如工业企业的生产车间，对建筑立面、建筑外观要求比较高的建筑，不便在上部设置水箱时常采用这种方式。单设水泵的给水方式系统原理如图 5-5 所示。

5. 水池、水泵、水箱联合供水方式

当外网水压低于或经常不能满足建筑内部给水管网所需水压，且不允许直接从外网抽水时，需设室内储水池，也称断流池。外网水送入储水池，水泵从储水池抽水，输送至室内管网和水箱。特点是水池、水箱可以储备一定水量，可延时供水，供水可靠且水压稳定，其系统原理如图 5-6 所示。

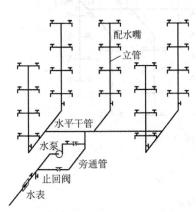

图 5-5　单设水泵给水方式系统原理

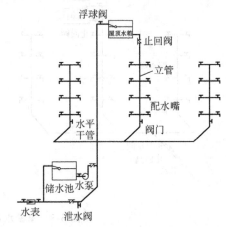

图 5-6　水池、水泵、水箱联合供水方式系统原理

6. 管网叠压供水方式

管网叠压供水系统是由管网叠压供水设备叠加供水管网水压，直接从供水管网中取水增压的供水方式。

管网叠压供水设备是近几年发展起来的一种新型供水设备，具有不需要设置低位水池，避免生活用水的二次污染，可利用市政管网的余压，节能及设备占地小，节省机房面积等优点，在工程中得到了一定的应用。

管网叠压供水方式适合在市政管网能满足用户的流量要求，但不能满足水压要求，设备运行不对管网及其他用户产生影响的地区使用。管网叠压供水方式系统原理如图 5-7 所示。

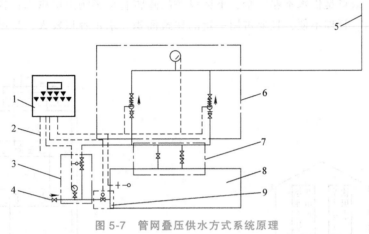

图 5-7 管网叠压供水方式系统原理

1—变频控制柜 2—远程控制接口 3—防负压模板 4—防倒流装置
5—用户 6—水泵机组 7—转换装置 8—水箱 9—时钟控制模板

7. 分区供水方式

当室外给水管网的压力只能满足建筑下层供水要求时，可采用分区供水方式。室外给水管网水压线以下楼层为低区，由外网直接供水，以上楼层为高区，由升压储水设备供水。可将两区的一根或几根立管相连，在分区处设阀门，以备低区进水管发生故障或外网压力不足时，打开阀门由高区水箱向低区供水。分区供水方式系统原理如图 5-8 所示。

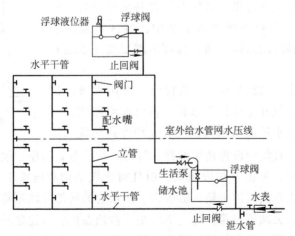

图 5-8 分区供水方式系统原理

8. 分质给水方式

分质给水方式即根据不同用途所需的不同水质，分别设置独立的给水系统，如图 5-9 所示。

9. 高层建筑给水方式

高层建筑为了减小管道系统的静水压力，需要采用竖向分区给水，给水方式主要有串联给水方式、并列给水方式和减压给水方式等。

（1）串联式　各区分设水箱和水泵，低区的水箱兼作上区的水池，如图 5-10 所示。其优点是无须设置高压水泵和高压管线；水泵可保持在高效区工作，能耗较少；管道布置简洁，较省管材。缺点是供水不够安全，下区设备故障将直接影响上层供水；各区水箱、水泵分散设置，维修、管理不便，且要占用一定的建筑面积；水箱容积较大，将增加结构的负荷和造价。

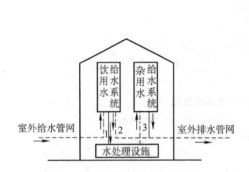

图 5-9　分质给水方式系统原理

1—生活废水　2—生活污水　3—杂用水

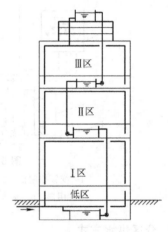

图 5-10　串联式

（2）并列式　各区升压设备集中设在底层或地下设备层，分别向各区供水，如图 5-11 所示。其优点是各区供水自成系统，互不影响，供水较安全可靠；各区升压设备集中设置，便于维修、管理。水泵、水箱并列供水系统中，各区水箱容积小，占地少。缺点是各区均需设水箱，且高区需要高压水泵和耐高压管材。

（3）减压式　如图 5-12 所示，建筑物的全部用水量由设置在底部的水泵加压，提升至屋顶总水箱，再由此水箱依次向下区供水，并通过各区水箱或减压阀减压。此种方式的优点是

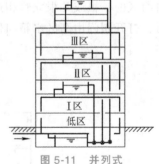

图 5-11　并列式

水泵数量少，占地少，且集中设置便于维修、管理；管线布置简单，投资少。缺点是各区用水均需提升至屋顶水箱，不但水箱容积大，而且对建筑结构和抗震不利，同时也增加了电耗；供水不够安全，水泵或屋顶水箱、输水管、出水管的局部故障都将影响各区供水。采用减压阀供水方式，可省去减压水箱，进一步缩小了占地面积，可使建筑面积充分发挥经济效益，同时也可避免由于管理不善等原因可能引起的水箱二次污染现象。

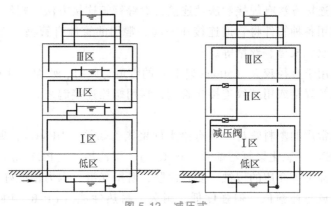

图 5-12 减压式

5.1.4 给水管网的布置方式

各种给水系统按其水平干管在建筑物内敷设的位置可分为以下几种形式。

1. 下行上给式

如图 5-2 所示，水平配水干管敷设在底层（明装、埋设或沟敷）或地下室天花板下，自下而上供水。利用室外给水管网水压直接供水的居住建筑、公共建筑和工业建筑多采用这种方式。

2. 上行下给式

如图 5-3b 所示，水平配水干管敷设在顶层天花板下或吊顶之内，自上向下供水。对于非冰冻地区，水平干管可敷设在屋顶上；对于高层建筑也可敷设在技术夹层内。一般设有高位水箱的居住、公共建筑或下行布置有困难的场合多采用此种方式。其缺点是配水干管可能因漏水或结露损坏吊顶和墙面，寒冷地区干管还需保温，以免结冻。

3. 中分式

如图 5-13 所示，水平干管敷设在中间技术层内或某中间层吊顶内，向上下两个方向供水。

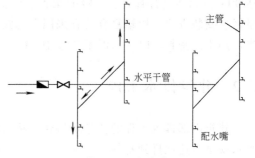

图 5-13 中分式

一般层顶用作露天茶座、舞厅或设有中间技术层的高层建筑多采用这种方式。其缺点是需设技术层或增加某中间层的层高。

5.1.5 常用建筑给水管材

1. 钢管

目前建筑给水系统使用的钢管有不镀锌钢管和镀锌钢管（热浸）两种。不镀锌钢管主要用于消防管道和生产给水管道。镀锌钢管主要用于管径小于或等于 150mm 的消防管道和生产给水管道。

钢管具有强度高、接口方便，承受内压力大，内表面光滑，水力条件好等优点。但抗腐蚀性差，造价较高。

不镀锌钢管的连接方法有焊接和法兰连接，镀锌钢管连接方法有螺纹连接和法兰连接。

螺纹连接是利用各种管件将管道连接在一起。常用的管件有管箍、三通、四通、弯头、活接头、补心、对丝、根母、丝堵等。

法兰连接一般用于直径较大（50mm以上）的管道与阀门、水泵、止回阀、水表等的连接。连接前先将法兰焊接或用螺纹连接在管端，再用螺栓连接起来。

2. 塑料管

建筑生活给水常用的塑料管材主要有给水硬聚氯乙烯管（UPVC）、聚丙烯管（PP-R）、交联聚乙烯管（PEX）、氯化聚氯乙烯管（PVC-C）、聚乙烯管（PE）等。塑料管材耐腐蚀，不受酸、碱、盐和油类等介质的侵蚀，质轻而坚；管壁光滑、水力性能好，容易切割，加工安装方便，并可制成各种颜色。但强度低，耐久、耐热性能（PP-R、PEX管除外）较差。一般用于输送温度在45℃以下的建筑物内外的给水。

塑料管可以采用热熔对接、承插粘接、法兰连接等方法连接。

3. 给水铸铁管

给水铸铁管一般用于埋地管道。有低压管、普压管和高压管三种，工作压力分别为不大于0.45MPa、0.75MPa和1MPa。当管内压力不超过0.75MPa时，宜采用普压给水铸铁管；超过0.75MPa时，应采用高压给水铸铁管。铸铁管具有耐腐蚀、接装方便、寿命长、价格低等优点，但性脆、质量大、长度小。铸铁管一般应做水泥砂浆衬里。管道宜采用橡胶圈柔性接口（≤DN300时宜采用推入式楔形胶圈接口）。

4. 铝塑复合管

铝塑复合管的内外塑料层采用的是交联聚乙烯，主要用于生活冷、热水管，工作温度可达90℃。铝塑复合管具有一定的柔性，保温、耐腐蚀，不渗透、气密性好，内壁光滑、质量轻、安装方便。铝塑复合管宜采用卡套式连接。当使用塑料密封套时，水温不超过60℃。当使用铝制密封套时，水温不超过100℃。

5.2 建筑排水工程

建筑内部排水工程的任务是将建筑物内的用水设备产生的污（废）水以及屋面的雨水、雪水安全迅速地排到室外。

5.2.1 建筑排水系统分类

根据收集的污废水性质，建筑内部排水系统可分为：

（1）生活污水排水系统 排除大、小便器（槽）以及与此相似的卫生设备产生的含有粪便和纸屑等杂物的粪便污水的排水系统。

（2）生活废水排水系统 排除洗涤设备、淋浴设备、盥洗设备及厨房等卫生器具排出的含有洗涤剂和细小悬浮颗粒杂质、污染程度较轻的排水系统。

（3）生活排水系统 将生活污水与生活废水合流排出的排水系统。

（4）生产污水排水系统 排除在生产过程中被化学杂质和有机物污染较重的水，如含氰、铬、酸、碱等污水。

（5）生产废水排水系统 排除被机械杂质（悬浮物及胶体物）污染较轻的水，如机械设备冷却水、滤料洗涤水等。

（6）工业废水排水系统 排除生产污水和生产废水的排水系统。

（7）屋面雨水排水系统 排除建筑屋面雨水、雪水的排水系统。

按照污水与废水的关系，建筑内部排水体制可分为分流制和合流制两种。分流制是在建筑物内分别设置生活污（废）水、工业污（废）水及雨水管道系统，按质分流排出建筑物。合流制是将生活污（废）水、生产污（废）水及雨水管道系统，组合成两种或两种以上污（废）水合流排出建筑物。

建筑内部排水系统是采用分流制还是合流制，应根据污（废）水性质、污染程度、室外排水体制、综合利用的可能性及水处理要求等确定。

5.2.2 建筑排水系统的组成

建筑内部排水系统由卫生器具和生产设备的受水器、排水管道、清通设备和通气管道等组成（图 5-14）。在有些排水系统中，根据需要设有污（废）水的提升设备和局部处理构筑物。

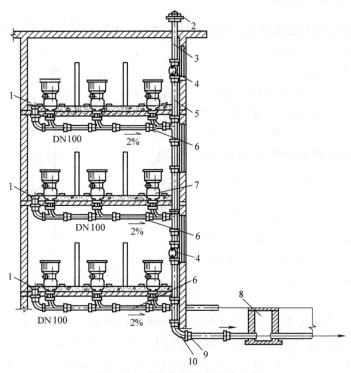

图 5-14 建筑内部排水系统组成

1—清扫口 2—通气帽 3—通气管 4—检查口 5—排水立管 6—排水横支管

7—排水器具 8—检查井 9—承插口 10—90°弯头

（1）卫生器具和生产设备受水器 它们是用来满足日常生活和生产过程中各种卫生要求，收集和排除污、废水的设备。如洗脸盆、污水盆、浴盆、淋浴器、大便器、小便器等。

（2）排水管道 排水管道包括器具排水管（含存水弯）、排水横支管、立管、埋地干管和排出管。器具排水管是连接卫生器具和排水横支管之间的短管。除坐便器外其上均设水封装置。排水横支管将卫生器具排出的污水转输到排水立管中，由埋地干管和排出管排出建筑物。

（3）清通设备　疏通建筑内部排水管道，保障排水畅通的设施。排水管道的立管上需设置检查口，横（支）管上需设置清扫口、检查井等清通设备。

（4）通气管道　通气管道可使排水管道系统与大气相通，用以排除管道系统中的有毒、有害气体，稳定排水管道压力，防止系统内水封被破坏。减轻管道中的废气对排水管道的腐蚀。

（5）提升设备　民用建筑的地下室、人防建筑物、高层建筑地下技术层、工厂车间的地下室和地下铁道等地下建筑的污、废水不能自流排至室外检查井，需设污（废）水提升设备。

（6）污水局部处理构筑物　当建筑内部污水未经处理不允许直接排入市政排水管网或水体时，需设污水局部处理构筑物。

5.2.3　建筑排水系统的类型

建筑内部排水管道系统按排水立管和通气立管的设置情况，分为单立管排水系统、双立管排水系统和三立管排水系统。

1. 单立管排水系统

单立管排水系统（也称内通气系统）只设一根排水立管，不设专用通气立管。它利用排水立管本身与其相连接的横支管进行气流交换。通常根据建筑层数和卫生器具的多少，单立管排水系统又分为三种，如图5-15所示。

（1）无通气管的单立管排水系统　这种形式的立管顶部不与大气连通，当排水系统中的立管短、卫生器具少、排水量少或立管顶端不便伸出屋面时采用这种形式，如图5-15a所示。

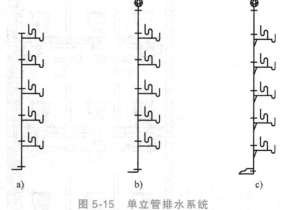

图5-15　单立管排水系统

a）无通气　b）伸顶通气　c）特制配件

（2）有通气管的普通单立管排水系统（也称诱导式内通气）　排水立管向上延伸至屋面一定高度与大气连通，顶部设有通气帽，适用于一般的多层建筑，如图5-15b所示。

（3）特制配件单立管排水系统　这种内通气系统是利用特殊结构改变水流的方向和状态，即在横支管与立管连接处、立管底部与横干管或排出管连接处设置特制配件，在排水立管管径不变的情况下，改善管内水流与通气状态，增大排水流量，适用于各类多层、高层建筑，如图5-15c所示。

2. 双立管排水系统

双立管排水系统（外通气系统）是由一根排水立管和一根通气立管组成。双立管排水系统利用排水立管与通气立管进行气流交换，改善管内水流状态，保护器具水封。它适用于污、废水合流的各类多层和高层建筑，如图5-16所示。

3. 三立管排水系统

三立管排水系统（外通气系统）由一根生活污水立管，一根生活废水立管和一根通气立管组成，两根排水立管共用一根通气立管。它适用于生活污水和生活废水需分别排出室外的分流制系统的各类多层、高层建筑，如图 5-17 所示。

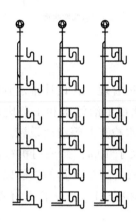

图 5-16　双立管排水系统

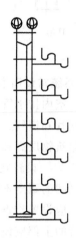

图 5-17　三立管排水系统

5.2.4　建筑排水系统常用的管材及附件

1. 常用的排水管材

常用的排水管材有塑料管和铸铁管。

塑料管有优良的化学稳定性和物理力学性能，具有质量轻、管壁光滑、水流阻力小、不易结垢、耐腐蚀、不生锈、容易切割，并可制成各种颜色，外表美观、替代金属管材，节省能源等优点。但塑料管也有强度低、耐久性差、耐温性差（使用温度为 $-5 \sim 45℃$）、噪声大、防火性能差等缺点，使应用受到一定限制。

排水塑料管有普通排水塑料管、芯层发泡排水塑料管和螺旋消声排水塑料管等几种。目前在建筑内部用得最多的排水塑料管是硬聚氯乙烯塑料管（UPVC）。硬聚氯乙烯塑料管（UPVC）具有强度高、抗老化、耐火性能好、可粘接、造价低等特点，在正常使用的情况下寿命可达 50 年以上。

铸铁管中的柔性接口铸铁管目前在建筑排水中使用较多。排水铸铁管在施工中安装及维修方便，不易损坏，同时还具有抗震、抗沉降、噪声小等优点。由于在噪声、防火、技术经济性等方面的优异特性，排水铸铁管在应用于高层建筑时有更好的前景。

2. 管件

排水管道的管件主要有曲管、管箍、弯头、三通、存水弯、瓶口大小头（锥形大小头）、检查口等。近年来，随着城镇住宅建设发展，大模板住宅建筑的推广，为了适应工业化的施工，实行管道施工装配化，减轻劳动强度，加快管道安装进度，提高施工效率，卫生间排水管道的新型排水异形管件日益增多，如二联三通、三联三通、角形四通、H 形透气管、Y 形三通和 WJD 变径弯头（后检查口）等，如图 5-18 所示。

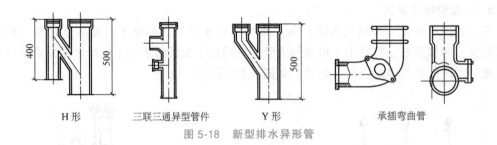

图 5-18　新型排水异形管

3. 排水系统常设清通设施

为了保持室内排水管道排水畅通，必须加强经常性的维护管理。在设计排水管道时要做到每根排水立管和横管，在堵塞时有便于清掏的可能，因此在生活污水和工业废水排水管上，应根据建筑物层高和清通方式设置检查口、清扫口、排水检查井等清通设施。

（1）检查口　设置在立管上的检查口之间的距离不宜大于 10m，如采用机械清扫时立管上检查口之间的距离不宜大于 15m。但在建筑物最低层和设有卫生器具的二层以上坡顶建筑的最高层，应设置检查口；平顶建筑可用通气管顶口代替检查口。当立管上有乙字管时，在该层乙字管的上部应设检查口。

检查口设置高度，一般以地面至检查口中心 1m 为宜，但应高出该层卫生器具上边缘 0.15m。当排水横管管段超过规定长度时，也应设置检查口。

（2）清扫口　清扫口一般设置在横管上，尤其是各层横支管连接卫生器具较多时，横支管起点均应装置清扫口。连接两个及两个以上的大便器或三个及三个以上的卫生器具的铸铁排水横管上宜设清扫口。在连接四个及四个以上大便器的塑料排水横管上宜设置清扫口。

污水横管的直线管段上应设清扫口，并应将清扫口设置在楼板或地坪上与地面相平，不应高出地面。

（3）排水检查井　排水管道的连接在下列情况下应设检查井：在管道转弯和连接支管处，在管道的管径、坡度改变处。

在直线管段上，当排除生产废水时，检查井距离不宜大于 30m，排除生产污水时，检查井距离不宜大于 20m；当排除生活污水，管径不大于 150mm 时，检查井距离不宜大于 20m，管径不小于 200mm 时，检查井的距离不宜大于 30m。当管径为 200mm 时，检查井的最大距离为 20m。

生活污水管道在建筑物内设置检查井时必须采取密闭措施。

5.2.5　屋面雨水排水系统

降落在屋面的雨和雪，特别是暴雨，短时间内会形成积水。屋面雨水排水系统的任务就是要及时将屋面雨水、雪水有组织、有系统地排除，以免四处溢流或引起屋面漏水造成水患，影响人们正常的生产和生活。

屋面雨水排水系统按雨水管道的位置分为外排水系统和内排水系统，一般应根据建筑的性质、结构特点和气候等情况选用排除方式。并应尽量采用外排水系统或者混合式排水方式。

1. 外排水系统

屋面不设雨水斗，建筑内部没有雨水管道的雨水排放系统称为外排水系统。按屋面有无天沟，外排水系统又分为檐沟外排水和天沟外排水两种方式。

（1）檐沟外排水（普通外排水、雨水管外排水） 檐沟外排水由檐沟和雨水管（立管）组成，如图 5-19 所示。降落到屋面的雨水沿屋面集流到檐沟，然后隔一定的距离沿外墙设置的雨水管排至地面或雨水口。这种雨水排放方式适用于普通住宅、一般屋面面积比较小的公共建筑和小型单跨工业建筑。

雨水管一般采用镀锌薄钢板管、铸铁管、石棉水泥管、UPVC 管和玻璃管，管径为 75～100mm。目前镀锌薄钢板管或铸铁管使用的比较多，镀锌薄钢板管为方形，断面边长一般为 80～100mm 或 80～120mm，铸铁管管径为 75mm 或 100mm。

（2）天沟外排水系统 天沟外排水系统由天沟、雨水斗和排水立管及排出管组成，如图 5-20 所示。适用于排出大型屋面的雨水、雪水，特别适用于长度不超过 100m 的多跨工业厂房屋面。

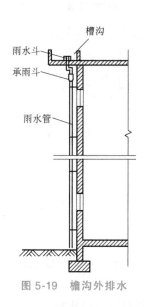

图 5-19 檐沟外排水

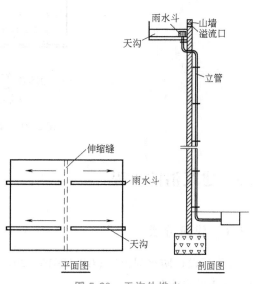

图 5-20 天沟外排水

天沟的位置在两跨中间以伸缩缝为分水线倾向边墙，其坡度不小于 0.005，天沟伸出山墙 0.4m；雨水斗设在伸出山墙的天沟末端。降落到屋面上的雨水沿坡向天沟的屋面汇集到天沟，再沿天沟流入设在建筑物两端的雨水斗，经外墙雨水管排至地面或雨水井。

2. 内排水系统

内排水系统由雨水斗、连接管、悬吊管、立管、排出管、埋地横管和检查井组成。降落到屋面上的雨水，沿屋面流入雨水斗，经连接管、悬吊管排入排水立管，再经排出管流入雨水检查井，或经埋地干管流至室外雨水管道，如图 5-21 所示。

屋面雨水内排水系统可以分为不同的类型，按每根立管连接雨水斗的个数，内排水系统分为单斗和多斗雨水内排水系统两类。按雨水排至室外的方式，内排水系统分为架空管排水系统和埋地管排水系统。按雨水管中水流的设计流态，内排水系统分为压力流和重力流雨水内排水系统两类。

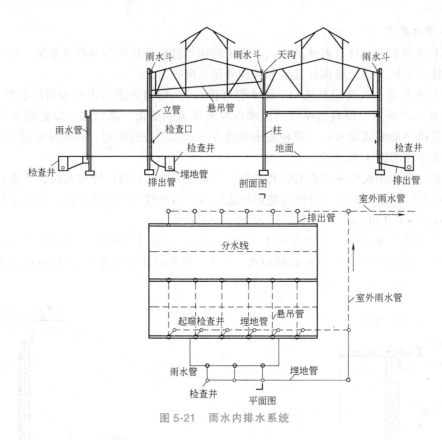

图 5-21 雨水内排水系统

5.3 建筑消防工程

5.3.1 建筑分类

《建筑设计防火规范》（GB 50016—2014）按照建筑物性质和建筑高度对建筑进行了分类，具体见表 5-1。

民用建筑根据其建筑高度和层数可分为单、多层民用建筑和高层民用建筑。

高层建筑是指建筑高度大于 27m 的住宅建筑和其他建筑高度大于 24m 的非单层建筑。高层民用建筑按其建筑高度、使用功能和楼层的建筑面积可分为一类和二类。

表 5-1　建筑分类

建筑分类			特　征
按建筑高度区分	单、多层建筑		不属于高层建筑的其他建筑
	高层建筑		建筑高度大于 27m 的住宅建筑和建筑高度大于 24m 的非单层厂房、库房及其他民用建筑
按建筑性质区分	民用建筑	住宅建筑	以户为单元的居住建筑
		公共建筑	公众进行工作、学习、商业、治疗等活动和交往的建筑
	工业建筑	厂　房	加工和生产产品的建筑
		库　房	储存原料、半成品、成品、燃料、工具等物品的建筑

5.3.2　建筑消防系统分类

建筑消防系统根据使用灭火剂的种类可分为水消防灭火系统和非水灭火剂灭火系统两大类。

1. 水消防灭火系统

水消防灭火系统包括消火栓给水系统（又称为消火栓灭火系统）和自动喷水灭火系统。

消火栓给水系统由蓄水池、加压送水装置（水泵）及室内消火栓等主要设备构成。当建筑物内发生火灾时，灭火人员打开消火栓通过水枪喷水灭火。这些设备的电气控制包括水池的水位控制、消防用水和加压水泵的启动。

自动喷水灭火系统是一种固定形式的自动灭火装置。系统的喷头以适当的间距和高度安装于建筑物、构筑物内部。当建筑物内发生火灾时，喷头会自动开启灭火，同时发出火警信号，启动消防水泵从水源抽水灭火。

2. 非水灭火剂灭火系统

非水灭火剂灭火系统主要有干粉灭火系统、二氧化碳灭火系统、泡沫灭火系统、蒸气灭火系统以及七氟丙烷灭火系统、EBM 气溶胶灭火系统、烟烙尽（IG-541）灭火系统、三氟甲烷灭火系统、SDE 灭火系统等。

5.3.3　消火栓给水系统

1. 室内消火栓给水系统类型

按压力和流量是否满足系统要求，室内消火栓给水系统分为以下几种：

（1）常高压消火栓给水系统　水压和流量任何时间和地点都能满足灭火时所需要的压力和流量，系统中不需要设消防泵的消防给水系统，如图 5-22 所示。该系统由两路不同的城市给水干管供水。常高压消防给水系统，管道的压力应保证用水总量达到最大且水枪在任何建筑物的最高处时，水枪的充实水柱仍不小于 10m。

（2）临时高压消火栓给水系统　水压和流量平时不完

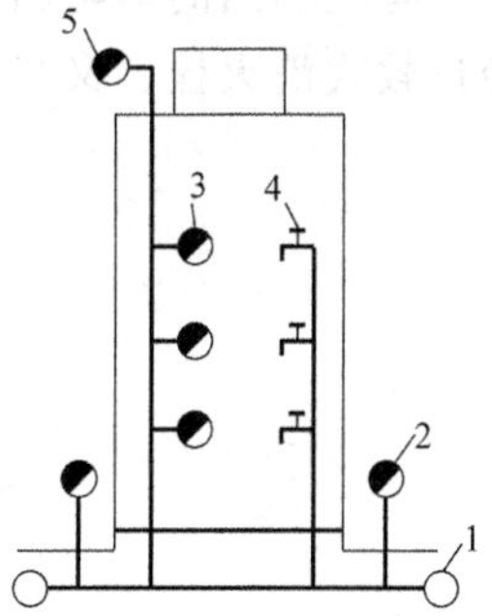

图 5-22　常高压消火栓给水系统
1—室外环网　2—室外消火栓
3—室内消火栓　4—生活给水点
5—屋顶试验用消火栓

全满足灭火时的需要，在灭火时启动消防泵的消防给水系统，如图 5-23 所示。当为稳压泵稳压时，可满足压力，但不满足水量；当为屋顶消防水箱稳压时，建筑物的下部可满足压力和流量，建筑物的上部不满足压力和流量。临时高压消防给水系统，多层建筑管道的压力应保证用水总量达到最大且水枪在任何建筑物的最高处时，水枪的充实水柱仍不小于 10m；高层建筑应满足室内最不利点灭火设施的水量和水压要求。

（3）低压消火栓给水系统　满足或部分满足消防水压和水量要求，消防时可由消防车或由消防水泵提升压力，或作为消防水池的水源水，由消防水泵提升压力的消防给水系统，如图 5-24 所示。管道的压力应保证灭火时最不利点消火栓的水压不小于 0.10MPa（从地面算起）。

2. 消火栓给水系统组成

消火栓给水系统一般由水枪、水带、消火栓、消防水池、消防管道、水源等组成，必要

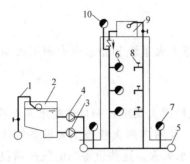

图 5-23 临时高压消火栓给水系统

1—市政管网 2—水池 3—消防水泵组
4—生活水泵组 5—室外环网 6—室内消火栓
7—室外消火栓 8—生活给水点 9—高位水
箱和补水管 10—屋顶试验用消火栓

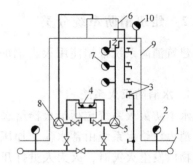

图 5-24 低压消火栓给水系统

1—市政管网 2—室外消火栓 3—室内生
活用水点 4—室内水池 5—消防水泵
6—水箱 7—室内消火栓 8—生活水泵
9—建筑物 10—屋顶试验用消火栓

时还需设置水泵、水箱和水泵接合器等,如图 5-25 所示。

(1)消火栓设备 消火栓设备由水带、水枪、消火栓组成。通常将水枪、水带、消火栓等设于有玻璃门的消防箱中(图 5-26)。组合设置的消防箱内设置消火栓和消防水喉(即小口径自救式消火栓,又名消防软管卷盘)。水带口径有 DN50、DN65 两种,长度有四种规

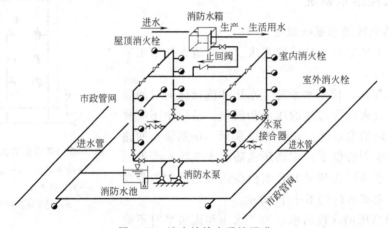

图 5-25 消火栓给水系统组成

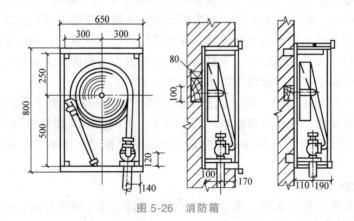

图 5-26 消防箱

格，分别是 15m、20m、25m、30m。水带材质有麻织和化纤两种。水枪是主要的灭火工具，一般采用直流式，喷口直径一般有 13mm、16mm、19mm 三种。喷口口径 13mm 的水枪配 DN50 的水带；口径 16mm 的水枪配 DN50 或 DN65 的水带；口径 19mm 的水枪配 DN65 的水带。低层建筑的消火栓一般可选用 13mm 或 16mm 口径的水枪配 DN50 或 DN65 的水带，高层建筑的消火栓可选用 19mm 口径的水枪配 DN65 的水带。

消火栓的作用是截流和控制水流，发生火灾时连接水带和水枪，直接用于扑灭火灾，水带与消火栓口的口径应完全一致。消火栓为内扣式接口的球形阀式水嘴，有单阀和双阀之分，单阀消火栓又分单出口和双出口，双阀消火栓为双出口。一般情况下建议使用单出口消火栓。

（2）给水管网 室内消火栓给水管网系统由引入管、消防干管、消防立管以及相应阀门等管道配件组成。

（3）屋顶消火栓 屋顶消火栓即试验用消火栓，供消火栓给水系统检查和试验之用，以确保室内消火栓系统随时能正常运行。

（4）水泵接合器 水泵接合器是连接消防车向室内消防给水系统加压供水的装置，一端由消防给水管网水平干管引出，另一端设于消防车易于接近的地方，供消防车加压向室内管网供水。水泵接合器有地上、地下和墙壁式三种。

（5）消防水池 在无室外消防水源情况下，用于储存火灾持续时间内的室内消防用水的水池称为消防水池。当市政给水管网或室外天然水源不能保障室内外消防用水量要求时，应设置消防水池。除消防水量外，生活和生产用水也需要储备。因此，消防水池可以单独设置，也可以与生活或生产储水池合用，如室内设有游泳池或水景水池时，可以兼做消防水池使用。

（6）消防水箱 消防水箱用于满足扑救初期火灾的用水量和水压的要求，应储存 10min 的室内消防用水量。为确保消防水箱自动供水的可靠性，消防水箱一般设置在建筑物顶部，采用重力自流的供水方式。消防水箱宜与生活（或生产）高位水箱合用，目的在于保证水箱内水的流动，防止水质变坏，但合用水箱要保证消防水量不被生活和生产用水量占用，具体措施如图 5-27 所示。

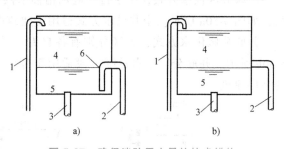

图 5-27 确保消防用水量的技术措施
1—进水管 2—生活供水管 3—消防供水管
4—生活调节水量 5—消防储水量 6—直径 10mm 的小孔

3. 消火栓给水方式

根据建筑的性质及室外管网所提供的水量、水压等条件，消火栓给水方式可分为直接供水的消火栓给水方式、增压储水的消火栓给水方式、分区供水的消火栓给水方式。

（1）直接供水的消火栓给水方式 该方式适用于室外管网所提供的水量、水压在任何时候均能满足室内消火栓给水系统所需水量、水压的情况。系统原理如图 5-28 所示。

（2）增压储水消火栓给水方式 该方式是设有消防泵和消防水池（水箱）的室内消火栓给水方式，适用于室外给水管网的水压、水量不能满足室内消火栓给水系统所需要水压、水量的情况。系统原理如图 5-29 所示。

（3）分区供水的消火栓给水方式 《消防给水及消火栓系统技术规范》（GB 50974—

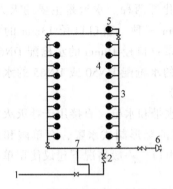

图 5-28 直接供水的消火栓给水方式

1—引入管 2—阀门 3—给水立管
4—消火栓 5—屋顶试验消火栓
6—水泵接合器 7—消防干管

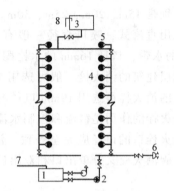

图 5-29 设有消防泵和消防水池（水箱）的室内消火栓给水方式系统原理

1—水池 2—水泵 3—水箱
4—消火栓 5—屋顶试验消火栓
6—水泵接合器 7—引入管 8—水箱进水管

2014）规定，当消火栓栓口处最大工作压力大于 1.20MPa 时或消防系统最高压力大于 2.40MPa 时，应进行竖向分区，并按各分区分别组成本区独立的消防给水系统。

分区供水应根据系统压力、建筑特征，经技术经济和安全可靠性比较确定，可采用消防水泵并联、水泵串联、减压水箱和减压阀减压等方式；当系统的工作压力大于 2.40MPa 时，应采用水泵串联、减压水箱减压的方式供水。

串联分区供水方式，水泵自下区水箱抽水供上区用水，无须采用耐高压管材、管件与水泵，如图 5-30a 所示。串联供水方式适用于建筑高度大于 100m 的高层建筑中。

并联分区供水方式，各区分别有各自专用消防水泵，独立运行，水泵集中布置，如图 5-30b 所示。并联分区给水系统一般适用于分区不多的高层建筑，如建筑高度不超过 100m 的高层建筑。

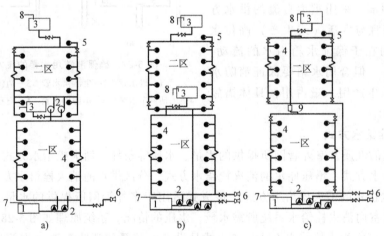

图 5-30 分区供水的消火栓给水方式

a）分区串联 b）分区并联 c）减压分区

1—水池 2—水泵 3—水箱 4—消火栓 5—屋顶试验消火栓 6—水泵接合器
7—引入管 8—水箱进水管 9—减压阀

减压分区供水方式，水泵将水从水池直接抽送至高区水箱，然后由高区水箱通过各区减压水箱（减压阀）向各区供水，如图 5-30c 所示。减压分区供水可减少水泵数量，减少泵房面积。特别是当采用减压阀代替减压水箱时，更可少占建筑面积、减少工程投资和简化给水系统。对于 100m 以下建筑宜采用减压阀分区供水方式。

5.3.4　自动喷水灭火系统

自动喷水灭火系统是由洒水喷头、报警阀组、水流报警装置（水流指示器或压力开关）等组件，以及管道、供水设施组成，并能在发生火灾时喷水的自动灭火系统。

自动喷水灭火系统是一种固定形式的自动灭火装置。系统的喷头以适当的间距和高度安装于建筑物、构筑物内部。当建筑物内发生火灾时，喷头会自动开启灭火，同时发出火警信号，启动消防水泵从水源抽水灭火。

我国现行的《自动喷水灭火系统设计规范》（GB 50084—2017）规定：自动喷水灭火系统应在人员密集、不宜疏散、外部增援灭火与救生较困难的性质重要或火灾危险性较大的场所中设置。

《建筑设计防火规范》（GB 50016—2014）也对生产建筑、仓储建筑、单层和多层民用建筑、高层民用建筑是否设置自动喷水灭火系统做了具体的规定。

自动喷水灭火系统按喷头的开闭形式可分为闭式系统和开式系统。闭式系统包括湿式系统、干式系统、预作用系统、重复启闭预作用系统等。开式系统包括雨淋系统、水幕系统和水喷雾系统等。目前我国普遍使用湿式系统、干式系统、预作用系统以及雨淋系统和水幕系统。

1. 闭式自动喷水灭火系统

采用闭式洒水喷头的自动喷水灭火系统叫闭式自动喷水灭火系统。闭式自动喷水灭火系统主要包括湿式系统、干式系统、预作用系统和重复启闭预作用系统。

（1）湿式自动喷水灭火系统　湿式自动喷水灭火系统主要由闭式喷头、管路系统、报警装置、湿式报警阀及其供水系统组成。由于在喷水管网中经常充满有压力的水，故称湿式自动喷水灭火系统，其设置形式如图 5-31 所示。

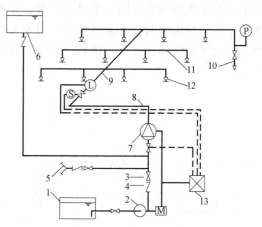

图 5-31　湿式自动喷水灭火系统示意图
1—消防水池　2—水泵　3—闸阀　4—止回阀
5—水泵接合器　6—消防水箱　7—湿式报警阀组
8—配水干管　9—配水管　10—末端试水装置
11—配水支管　12—闭式喷头　13—报警控制器
P—压力表　M—驱动电动机
L—水流指示器　S—信号阀

湿式自动喷水灭火系统是准工作状态时管道内充满用于启动的有压水的闭式系统，系统压力由高位消防水箱或稳压装置维持。系统装有闭式喷头，并与至少一个自动给水装置相连。发生火灾时，喷头自动打开喷水灭火，同时发出火警信号并启动消防水泵等设施，其工作原理如图 5-32 所示。

湿式自动喷水灭火系统适用于环境温度不低于 4℃并不高于 70℃的建筑物。

给排水科学与工程概论 第3版

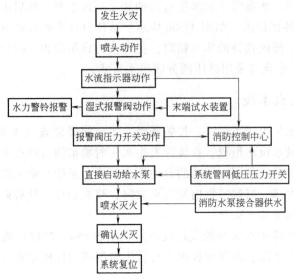

图 5-32 湿式自动喷水灭火系统工作原理流程图

（2）干式自动喷水灭火系统　干式系统的组成（图 5-33）与湿式系统的组成基本相同，但干式系统报警阀后管网内平时不充水，充有有压气体（或氮气），与报警阀前的供水压力保持平衡，使报警阀处于紧闭状态。当喷头受到来自火灾释放的热量驱动打开后，喷头首先喷射管道中的气体，排出气体后，有压水通过管道到达喷头喷水灭火，其工作原理如图 5-34 所示。

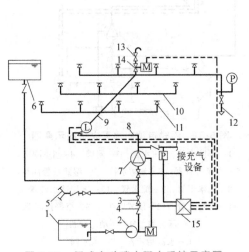

图 5-33　干式自动喷水灭火系统示意图

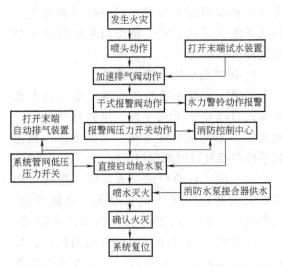

图 5-34　干式自动喷水灭火系统工作原理流程图

1—消防水池　2—水泵　3—闸阀　4—止回阀　5—水泵接
合器　6—消防水箱　7—干式报警阀组　8—配水干管
9—配水管　10—配水支管　11—闭式喷头
12—末端试水装置　13—快速排气阀
14—电动阀　15—报警控制器　P—压力表
M—驱动电动机　L—水流指示器

干式系统灭火时由于在报警阀后的管网无水，不受环境温度的制约，对建筑装饰无影响，但为保持气压，需要配套设置补气设施，因而提高了系统造价，比湿式系统投资高。由于喷头受热开启后，首先要排除管道中的气体，然后才能喷水灭火，延误了灭火的时机，因此，干式系统的喷水灭火速度不如湿式系统快。

干式系统适用于环境温度小于 4℃ 或大于 70℃，不适宜用湿式自动喷水灭火系统的场所。干式喷头应向上安装（干式悬吊型喷头除外）。

（3）预作用自动喷水灭火系统　预作用自动喷水灭火系统主要由闭式喷头、预作用阀（或雨淋阀）、火灾探测装置、报警装置、充气设备、管网及供水设施等组成，如图 5-35 所示。当发生火灾时，探测器启动发出报警信号，启动预作用阀，使整个系统充满水而变成湿式系统，以后动作程序与湿式喷水灭火系统完全相同。

预作用喷水灭火系统将湿式喷水灭火系统与电子技术、自动化技术紧密结合起来，集湿式和干式喷水灭火系统的长处，既可广泛采用，又提高了安全可靠性。

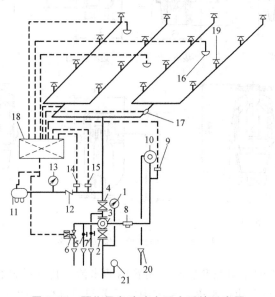

图 5-35　预作用自动喷水灭火系统示意图

1—阀前压力表　2—控制阀　3—预作用阀（干式报警阀或雨淋阀）　4—检修阀　5—手动阀
6—电磁阀　7—试水阀　8—过滤器　9—压力开关　10—水力警铃　11—空气压缩机
12—止回阀　13—压力表　14—低压压力开关　15—压力开关　16—火灾控制器
17—水流指示器　18—火灾报警控制箱　19—闭式喷头　20—排水漏斗
（或管，或沟）　21—系统管网低压压力开关（通常设于泵房内）

（4）重复启闭预作用系统　重复启闭预作用自动喷水灭火系统是在扑灭火灾后自动关闭阀门、复燃时再次开阀喷水的预作用系统，其组成同预作用自动喷水灭火系统。当非火灾时喷头意外破裂，系统不会喷水。发生火灾时专用探测器可以控制系统排气充水，必要时喷头破裂及时灭火。当火灾扑灭环境温度下降后，专用探测器可以自动控制系统关闭，停止喷水，以减少火灾损失。当火灾死灰复燃时，系统可以再次启动灭火。适用于必须在灭火后及时停止喷水的场所。

重复启闭预作用自动喷水灭火系统有两种形式：一种是喷头具有自动重复启闭的功能；

另一种是系统通过烟、温度传感器控制系统的控制阀，实现系统的重复启闭的功能。

（5）闭式自动喷水灭火系统的主要部件

1）闭式喷头。闭式喷头具有释放机构，它是由热敏感元件、密封件等零件所组成的机构。平时喷头出水口用释放机构封闭，灭火时释放机构自动脱落，喷头开启喷水。

闭式喷头按感温元件分为玻璃球喷头和易熔合金锁片喷头。按溅水盘的形式和安装位置分为普通型、边墙型、直立型、下垂型、吊顶型和干式下垂型洒水喷头。图 5-36 所示为玻璃球喷头构造示意图。

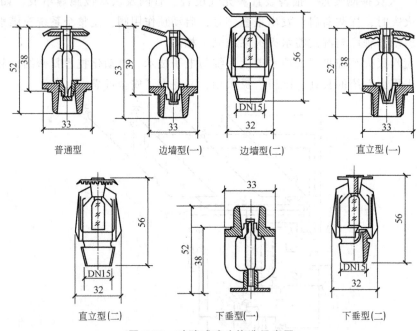

图 5-36　玻璃球喷头构造示意图

2）报警阀。报警阀的作用是开启和关闭管网的水流，传递控制信号至控制系统并启动水力警铃直接报警，它是自动喷水灭火系统中的重要组成部件。闭式自动喷水灭火系统的报警阀分为湿式、干式、干湿式和预作用式四种类型，如图 5-37 所示。

3）水流报警装置。水流报警装置主要由水力警铃、水流指示器和压力开关组成。

水力警铃主要用于湿式自动喷水灭火系统，宜装在报警阀附近（其连接管不宜大于

图 5-37　报警阀

6m）。当报警阀打开消防水源后，具有一定压力的水流冲击叶轮打铃报警。

水流指示器用于湿式自动喷水灭火系统中，通常安装在各楼层配水干管或支管上，其功能是当喷头开启喷水时，水流指示器中桨片摆动接通电信号送至报警控制器报警，并指示火灾楼层。

压力开关垂直安装于延迟器和水力警铃之间的管道上。在水力警铃报警的同时，依靠警铃管内水压的升高自动接通电触点，完成电动警铃报警，并向消防控制室传送电信号或启动消防水泵。

4）火灾探测器。火灾探测器是自动喷水灭火系统的重要组成部分。目前常用的有感烟探测器和感温探测器。感烟探测器是利用火灾发生地点的烟雾浓度进行探测，感温探测器是通过火灾引起的温升进行探测。

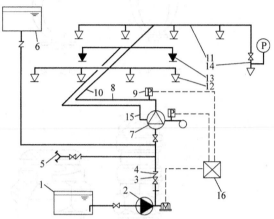

图 5-38 传动管启动雨淋喷水灭火系统
1—水池 2—水泵 3—闸阀 4—止回阀
5—水泵接合器 6—消防水箱 7—雨淋报警阀组
8—配水干管 9—压力开关 10—配水管 11—配水支管 12—开式洒水喷头 13—闭式喷头
14—末端试水装置 15—传动管 16—报警控制器

2. 雨淋喷水灭火系统

雨淋喷水灭火系统由开式喷头、管道系统、雨淋阀、火灾探测器、报警控制装置、控制组件和供水设备等组成，如图5-38所示。

雨淋喷水灭火系统出水迅速，喷水量大，覆盖面积大，其降温和灭火效果显著。但系统的喷头全部为开式，启动完全由控制系统操纵，因而自动控制系统的可靠性要求高。适用于控制来势凶猛、蔓延快的火灾。

雨淋灭火系统主要组件包括：

（1）开式喷头 开式喷头与闭式喷头的区别仅在于缺少有热敏感元件组成的释放机构，喷口呈常开状态。喷头由本体、支架、溅水盘等零件构成。图5-39所示为几种常用的开式喷头构造示意图。

（2）雨淋阀 雨淋报警阀简称雨淋阀，是雨淋灭火系统中的关键设备，其作用是接通或关断向配水管道的供水。雨淋报警阀不仅用于雨淋系统，还是水喷雾、水幕灭火系统的专用报警阀。

常用雨淋阀有隔膜式雨淋阀、杠杆式雨淋阀、双圆盘式雨淋阀等几种形式，如图5-40所示。

（3）火灾探测传动控制系统 火灾探测传动控制系统的作用是在火灾发生时，自动启动开式灭火系统，喷水灭火。火灾探测传动控制系统主要有：带易熔锁封钢丝绳控制的传动装置，带闭式喷头控制的充水或充气式传动管装置和电动传动管装置。

3. 水幕系统

水幕系统不直接扑灭火灾，而是阻挡火焰热气流和热辐射向邻近保护区扩散，起到防火分隔作用。

水幕系统的工作原理与雨淋自动喷水灭火系统基本相同，只是喷头出水的状态和作用不

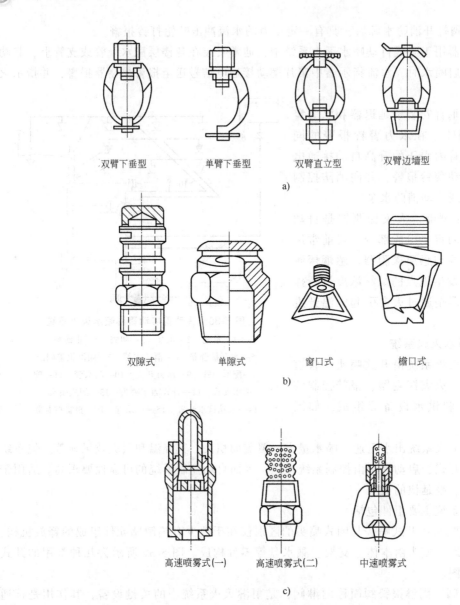

双臂下垂型　单臂下垂型　双臂直立型　双臂边墙型

a)

双隙式　　单隙式　　窗口式　　檐口式

b)

高速喷雾式(一)　高速喷雾式(二)　中速喷雾式

c)

图 5-39　开式喷头构造示意图

a) 开启式洒水喷头　b) 水幕喷头　c) 喷雾喷头

ZSFM型隔膜式　　　ZSFG杠杆式　　　ZSFW温感式

图 5-40　雨淋阀

同。按水幕系统灭火的不同作用，可将其分为冷却型、局部阻火型及防火水幕带三种类型。

4. 水喷雾灭火系统

水喷雾灭火系统用喷雾喷头把水粉碎成细小的水雾滴之后喷射到正在燃烧的物质表面，通过表面冷却、窒息以及乳化、稀释的同时作用实现灭火。由于水喷雾具有多种灭火机理，使其具有适用范围广的优点，不仅可以提高扑灭固体火灾的灭火效率，而且由于水雾具有不会造成液体火飞溅、电气绝缘性好的特点，在扑灭可燃液体火灾、电气火灾中得到了广泛的应用，如飞机发动机试验台、各类电气设备、石油加工场所等。

5. 自动喷水-泡沫联用灭火系统

自动喷水-泡沫联用灭火系统根据系统喷头平时所处的状态可以分为闭式系统和开式系统；按喷水先后可分为先喷泡沫后喷水系统和先喷水后喷泡沫系统。

自动喷水-泡沫联用灭火系统由自动喷水灭火系统和泡沫灭火系统两部分组成，即在普通湿式自动喷水灭火系统中并联一个钢制带橡胶囊的泡沫罐，橡胶囊内装泡沫浓缩液，在系统中配上控制阀及比例混合器就成了自动喷水-泡沫联用灭火系统。泡沫浓缩液必须采用轻水泡沫。目前国内生产的轻水泡沫有两种：一种用于油类及碳氢化合物火灾，一种用于扑灭极性溶剂、水溶性和非水溶性碳水化合物火灾。泡沫添加系统分为有压系统和无压系统两种类型。泡沫罐一般为钢制，内有橡胶囊，囊内装泡沫浓缩液，钢罐和橡胶囊之间可进水。罐的形式有卧式和立式两种。国内生产的泡沫罐和比例混合器一般是组装在一起形成一个整体。

5.4 建筑热水供应工程

热水供应工程是满足人们在日常生活中洗涤、洗浴等需要的一种不可缺少的公共设施。生活热水在厂矿、企业、宾馆、饭店、医院、公共浴室、公寓住宅和一些公共建筑内使用广泛。近年来，随着人们生活水平的极大提高和改善，不但在公共建筑中广泛设置生活热水系统，家庭的小型独立的热水供应更是改善了人们的生活质量及舒适程度。

5.4.1 热水供应系统的组成

热水供应系统由热媒系统、热水供水系统及附件组成。

1. 热媒系统 (第一循环系统)

热媒系统由热源、水加热器和热媒管网组成。由锅炉生产的蒸汽通过热媒管网送到水加热器加热冷水，经过热交换蒸汽变成冷凝水，靠余压送到冷凝水池，冷凝水和新补充的软化水经循环泵送回锅炉再加热成蒸汽。如此循环完成热的传递作用，如图 5-41 所示。

区域性热水系统不需设置锅炉，水加热器的热媒管道和冷凝水管道直接与热力管网连接。

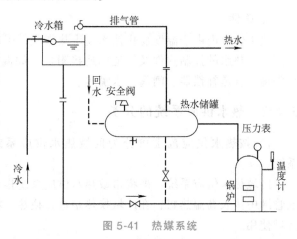

图 5-41 热媒系统

集中热水供应的热源首选利用工业余热和废热，依次是利用地热、太阳能或选择有全年供热保障的热力管网为热源。以上条件不具备或不经济时，可采用专用的蒸汽或热水锅炉制备热源，也可采用燃油、燃气热水机组制备热源或直接供给生活热水。

局部热水供应系统的热源，应因地制宜地采用太阳能、电能、燃气、蒸汽等。当采用电能为热源时，宜采用蓄热式电热水器以降低耗电功率。

2. 热水供水系统（第二循环系统）

热水供水系统由热水配水管道和回水管道组成。被加热到一定温度的热水，从水加热器出来，经配水管道送到各个热水配水点，而水加热器的冷水由屋顶水箱或给水管补给。为保证各用水点随时都有规定水温的热水，在立管和水平干管甚至支管上设置循环水管，保证一定量的热水在管道中循环流动，以补充管道系统所散失的热量。图 5-42 所示为热水供应系统的组成。

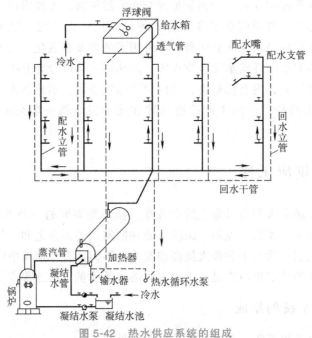

图 5-42　热水供应系统的组成

3. 附件

热水管道内由于温度变化使水发生热膨胀，引起超压等现象，因此，在系统中要设置包括蒸汽、热水的控制附件及管道的连接附件，如温度自动调节、疏水器、减压阀、安全阀、膨胀罐、管道补偿器、闸阀、水嘴等。

5.4.2　热水供应系统的分类

1）按热水供应范围可分为区域热水供应系统、集中热水供应系统、局部热水供应系统。

区域热水供应系统：即将市政热水供应系统接入小区或建筑群内，直接用水；也可从市政管网中接入高温热媒，在区域换热站进行换热，将水加热成人们需要的生活热水，供应本区域使用。

集中热水供应系统：通过市政热力管网或锅炉房提供的热媒将水集中进行加热，然后通过生活热水管道输送给用户。集中热水供应系统可节省能源，能高效率、高质量地运行，一般多采用自动控温的智能管理，要求运行人员的技术素质较高，是今后城市热水供应系统的发展方向，同时对减少污染和能耗也有很大的现实意义。集中热水供应系统适合在比较集中的公共建筑群、医院、宾馆、工厂等用水量大且用水集中的区域中使用。

　　局部热水供应系统：对于较为分散且用水量较为集中、用途单一、用水量较小的区域或工厂内，可采用小型的加热水系统以满足需要。如采用电或煤气（或液化石油气）作为能源，通过热水加热器换热而产生的生活热水供家庭洗浴用。

　　2）按热水管网循环方式分为全循环、半循环、无循环热水供水方式。

　　全循环热水供水方式是指热水干管、热水立管及热水支管均能保持热水的循环，各配水嘴随时打开均能提供符合设计水温要求的热水。该方式用于有特殊要求的高标准建筑中，如高级宾馆、饭店、高级住宅等。

　　半循环热水供水方式又分为立管循环和干管循环热水供水方式。立管循环热水供水方式是指热水干管和热水立管内均保持有热水循环，打开配水嘴时只需放掉热水支管中少量的存水，就能获得规定水温的热水。该方式多用于全日供应热水的建筑和定时供应热水的高层建筑中。干管循环热水供水方式是指仅保持热水干管内的热水循环，多用于定时供应热水的建筑中。在热水供应前，先用循环泵把干管中已冷却的存水循环加热，当打开配水嘴时，只需放掉立管和支管内的冷水就可流出符合要求的热水。

　　无循环热水供水方式是指在热水管网中不设任何循环管道，适用于热水供应系统较小、使用要求不高的定时热水供应系统，如公共浴室、洗衣房等。

　　3）按热水管网运行方式可分为全日循环热水供应系统和定时循环热水供应系统。

　　全日循环热水供应系统是全天供应热水的运行方式，适用于宾馆、高档住宅等对于热水供应使用要求较高的建筑。

　　定时循环热水供应系统是一天中集中一段时间供应热水的运行方式，适用于公共浴室、集体宿舍、洗衣房等用水单位。

　　4）按热水管网循环动力可分为机械循环热水供应系统和自然循环热水供应系统。

　　机械循环热水供应系统是指系统设循环水泵的机械强制循环方式。

　　自然循环热水供应系统是指系统不设循环水泵，靠热动力差循环的自然循环方式。

　　5）按管网压力工况的特点可分为开式热水供应系统和闭式热水供应系统。

　　开式热水供应系统方式一般在管网顶部设有水箱，管网与大气连通，系统内的水压仅取决于水箱的设置高度，而不受室外给水管网水压波动的影响。所以，当给水管道的水压变化较大，且用户要求水压稳定时，宜采用开式热水供水方式，该方式需设置高位冷水箱和膨胀管或开式加热水箱，如图 5-43 所示。

　　闭式热水供应系统方式的管网不与大气相通，冷水直接进入水加热器，需设安全阀，有条件时还可以考虑设隔膜式压力膨胀罐或膨胀管，以确保系统的安全运转。闭式热水供水方式具有管路简单，水质不易受外界污染的优点，但供水水压稳定性较差、安全可靠性较差，适用于不设屋顶水箱的热水供应系统，如图 5-44 所示。

　　6）按热水管位置可分为上行下给式热水供应系统、下行上给式热水供应系统和中分供水式热水供应系统。

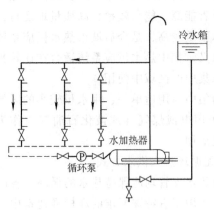

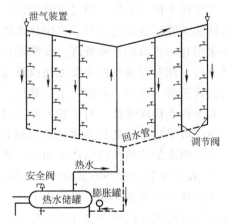

图 5-43 开式上行下给机械全
循环热水供水原理图

图 5-44 闭式上行下给自然全
循环热水供应系统原理图

上行下给式热水供应系统的干管敷设在屋顶（系统的上部），热水自上而下送到用户。配水自上而下，管径由大到小变化，与水压由小到大变化相适应，可减小上下层配水压差，保证同区最高压力。

下行上给式热水供应系统的干管敷设在地层（敷设在地下管沟），热水从下向上送到用户。

中分式热水供应系统干管敷设在建筑中间层，适用于高层或有地下层的建筑。

热水供应系统的选择，主要根据热源情况及使用要求，如建筑的类别、建筑性质、建筑标准、使用对象、用水设备、供水制度等情况以及设计耗热量和用水点分布情况合理确定。

5.5 小区给水排水工程

小区给水排水工程是指城镇中居住小区、住宅团组、街坊和庭院范围内的室外给水排水工程，它介于建筑给水排水工程与市政给水排水工程之间。小区给水系统是将水源水进行处理经水泵加压，输配给小区给水管道及建筑给水引入点。小区排水系统的功能是收集小区内各建筑物、构筑物、户外场地排出的污水、雨水，并及时排入城市排水管网或附近水体。

5.5.1 小区给水系统

1. 小区给水系统的组成

小区给水系统是由水源、水处理构筑物、小区给水管网、调蓄调压设备等组成，如图 5-45 所示。

（1）小区给水水源 水源可分为江、河、湖、水库等地表水源和地下潜水、承压水和泉水等地下水源及市政管网给水。严重缺水地区也可采用中水作为杂用水水源，用于冲厕及浇洒道路、绿化等。

（2）小区给水管网 小区给水系统管道按规划设计要求常埋于地下，沿道路和平行于建筑而敷设。按其管网的布置方式，小区给水管网布置分枝状网、环状网和枝环组合式网。

枝状网的布置是由水源至用水点管网形成树枝状，适用于小区规模较小，用水安全程度

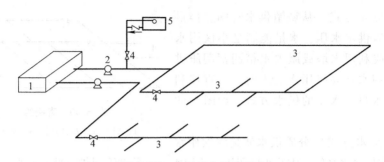

图 5-45　小区给水系统组成

1—水处理站　2—水泵站　3—小区给水管网　4—阀门　5—水塔

要求较低的系统，如图 5-46 所示。

环状网的布置是将整个小区给水管网连接成环形网格，这种布置形式，适用于小区规模较大，对用水安全程度要求较高的系统，如图 5-47 所示。

枝环组合式网，是将小区的部分用水管网布置成环状网（中心区），小区的边远部分给水管网布置成枝状，如图 5-48 所示。

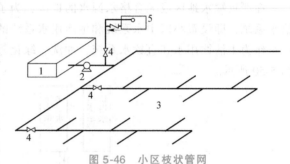

图 5-46　小区枝状管网

1—水处理站　2—水泵　3—小区给水管网　4—阀门　5—水塔

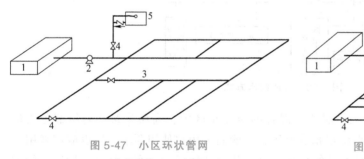

图 5-47　小区环状管网

1—水处理站　2—水泵
3—小区给水管网　4—阀门　5—水塔

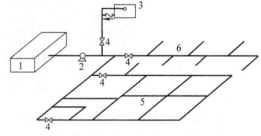

图 5-48　小区枝环组合式管网

1—水处理站　2—水泵　3—水塔
4—阀门　5—环状给水管网　6—枝状给水管网

（3）水处理设施　根据水源情况所选择的处理工艺，有物理处理设施，如混凝池、沉淀池、过滤池；生化处理设施，如厌氧池、好氧池、接触氧化池；深度处理设施，如砂滤罐、活性炭过滤罐、膜过滤器；消毒设备，如臭氧消毒装置、氯气消毒装置、二氧化氯消毒装置、紫外线消毒装置等。除以上主要设备设施外，还应有水质化验设备、药剂储存设备和各种仪器、仪表、管道等。

（4）调蓄加压设施　调蓄加压设施有水池、水塔、水泵、气压水罐等，用于储水加压。

2. 小区管网运行方式

居住小区给水方式应根据居住小区内各建筑物的用水量，对水压和水质的不同要求，以及建筑规划管理要求来确定。按照小区管网运行方式，居住小区给水方式分为直接给水、分质给水、分压给水。

（1）**直接给水方式** 从城镇供水管网直接供水的方式，即当供水水压、水量能满足小区用水点用水要求，或利用水塔或屋顶水箱调蓄调压供水可满足小区用水点高峰用水要求时，可直接利用市政管网的水量、水压的供水方式，如图 5-49 所示。

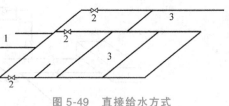

图 5-49 直接给水方式

1—引入管 2—阀门 3—小区给水管网

（2）**分质给水方式** 分质供水就是将饮用水系统作为小区主体供水系统，供给小区居民生活用水，而另设管网供应低品质水构成非饮用水系统，作为主体供水系统的补充。分质供水的水质一般可分为三种：杂用水、生活用水和直饮水。

在严重缺水地区或无合格水源水的地区，为了降低供水水量，新建居民小区宜实施分质给水系统，即设置小区中水系统和生活用水系统的分质供水系统，采用优质深井水或深度处理水作为生活饮用水和直饮水系统，冲洗、绿化等大量其他用水采用小区中水系统供水，如图 5-50 所示。

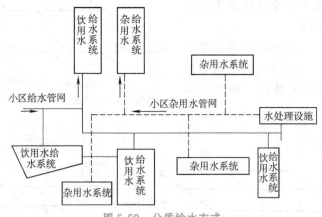

图 5-50 分质给水方式

（3）**分压给水方式** 在高层、多层建筑混合的居住小区中，高层建筑的高层部分无论是生活给水还是消防给水都需要对给水系统增压，才能满足用户使用要求，所以应该采用分压给水系统。其中高层建筑部分给水系统应根据高层建筑的数量、分布、高度、性质、管理和安全等情况，经技术经济比较后确定采用调蓄增压的给水系统。分压给水系统又可分为分散调蓄增压、分片集中调蓄增压和集中调蓄增压，如图 5-51 所示。

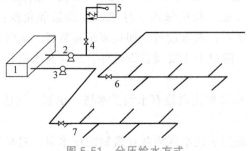

图 5-51 分压给水方式

1—水池 2—高区水泵 3—低区水泵 4—阀门

5—高区水箱 6—高区给水管网 7—低区给水管网

分散调蓄增压是指当只有一幢高层建筑或幢数不多但各幢供水压力相差很大时，每一幢建筑单独设水池和水泵的给水系统；分片集中调蓄增压是指相似的若干幢高层建筑分片共用一套调蓄增压装置的给水系统；集中调蓄增压是指整个小区的高层建筑共用一套调蓄增压装置的给水系统。小区分散或集中加压的给水方式，各有不同的优缺点。和分散调蓄增压给水系统相比较，分片集中和集中调蓄增压给水系统便于管理、总投资少，但在地震区安全性较低。

7 层及 7 层以下的多层建筑居住小区，一般不设室内消防给水系统；居住小区高层建筑宜采用生活和消防各自独立的供水增压系统，即分压给水系统。

3. 小区给水管道敷设

给水管道宜与道路中心线或主要建筑物呈平行敷设，并尽可能减少与其他管道的交叉。

给水管道应避免穿越垃圾堆、毒物污染区，当必须穿过时应采取防护措施。

给水管道的埋设深度，应根据土壤的冰冻深度、外部荷载、管材强度和与其他管道交叉以及当地管道埋深的经验等因素确定。一般按冰冻线以下 200mm 敷设，但管顶覆土深度不小于 0.7m。

给水管道干管的始端、各支管的始端、进入管始端应设阀门井，并在其管道上安装阀门，根据需要安装水表。

5.5.2 小区排水系统

小区排水系统是由排水管道、检查井、雨水口、污废水处理构筑物、排水泵站等组成。

（1）排水管道 排水管道是用于集流小区的各种污废水和雨水的管道。

（2）雨水口、检查井 雨水排水管道系统中设有雨水口、雨水井，用于收集屋面或地面上的雨水。生活污水、工业污废水排水管道系统上设有检查井，一般设在管道变向、变径、坡度变化的地方，用于管道清洗及检查。

（3）污废水处理构筑物 居住区排水系统污废水处理构筑物有：①在与城镇排水连接处有化粪池；②在食堂排出管处有隔油池；③在锅炉排污管处有降温池等简单处理构筑物；④如若污水回用，根据水质采用相应中水处理设备、设施、构筑物等。

（4）排水泵站 如果小区地势低洼，排水困难，应视具体情况设置排水泵站和排水压力管等。

工厂区排水系统的组成基本上与居住区排水系统相同。由于工业污废水水质千差万别，为保护环境，其处理工艺较为复杂，应根据所选择的处理工艺，设计、建造不同的建（构）筑物，尽可能使工业污废水资源化，并得到再利用，以利于保护环境，减少水资源浪费。

5.5.3 小区中水系统

小区中水系统是指以生活污水作为水源，经过适当处理后回用于建筑物或居住小区，作为杂用水的供水系统。对于淡水资源缺乏、城市供水严重不足的缺水地区，采用中水技术既能节约水资源，又可使污水无害化，是开源节流、防治污染的重要途径。

以居住小区、宾馆、饭店、学校、医院、机关单位等城市大型公共建筑为重点，构建小区中水回用系统，是城市中水回用的中间层循环系统网络。

1. 中水系统的分类

按中水用途分，居住小区中水供水可分为冲厕、绿化、消防、小区环境用水、空调冷却水等。

按中水服务范围分，中水系统可以分为建筑中水系统、小区中水系统和城镇中水系统。

建筑中水系统是指单幢或相邻建筑物所形成的中水系统，如图5-52所示。建筑中水系统适用于建筑内部的排水系统采用分流制的情况，生活污水单独排入城市排水管网或化粪池。水处理设施在地下室或邻近建筑物。建筑内部采用分质供水方式，即管道系统分为生活饮用水管网和中水供水管网。目前，建筑中水系统主要在宾馆、饭店等公共建筑中应用。

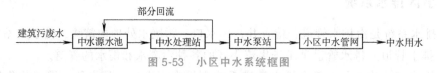

图 5-52　建筑中水系统框图

小区中水系统的中水源水，取自居住小区内各建筑物排放的污废水。可根据居住小区所在城镇排水设施的完善程度，确定小区排水系统。居住小区排水系统与建筑内部排水系统相互配套。目前，采用中水处理系统的居住小区，多采用分流制，为降低中水处理成本一般以杂排水为中水水源。居住小区和建筑内部供水管网采用分质给水方式，即采用生活饮用水和杂用水两套管路的配水系统。此系统多用于居住小区、厂区和高等院校等。其系统框图如图5-53所示。

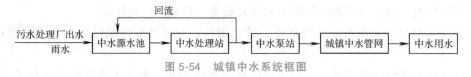

图 5-53　小区中水系统框图

图5-54所示是以城镇的污水处理厂的出水和部分雨水为中水水源，经提升后送到中水处理站，处理达到生活杂用水水质标准后，供本城镇作杂用水使用的城镇中水系统。城镇中水系统不要求室内外排水系统必须污废水分流，但城镇应有污水处理厂，城市管网采用生活饮用水和杂用水分质的供水系统。

图 5-54　城镇中水系统框图

2. 中水系统的组成

中水系统由中水源水、中水处理设施和中水供水三部分组成。

（1）中水源水　中水源水源于建筑排水。不同地区、不同性质的建筑所排出的生活排水，由于人们的生活习惯、季节、生活水平及食物构成各不相同，其污染物成分和浓度也各不相同。

生活排水包括人们日常生活中排出的生活污水和生活废水。生活废水中的沐浴排水、盥洗排水、洗衣排水、厨房排水称为杂排水。不含厨房排水的杂排水称为优质杂排水。

中水源水水质和建筑物排水体制有关，一般选用优质杂排水和杂排水作为中水源水，建筑物排水体制多采用分流制。

（2）中水处理设施　中水处理设施的设置应根据中水源水的水量、水质和使用要求等因素，经过技术经济比较后确定。中水处理过程可分为预处理、主处理和后处理三个阶段。

预处理是用来截留大的漂浮物、悬浮物和杂物，其工艺包括格栅或滤网截留、毛发截留、调节水量、调整 pH 值。物化处理工艺流程如图 5-55 所示。

主处理是去除水中的有机物、无机物等。常用的处理构筑物有沉淀池、混凝池、生物处理设施、消毒设施等。生物及物化处理相结合工艺流程如图 5-56 所示。

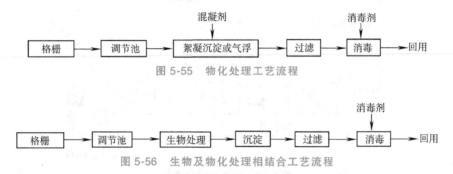

图 5-55　物化处理工艺流程

图 5-56　生物及物化处理相结合工艺流程

后处理是对中水供水水质要求很高时进行的深度处理，常用的工艺有过滤、膜分离、活性炭吸附等。膜生物反应器处理工艺流程如图 5-57 所示。

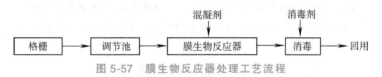

图 5-57　膜生物反应器处理工艺流程

（3）中水供水系统　中水供水系统单独设立，包括配水管网、中水储水池、中水高水位水箱、中水泵站或中水气压给水设备。中水供水系统的供水方式、系统组成、管道敷设方式及水力计算与给水系统基本相同，只是在供水范围、水质、使用等方面有些限定和特殊要求。

3. 中水的水量平衡

为使中水源水量及处理设备处理量、中水量与中水用量之间保持均衡，使中水产量与中水用水量在一日逐时内的不均匀变化以及一年内各季的变化得到调节，必须采取水量平衡措施。水量平衡图就是用图线和数字表示中水源水的收集、储存、处理、使用之间量的关系。其主要内容应包括如下要素：

1）中水源水的产生部位及源水量，建筑的原排水量、存储量、排放量。

2）中水处理量及处理消耗量。

3）中水各用水点的用量及总用量。

4）中水损耗量、存储量。

5）市政给水（自来水）的用量、对中水系统的补给量。

6）规划范围内的污水排放量、回用量、给水量及其所占比率。

计算并表示出以上各量之间的关系，不仅可以借此协调水的平衡，还可明显看出节水效果。图 5-58 所示为水量平衡图。

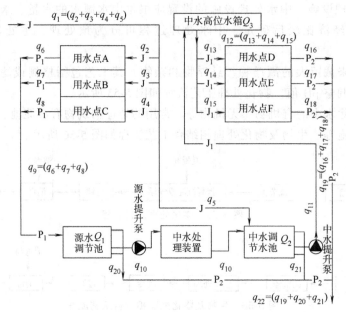

图 5-58　水量平衡示意图

J—自来水　P₁—中水源水　J₁—中水供水　P₂—直接排水　q_{1-5}—自来水总供水量及分项水量

q_{6-9}—中水源水分项水量及汇总水量　q_{10}—中水处理水量　q_{11}—中水供水量

q_{12-15}—中水用水总量及分项水量　q_{16-22}—污水排放分项水量及汇总水量

Q_1—源水调节水量　Q_2—中水调节水量　Q_3—中水高位水箱调节水量

思考题与练习题

1. 给水系统由哪几部分组成？
2. 给水系统常用的给水方式有哪些？
3. 高层建筑给水为什么要竖向分区？给水方式有几种？
4. 建筑内部排水系统方式有哪些？
5. 室内消火栓给水系统由哪几部分组成？
6. 闭式自动喷水灭火系统类型有哪些？主要组件有哪些？
7. 雨淋灭火系统类型有哪些？主要组件有哪些？
8. 热水供应系统有哪些类型？

第6章
给水排水工程设备及水厂自动控制系统

6.1 给水排水工程设备分类

给水排水工程设备，是以水质为核心的水工艺与工程的重要组成部分。作为国家环保产业主要支柱的给水排水工程处理设备近十年来得到了飞速的发展，特别是近几年来随着国外同类水处理设备的引入，进一步推动了我国给水排水工程设备的发展。环保设备生产企业大量涌现，很多新技术、新型设备得到逐步应用和产业化。经过十多年的生产实践考验和市场验证，很多技术先进的设备和装置，逐渐成熟、定型并做到了系列化。

给水排水工程设备有几种不同的分类方法，通常根据设备的功能划分，主要可以分为通用设备、专用设备以及一体化设备等，具体见表6-1。

表 6-1 给水排水工程设备分类

类　　别	给水排水工程常用设备
通用设备	阀门类：闸阀、蝶阀、截止阀、止回阀、球阀、锥形阀、减压阀等
	泵类：污水泵、清水泵、真空泵、计量泵、螺旋泵等
	风机类：鼓风机、空气压缩机等
专用设备	物化处理设备：拦污设备、搅拌设备、投药消毒设备、除污排泥设备等
	生化处理设备：曝气设备、生物转盘设备、生物滤池设备等
一体化设备	给水—体化净水设备
	生活污水一体化污水处理设备
	工业废水一体化处理设备

1. 通用设备

通用设备是指除了给水排水工程以外其他行业也应用的设备，这些设备通常具有标准化、系列化的特点。表6-1中所列举的大部分通用设备为给水排水工程中常用的设备，例如阀门、水泵等。

2. 专用设备

专用设备是指承担给水排水工程中某一特定任务的设备，例如软化设备只承担水的软化任务等。

3. 一体化设备

一体化设备是指集水处理工艺各部分功能于一体，完成整个水处理工艺过程的设备。该设备通常是工艺技术、通用设备、专用设备、仪器、仪表、控制设备以及其他器材的高度集成。

6.2　给水排水工程通用设备

6.2.1　阀门

阀门是给水排水工程中最常用的通用设备之一，本节将对目前应用较多的几类阀门做简单介绍。

1. 闸阀

闸阀是广泛使用的一种阀门。它具有开关较省力、流体阻力相对较小以及液体介质可以分别从两个方向流动等优点。但是闸阀的缺点也比较明显，例如，它的结构复杂、密封界面容易擦伤，高度尺寸较大等。

通常应用的闸阀有两种，即明杆和暗杆。明杆主要适用于室内管道以及水汽等介质上；暗杆则主要适用于水汽等介质（不包括含盐量高的软化水）及安装、操作位置受到限制的地方。

目前应用较多的有 Z15T-10 型闸阀、Z41T-10 型闸阀、Z44T-10 型平板型双闸板闸阀。图 6-1 所示为 Z44T-10 型平板型双闸板闸阀示意图。

2. 截止阀

截止阀是一种常用的截断阀，主要用来接通或截断管路中的介质，一般不用于调节流量。截止阀适用压力、温度范围很大，但一般用于中、小口径的管道。截止阀在水处理中应用广泛，它适用于各种压力、温度和流体等介质。与闸阀相比，截止阀具有密封性良好、结构简单、制造维修方便等优点。但截止阀对水流阻力大，开启和关闭时相对费力。

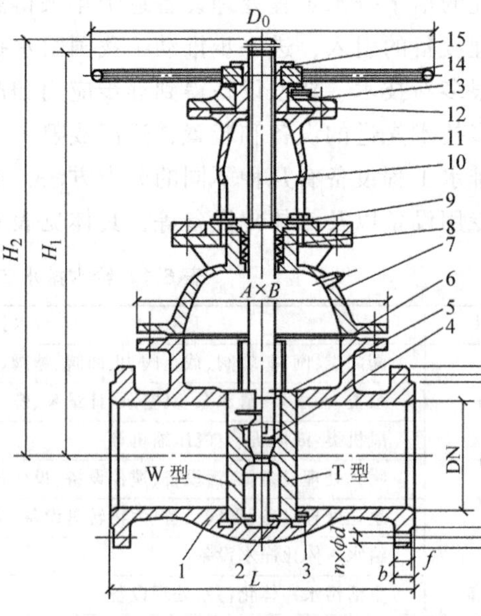

图 6-1　Z44T-10 型平板型双闸板闸阀示意图
1—阀体　2—闸板密封圈　3—阀体密封圈　4—顶楔
5—闸板　6—垫片　7—阀盖　8—填料　9—填料压盖
10—阀杆　11—立柱　12—阀杆螺母
13—螺母轴承盖　14—手轮　15—螺母

截止阀按照阀体的结构形式可以分为直通式、直流式和角式三种，如图 6-2 所示。直通式截止阀适用于对水流阻力要求不高的工作场所；一般安装在成一条直线的管段上，阻力相对较大。直流式截止阀适用于水流阻力较小的场所，它的阀杆处于倾斜位置，上升高度较直通式截止阀要大，操作起来不太方便，但阻力较小。角式截止阀阻力大小和直通式相差不多，主要安装在垂直相交的管道上。

3. 止回阀

止回阀通常又称作逆止阀，它的作用是防止管道内的液体介质倒流，影响整个系统的运行负荷和使水泵发生倒转。当介质发生倒流时，止回阀自动关闭，阻断介质的流动，避免发

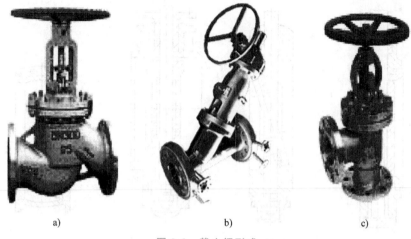

图 6-2　截止阀形式

a）直通式截止阀　b）直流式截止阀　c）角式截止阀

生事故。止回阀大多在并列运行的系统中使用，一般安装在水泵出口门下边。

止回阀主要分为升降式和旋启式两大类。升降式止回阀的阀瓣垂直于阀体通道上下做升降运动，它的阀体设计与截止阀的阀体通用，但只限在 DN200 以内使用。旋启式止回阀的阀瓣围绕着密封面做旋转运动。阻力比升降式止回阀小，但是在低压运行时密封性稍差一些。直径大的或中、高压止回阀大多采用旋启式。直径大于 600mm 的旋启式止回阀通常采用多瓣式。当介质发生倒流时，通常几个阀瓣不同时关闭，从而大大减轻了冲击力。

目前应用较多的有 H44T-10 型旋启式止回阀，它的结构如图 6-3 所示。

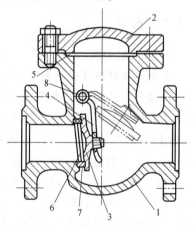

图 6-3　旋启式止回阀

1—阀体　2—阀盖　3—阀瓣
4—摇杆　5—垫片　6—阀体密封圈
7—阀瓣密封圈　8—旋转轴

4. 蝶阀

蝶板在阀体内绕固定轴旋转的阀门称之为蝶阀。蝶阀通常只采用圆盘式的启闭构件，圆盘状阀瓣固定于阀杆上，阀杆旋转 90° 即可完成开启和关闭，操作非常简单。按照蝶阀的闸板结构，可以将蝶阀分为中心对称板式、斜板式、偏置板式和杠杆式四种，如图 6-4 所示。按照连接方式可以将蝶阀分为法兰连接和对夹式连接；按照传动方式可以将蝶阀分为手动式、涡轮传动式、气动传动式、电动传动式和液动传动式五种。

蝶阀结构简单，开启速度快，安装位置不受限制，改变阀体的材质可适用于相应流体的管道上。因而在水处理工程中有广泛的应用。

目前应用较多的对夹式蝶阀有 D71X 型手柄传动对夹式蝶阀、D371X 型涡轮传动对夹式蝶阀和 D971X 型电动传动对夹式蝶阀三种。应用较多的法兰式蝶阀有 D341 涡轮传动型和 D941 型电动传动型。

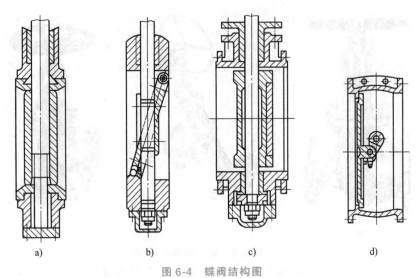

图 6-4　蝶阀结构图

a）中心对称板式　b）斜板式　c）偏置板式　d）杠杆式

6.2.2　水泵

1. 水泵的分类

水泵是水处理中输送流体的重要设备，它的作用是为水流体提供能量，使其克服阻力，保持在设备中或管道中的流量。另外，在进行水处理过程中，有时还需要输送一些化学药剂。水泵的品种系列繁多，分类方法也各不相同。按其作用原理，水泵可分为以下三类。

（1）叶片式水泵　叶片式水泵对液体的压送是靠装有叶片的叶轮高速旋转来完成的。属于这一类型的有离心泵、轴流泵、混流泵等。

（2）容积式水泵　容积式水泵对液体的压送是靠泵体工作室容积的改变来完成的。容积式水泵按工作室容积变化的方式又可分为往复泵和回转式泵两大类。往复式泵是通过柱塞在泵室内做往复运动而改变工作室容积。回转式泵是通过转子做回转运动而改变工作室容积。常用的容积式水泵主要有螺杆泵、隔膜泵及转子式泵等。

（3）其他类型水泵　这类泵是指除叶片式水泵和容积式水泵以外的特殊泵。属于这类的主要有螺旋泵、射流泵（又称水射器）、水锤泵、水轮泵以及气升泵（又称空气扬水机）等。其中除螺旋泵是利用螺旋推进原理来提高液体的位能以外，上述各种水泵的特点都是利用高速液流或气流的动能或动量来输送液体的。

上述各种类型水泵的使用范围是很不相同的。叶片式水泵的使用范围很广泛，其中轴流泵和混流泵的使用范围侧重于低扬程、大流量，在排水工程中应用广泛。而离心泵的使用范围较宽，工作区间最广，产品的品种、系列和规格也最多。

2. 常用水泵

（1）离心泵　离心泵是在离心力的作用下，液体从叶轮中心被抛向外缘并获得能量，以高速离开叶轮外缘进入蜗形泵壳。在蜗壳中，液体由于流道的逐渐扩大而减速，又将部分动能转变为静压能，最后以较高的压力流入排出管道，送至需要场所。液体由叶轮中心流向外缘时，在叶轮中心形成了一定的真空，此时储槽液面上方的压力大于泵入口处的压力，液体便被连续压入叶轮中。

离心泵按其结构形式分为立式泵和卧式泵。立式泵占地面积少，建筑投入小，安装方便，但重心高，不适合在无固定底脚的场合运行。卧式泵适用场合广泛，重心低，稳定性好；但占地面积大，建筑投入大，体积大，质量大。

按扬程、流量的要求，并根据叶轮结构组成级数，离心泵可分为单级单吸泵、单级双吸泵和单吸多级泵，图 6-5 所示为单级单吸式离心泵。

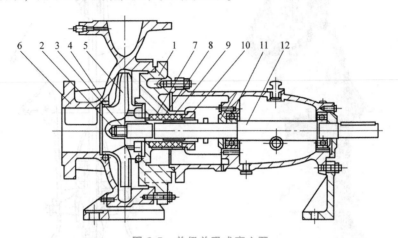

图 6-5　单级单吸式离心泵

1—泵体　2—叶轮螺母　3—止动垫圈　4—密封环　5—叶轮　6—泵盖　7—轴套
8—填料环　9—填料　10—填料压盖　11—悬架轴承部件　12—轴

（2）轴流泵　轴流泵的工作是以空气动力学中的升力理论为基础。当叶轮高速旋转时，泵体中的液体质点就会受到来自叶轮的轴向升力的作用，使水流沿轴向流动。

图 6-6a 所示为立式半调（节）式轴流泵的外形图，图 6-6b 所示为该泵的结构图。轴流泵外形很像一根水管，泵壳直径与吸水口直径差不多。轴流泵按泵轴的工作位置可以分为立轴、横轴和斜轴三种结构形式。由于立轴泵占地面积小，轴承磨损均匀，叶轮淹没在水中，启动无须灌水，还可以采用分座式支承方式，并且能将电动机安置在较高位置上，以防被水淹没，因此，大多数轴流泵都采用立式结构。

轴流泵的比转速比较高，一般用在大流量、低扬程的场合，常用于城市雨水防洪泵站、大型污水泵站以及长距离输水工程中的一些大型提升泵站等。

（3）混流泵　混流泵是介于离心泵与轴流泵之间的一种泵，泵体中的液体质点所受的力既有离心力，又有轴向升力，叶轮出水的水流方向是斜向的。根据其压水室的不同，通常可分为蜗壳式和导叶式两种，其中蜗壳式应用比较广泛。从外形上看，蜗壳式混流泵与单吸式离心泵相似，其构造装配图如图 6-7 所示。导叶式混流泵与立式轴流泵相似，其结构如图 6-8 所示。这两种混流泵的部件无多大区别，所不同的仅是叶轮的形状和泵体的支承方式。混流泵在工厂、城市给水排水中被广泛应用。

（4）潜水泵　潜水泵的特点是机电一体化，可长期潜入水中运行。它主要是由电动机、水泵和扬水管三部分组成的，电动机与水泵连在一起，完全浸没在水中工作。

潜水电动机较一般电动机有特殊要求，通常有干式、半干式、湿式、充油式及气垫密封式电动机等几种类型。

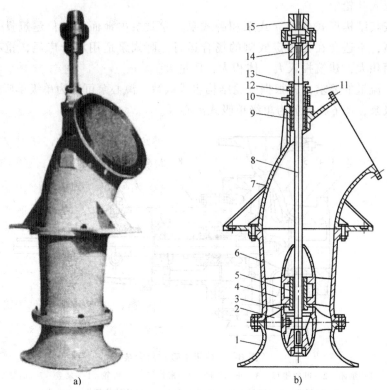

图6-6　立式半调（节）式轴流泵

a）外形图　b）结构图

1—吸入管　2—叶片　3—轮毂体　4—导叶　5—下导轴承　6—导叶管　7—出水弯管　8—泵轴
9—上导轴承　10—引水管　11—填料　12—填料盒　13—压盖　14—泵联轴器　15—电动机联轴器

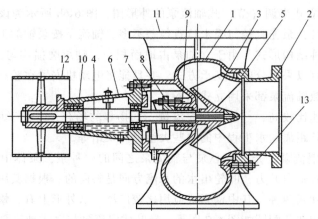

图6-7　蜗壳式混流泵构造装配图

1—泵壳　2—泵盖　3—叶轮　4—泵轴　5—减漏环　6—轴承盒　7—轴套　8—填料压盖
9—填料　10—滚动轴承　11—出水口　12—带轮　13—双头螺钉

潜水泵按其用途可分为给水泵和排污泵。图6-9所示为湿式潜水给水泵外形图。潜水排污泵按其叶轮的形式分为离心式、轴流式和混流式。近些年，潜水泵在工矿及城市给水排水工程中应用越来越广泛。

由于潜水泵长期在水下运行，因此对电动机的密封要求非常严格，如果密封质量不好，或者使用管理不好，会因漏水而烧坏电动机。

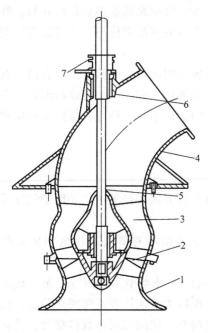

图 6-8　导叶式混流泵结构图

1—进水喇叭　2—叶轮　3—导叶体　4—出水弯管

5—泵轴　6—橡胶轴承　7—填料盒

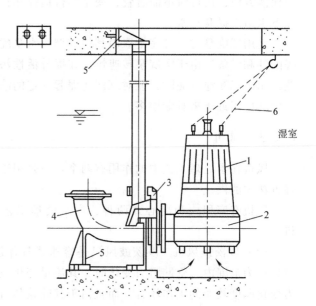

图 6-9　湿式潜水给水泵外形图

1—电动机　2—水泵　3—自动耦合装置

4—出水弯管　5—支承块　6—吊缆

（5）螺旋泵　螺旋泵也称阿基米德螺旋泵，是利用螺旋推进原理来提水的。螺旋泵装置主要由电动机、变速装置、泵轴、叶片、轴承座、泵壳等组成。图 6-10 所示为螺旋泵装置示意图。

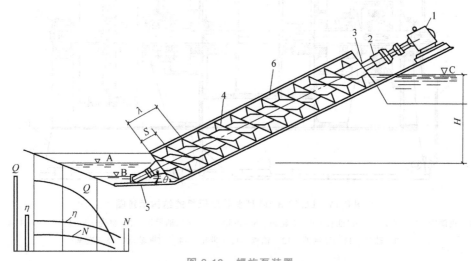

图 6-10　螺旋泵装置

1—电动机　2—变速装置　3—泵轴　4—叶片　5—轴承座　6—泵壳

A—最佳进水位　B—最低进水位　C—正常出水位

H—扬程对应的高度　θ—倾角　S—螺距　λ——个螺旋导程　Q—流量　N—功率　η—效率

采用螺旋泵抽水可以不设集水池，不建地下式或半地下式泵房，节约土建投资。螺旋泵抽水不需要封闭的管道，因此水头损失较小，较省电。由于螺旋泵螺旋部分是敞开的，维护与检修方便，运行时不需看管，便于实行遥控和在无人看管的泵站中使用，还可以直接安装在下水道内提升污水。

使用螺旋泵时，可完全取消其他类型污水泵配用的吸水喇叭管、底阀、进水和出水闸阀等配件和设备。由于螺旋泵转速慢，在提升活性污泥和含油污水时，不会打碎污泥颗粒和矾花；用于沉淀池排泥时，能对沉淀污泥起一定的浓缩作用。由于以上特点，螺旋泵在排水工程中的应用近年来日渐增多。

6.2.3 风机

风机在水处理工艺中的作用有两个：一是用于生物处理方法的供氧；二是用于气浮等处理方法中的供气。

风机有容积式和离心式两种，在水处理工艺中广泛使用的有罗茨鼓风机和离心鼓风机等。

（1）罗茨鼓风机 罗茨鼓风机是容积式气体压缩机的一种类型，它的特点是，在最高设计压力范围内，管网阻力变化时，其流量变化较小，所以大多使用在流量要求稳定，而阻力变化幅度较大的工作场合。而且由于其叶轮与机体之间有一定间隙而不直接接触，设备结构简单、维护方便、运行稳定。图6-11所示为罗茨鼓风机的典型结构示意图。

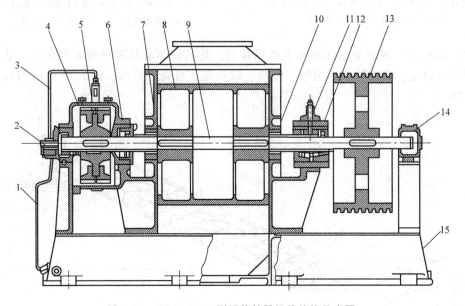

图 6-11 LG42-3500 型罗茨鼓风机的结构示意图

1—进油管 2—油泵 3—出油管 4—齿轮箱 5—齿轮 6—支撑轴承箱 7—机壳 8—转子 9—主轴
10—轴封 11—注油器 12—轴承 13—带轮 14—辅助轴承 15—底座

（2）离心鼓风机 离心鼓风机运行时，气流由进口轴向进入高速旋转的叶轮后变成径向流动并被加速，然后进入扩压器，改变流动方向而减速，这种减速作用将高速旋转的气流中具有的动能转化为势能，使风机出口保持稳定压力。压力增高主要发生在叶轮中，其次发生在扩压过程。离心式鼓风机如图 6-12 所示。

离心式风机按风机所产生压力的大小可以分为以下三种：

　　1）低压风机：所产生的风压小于 980Pa。

　　2）中压风机：所产生的风压小于 2940Pa。

　　3）高压风机：所产生的风压小于 9800Pa。

离心鼓风机又分为多级低速和单级高速，单级高速以提高转速来达到所需风压，较多级风机流道短，减少了多级间的流道损失，特别是可采用节能效果好的进风导叶片调节风量方式，适宜在大中型污水处理厂中采用。离心鼓风机与罗茨鼓风机相比还具有供气连续、运行平衡，效率高、结构简单、噪声低、外形尺寸及质量小、易损件少等优点。

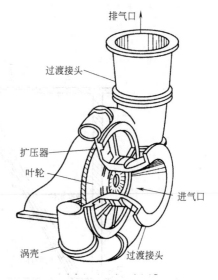

图 6-12　离心式鼓风机

6.3　给水排水工程专用设备

给水排水工程专用设备可以分为两类，即物化处理设备和生化处理设备。

6.3.1　物化处理设备

物化处理设备是指在给水排水处理工艺中，通过物理、化学或物理化学作用来达到去除水中某一特定物质的目的，或在整个水处理工艺中承担某一特定任务的设备。水处理工艺中常用的物化处理设备如下。

1. 格栅清污机

格栅清污机是污水处理专用的物化处理机械设备，主要是去除污水中悬浮物或漂浮物，应用于污水处理中的预处理工序，一般置于污水处理厂的进水渠道上。经过格栅清污机的处理后，会大量减少水中各种垃圾及漂浮物，保护水泵等其他设备，从而使后续的水处理工序得以顺利进行，所以格栅清污机是污水处理中很重要的设备，必不可少。

格栅清污机按格栅的有效间距可以分为粗格栅清污机和细格栅清污机；按格栅的安装角度可以分为倾斜式格栅清污机和垂直式格栅清污机；按运动部件可以分为高链式格栅清污机、回转式格栅清污机、耙齿式格栅清污机、针齿条式格栅清污机、钢绳式格栅清污机等。图 6-13 所示为回转式格栅清污机，它主要由驱动装置、撇渣机构、除污耙齿、链条、格栅条及机架等组成。

2. 搅拌设备

搅拌设备主要用于水处理药剂的溶解、稀释、混合反应以及在混凝反应中投加混凝剂或助凝剂。搅拌作用在溶液中产生循环和剧烈的水力涡流，能使水与药剂充分快速地混合。搅拌设备按照搅拌功能的不同可以分为混合搅拌设备、悬浮搅拌设备、分散搅拌设备和搅动设备等。按照搅拌方式的不同可以分为机械搅拌设备、气体搅拌设备、水力搅拌设备以及磁力搅拌设备等。

在水处理工艺中，最常见的是机械搅拌设备。而机械搅拌设备主要由搅拌器、传动装置

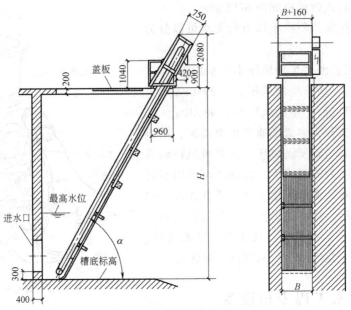

图 6-13　回转式格栅清污机

及传动轴系组成，其中搅拌器主要由搅拌桨和附属构件组成，传动装置主要由电动机、减速机、支架等组成，搅拌轴系由搅拌轴、联轴器以及轴承等组成。

搅拌设备的材质主要采用钢或不锈钢制造。

3. 投药设备

净水药剂是自来水和污水处理厂主要消耗品，投药设备的优劣直接关系到耗药量和水质的好坏以及运行经济性。投药方式可以分为干投和湿投。选择不同的投药方式，投药设备也不同。

湿投设备主要由储药槽、计量泵、搅拌系统等组成，用于水处理工艺中投加絮凝剂、助凝剂等。药液通过计量泵送至投药地点。

干投装置主要用于水处理工艺中投加一些粉末活性炭、石灰粉等干粉化学品。干投装置的设备主要由料斗、螺旋给料器以及手动或自动控制单元组成。

4. 消毒设备

消毒的目的是为了杀死水中的病原及微生物，脱色除臭，防止水污染的发生。消毒设备主要用于城市水工程中的污水和自来水的消毒，有时也用于工业水的氧化处理。现在应用较多的有转子真空加氯机、二氧化氯发生器、臭氧发生器、紫外线杀菌灯以及静电杀菌消毒设备等。

（1）转子真空加氯机　转子真空加氯机主要由过滤器、转子流量计、真空玻璃瓶及水射器等部件构成。氯气通过过滤器、转子流量计进入真空玻璃瓶内，在水射器的作用下，玻璃瓶内的氯气减压，并被吸入水射器中，与压力水混合后输送至加氯点。图 6-14 所示为转子真空加氯机结构图。

（2）臭氧发生器　臭氧是一种强氧化剂，它的氧化能力比氯气高得多，但很不稳定，也无法储藏，为此，臭氧应根据需要就地生产。产生原理是：在一定的能量下，将 O_2 分裂成 O，再重新组成 O_3。生产臭氧的方法很多，但最合理、最先进的方法是采用臭氧发生器来制备。臭氧发生器主要由气源设备、发生器主体和电气控制三部分组成。

经过净化的空气进入臭氧发生器，通过高压放电环隙，空气中的部分氧分子被激发分解成氧原子，氧原子与氧原子（或氧原子与氧分子）结合生成臭氧。

臭氧主要用于自来水厂的消毒、脱色、除臭、二次给水消毒使用，也可用于污水处理、中水回用以及游泳池水消毒、工业废水的氧化处理。

（3）二氧化氯发生器 二氧化氯作为新一代的广谱杀菌剂和高效氧化剂，已被广泛应用于各种水处理当中。作为消毒剂，二氧化氯的杀菌能力仅次于臭氧，但在水中的持续时间却远高于臭氧，并且具有杀菌效果不受 pH 值和氨浓度的影响，处理过的水中不含对人体有害的消毒副产物等优点。制备二氧化氯主要有两种方法，即电解法和化学法。

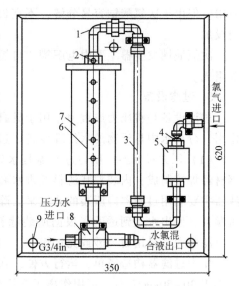

图 6-14　转子真空加氯机结构图
1—弯管　2—进气管　3—转子流量计
4—控制阀　5—过滤器　6—出氯管
7—真空瓶　8—水射器　9—安装螺孔

采用电解法的二氧化氯发生器主要由电解槽、直流电源、盐溶解槽及配套管道、阀门、仪表等组成。通过电解一定浓度的盐液产生以 ClO_2 为主，同时混有 Cl_2、O_3、H_2O_2 等多种强氧化剂的气体，具有广谱的氧化和杀菌能力，能杀灭水中的各种芽孢病毒。

采用化学法的二氧化氯发生器由供料系统、反应系统、控制系统和安全系统构成。由计量泵将氯酸钠水溶液与盐酸溶液输入到反应器中，在一定温度和负压下进行充分反应，产出二氧化氯为主，氯气为辅的消毒气体，经水射器与水充分混合形成消毒液后直接进入消毒系统。

（4）紫外线消毒器 紫外线消毒器是一个密闭的压力容器，内置若干紫外灯。紫外线消毒主要是依靠紫外线杀菌灯产生一定波长的紫外光，这些紫外光能穿透细胞壁并与细胞质反应，从而达到消毒的目的。它的特点是不影响水的物理性质和化学成分，不增加水的臭和味。紫外线消毒器的缺点是不能解决消毒后在管网中的再污染问题，电耗较大，水中悬浮杂质妨碍光线透射等，一般只用于少量水的消毒。

紫外线消毒器消毒有两种方法，即水面照射和水中照射。水面照射时，灯与水不接触，紫外线照在水面上；水中照射则是将灯管装在不锈钢外壳中，水从外壳流过时，即接受紫外线的照射。

（5）静电杀菌消毒设备 静电杀菌消毒设备主要由电源和电极主体两部分组成。电极主体与电源通常采用固化技术组合成一个整体，放置于水中。消毒原理是将该装置置于水中通电后，在四周形成一个较强的静电场，在静电场的作用下可达到良好的杀菌消毒效果，但该设备仅适用于少量水的消毒处理。

（6）次氯酸钠发生器 次氯酸钠也是传统的杀菌剂。其氯化作用是通过次氯酸起作用，与液氯相比，次氯酸钠有价格低廉、使用方便、安全等特点，因而在水处理中被较为广泛的应用。但由于次氯酸钠容易分解，不宜长期储存，故通常采用次氯酸钠发生器现场制取，就地投加。

次氯酸钠发生器主要由电解槽、自控装置、直流稳压电源、冷却水及盐水系统、储液槽等组成。

5. 过滤设备

过滤设备是将压力或重力作用于具有一定空隙的粒状滤料层，依靠机械筛滤、接触絮凝作用，分离水中悬浮物的水处理设备。过滤设备有以下几种。

（1）压力过滤器　压力过滤器是水处理行业中一种传统的净水装置。它一般采用优质钢材经焊接制成，内装粒状滤料及进水和配水系统，容器外设置各种管道和阀门等。压力过滤器主要利用过滤器内所装的滤层来去除水中含有的悬浮物及经沉淀澄清不能去除的黏结胶质颗粒，使出水达到透明。根据所装滤料不同可分为单层滤料、双层滤料或多层滤料过滤器。滤料大多采用石英砂或无烟煤。

压力过滤器构造简单，运行方便，在小型水处理工艺中有广泛的应用。当原水悬浮物浓度小于 $30\sim50mg/L$ 时，可用作离子交换软化工艺的预处理设备，也可用于水质要求不高的生产工艺用水的粗过滤处理。

（2）纤维过滤器　纤维过滤器主要由配水系统、排水系统和反冲洗系统等组成。通常采用纤维作为过滤介质，采取压力式的方式运行，广泛用于生活和各类工艺用水的过滤处理，也可作为各种污水回用的深度处理。纤维过滤器具有过滤速度快，处理水量大，占地少等优点。

（3）滚筒过滤器　滚筒过滤器通常由钢板制成，内衬防腐层，直径 1m 以上，长度为直径的 6~7 倍。筒内壁焊数条纵向挡板，带动滤料不断翻滚。为避免滤料被水带走，在滚筒出水端设置穿孔滤板。滚筒过滤器一般用于去除水中细小颗粒和纤维类悬浮物质。其特点是结构简单，可持续运行，并且具有自动排渣的功能。

6. 离子交换设备

用于离子交换反应的设备称为离子交换器。根据离子交换运行方式的不同，离子交换器可分为固定床和连续床两种类型。固定床又分为顺流式、逆流式、浮床等类型。连续床又分为移动床和流动床两种。

在离子交换水处理工艺中，由于固定床设备简单，操作方便，对各种水质适应性强，出水水质较好，因而有广泛的应用。

（1）顺流再生离子交换器　顺流再生离子交换器的主体是一个密闭的圆柱形壳体，体内设置进水、进再生液和出水装置，并装有一定高度的离子交换树脂。顺流再生离子交换器按用途不同可以分为阳离子交换器和阴离子交换器。

顺流再生离子交换器具有结构简单、容易操作、对进水浊度要求较低等特点，在国内有较成熟的制造、设计以及运行经验。

（2）逆流再生离子交换器　逆流再生离子交换器的主体是一个密闭的圆柱形壳体。体内设置进水、中间排水、出水装置和压实层，并装填有一定高度的离子交换树脂。同理，逆流再生离子交换器也分为阳离子交换器和阴离子交换器两种类型。

对逆流再生离子交换器而言，当其运行时，被处理水在通过离子交换树脂时，将按照树脂对各种离子的选择性顺序，依次进行交换。当其再生时，逆向进入失效树脂层的再生液，从下到上依次再生不同层态的树脂。逆流再生离子交换床具有再生能耗低、出水水质好、排除废液浓度低、便于环境保护等优点。

（3）浮床　浮动离子交换器简称浮床，属于对流再生离子交换的一种，因运行时被处理水自下而上地通过床层，由于向上水流的作用，使床层被托起，在交换器中形成了密实浮动状态而得名。

浮床的主体是一个密闭的圆柱形壳体。体内设有下部进水装置，上部排水装置以及相应的管道、阀门等。按使用用途，浮床可分为阳浮床、阴浮床和钠浮床。浮床树脂层较高，填充率为 98% ~ 100%，运行失效时，树脂层体积收缩，形成大约有 50 ~ 200mm 的水垫层。浮床具有再生能耗低、水流阻力小、再生操作简单等优点。

（4）移动床　移动床式离子交换器也是一种软化水处理设备，移动床内的树脂在装置内连续循环流动，失效树脂在流动过程中（经再生、清洗设备）恢复交换能力，连续定量地补充至交换水端，从而保证交换柱不间断供水。移动床具有运行流速高、树脂用量小、利用率高、能连续供水、减少设备的备用量等优点。

（5）流动床　流动床离子交换器主要用于软化水处理，也可根据不同工艺要求用于除去水中的阳离子、阴离子。其交换再生清洗工作过程是连续完成的，不需停床再生和清洗，可以连续供水，是一种高效的离子交换处理设备。设备形式可以采用双塔式、三塔式、四塔式等类型。设备材质为不锈钢。流动床目前已广泛应用于各种系统的循环补给水中，此外还用于生活水处理及食品、电镀、医药、化工、印染、纺织、电子等工业水处理行业。

7. 膜处理设备

由于膜分离法无相态变化，分离时节约能源，可连续运行，并且具有操作简单、对水质适应性强等特点，因而被广泛应用到工业废水处理的各个行业中。膜处理是指在某种推动力作用下，利用特定膜的透过性能，达到分离水中离子或分子以及某些微粒的目的。常用的膜处理设备有电渗析装置、反渗透装置、超滤装置以及微孔膜过滤装置等。

（1）电渗析装置　电渗析是一种膜分离过程。电渗析是利用离子交换膜对阳离子、阴离子的选择透过性，以直流电场为推动力的膜分离方法。电渗析设备主体由膜堆、端电极和夹具三大部分组成。电渗析设备主要应用于海水淡化、苦卤水淡化以及各种电镀、化纤等工业废水的处理。

（2）反渗透装置　反渗透装置以膜两侧的静压差为动力，只允许溶剂透过，而截留离子类物质的膜分离装置。按膜元件的不同，反渗透装置可以分为板框式、管式、卷式和中空纤维式等多种形式。其中以卷式反渗透装置和中空纤维式反渗透装置应用较广。反渗透装置主要由反渗透原件、水泵、配电装置及连接管道等组成。

该装置在海水淡化，苦咸水淡化，纯水、高纯水的制备，生活饮用水的深度处理，工业废水、城市污水处理中都有广泛的应用。

（3）超滤装置　超滤装置是一种能够将溶液进行净化分离的膜透过设备，通常截留的溶质相对分子质量在 500 ~ 500000。按工作状态时膜的形状，可以将超滤装置分为框式、管式、卷式和中空纤维式等多种。水质净化工艺中大多采用卷式和中空纤维式两种。

超滤装置的应用很广，无论是在纯水制备工艺中，还是在化工、环保等工业废水的处理中都有广泛的应用。

（4）微孔膜过滤装置　微孔膜过滤装置为内装微孔膜滤芯的密封过滤元体，装置主要由滤器罐体、滤芯、滤芯插座以及相关管线、阀门等组成。该装置适用于化工、食品、饮料、医药、电子等水质深度净化及超纯水终端处理等。

8. 排泥、排砂设备

（1）排泥设备 排泥设备一般用于排除沉积在沉淀池底部的积泥。排出的泥可部分回流或进行脱水进一步处理。排泥设备主要分为刮泥机和吸泥机两种类型。

刮泥机是将沉淀池中的污泥刮到一个集中的部位后排除，多用于污水处理厂的沉淀池排泥。工作原理是刮泥机驱动装置推动工作桥沿池平面旋转，工作桥带动刮臂旋转，固定于刮臂上的刮板将泥由池边逐渐刮至池中心的集泥斗中。刮泥机按照传动方式可分为中心传动式刮泥机和周边传动刮泥机等类型。中心传动式刮泥机多用于圆形沉淀池的排泥，一般用在池径较小的场合。周边传动式刮泥机是一种新型的刮泥机，主要用于辐流式初沉、二沉池的排泥，也可用于浓缩池的排泥。

吸泥机是将沉淀池底部的污泥吸出的机械设备，一般用于给水厂沉淀池和污水处理厂的二沉池，常用的有中心传动吸泥机和周边传动吸泥机两种类型。中心传动吸泥机一般适用于较小的池径，池径小于14m时，采用蜗轮蜗杆传动；池径大于14m时，采用减速机带动回转支承传动。周边传动吸泥机多用于大型辐流式二沉池的排泥，特别适用于密度较小的生物污泥的排除，对水流扰动极小的情况，排泥效果好。周边传动吸泥机有泥量调节阀调节出泥量，适应各种条件下的正常出泥，也可采用虹吸来控制排泥量。

（2）排砂设备 排砂设备主要用于沉砂池的底部排砂，作用是去除水中密度较大的砂、石等一些无机大颗粒。按照集砂方式可以分为刮砂型和吸砂型。

吸砂机主要由行走装置、桁车大梁、吸砂泵等组成。原理是在缓慢行走的行车上装有吸砂泵，用吸砂泵将池底的砂水混合液抽至池外集水渠。砂粒在集水渠进行脱水后再送至盛砂容器并进行外运处理。

刮砂机是在缓慢行走的桁车上设置刮板，用刮板将沉积在池底的砂粒刮到池中心或池边的坑、沟内，在此进行砂水分离。分离后的砂粒送至外盛砂容器并进行外运处理。

9. 撇油撇渣设备

撇油、撇渣设备一般用于沉淀池或气浮池中的浮渣、油污、泡沫的去除。设备一般采用钢制。按运行方式可分为桁车式刮渣（油）机、回转式刮渣（油）机。

桁车式刮渣（油）机主要用于平流式沉淀池中的沉渣、浮油的排除。它是将沉淀于池底的泥渣刮集到池子进水端的沉渣坑内，以便用抓斗或其他清渣设备定期清除，同时将水面浮油等漂浮物刮集到池子的出水端，以供其他的除油设备（如集油管、集油槽、撇油带等）进行除油。系统运行方式为往复运动，维护方便，工作效率高，但故障率也较高。

回转式刮渣（油）机多用于辐流式的隔油池以及沉淀池的浮渣和浮油的去除。回转式刮渣（油）机结构简单，便于操作管理，故障率较低，在水处理工艺中使用广泛。

10. 污泥浓缩脱水设备

（1）浓缩设备 在水处理过程中产生的污泥，一般含水率都很高，有的甚至达到99%以上，且其体积很大。这给污泥的输送、处理带来不便。因此，需要对污泥进行浓缩处理。污泥浓缩的目的是降低含水率，减小污泥的体积。

污泥浓缩机是对污泥进行浓缩的专用设备，污泥浓缩设备是通过对污泥进行缓速搅拌，促使掺夹在污泥中的空气和水分外溢，达到污泥浓缩的目的。除此之外，污泥浓缩机要具有刮泥的作用。

　　浓缩机主要由圆形浓缩池和耙式刮泥机两大部分组成。浓缩池里悬浮于污泥中的固体颗粒在重力作用下沉降，上部成为澄清水，使固液得以分离。沉积于浓缩池底部的污泥由耙式刮泥机连续地刮集到池底中心排出口排出，而澄清水则由浓缩池上沿溢出。

　　浓缩机按传动形式可以分为中心传动式和周边传动式。中心传动浓缩机适用于直径较小的污泥浓缩池，池径一般在 6~18m。周边传动浓缩机适用于直径较大的辐流式污泥浓缩池，池径为 20m 以上。

　　（2）脱水机械设备　污泥浓缩后，含水率仍在 95%~97%，体积仍然很大。为了综合利用和最终处理，还需要对污泥进行脱水处理。目前应用较多的是污泥机械脱水设备。污泥机械脱水是以过滤介质两面的压力差作为推动力，使污泥水分被强制通过过滤介质形成滤液；而污泥固体颗粒则被截留在介质上形成滤饼，从而达到脱水的目的。目前应用较为广泛的污泥机械脱水设备主要有真空过滤机、板框压滤机、带式压滤机、离心脱水机等类型。

　　真空过滤机可用于经预处理后的初沉池污泥、化学污泥及消化污泥等的脱水。它的特点是能够连续生产，运行平稳，可自动控制。主要缺点是附属设备较多，运行工序较复杂，运行费用较高。

　　板框压滤机构造简单，过滤推动力大，适合于各种污泥的处理，但不能连续运行。板框压滤机可以分为人工板框压滤机和自动板框压滤机两种。人工板框压滤机，劳动强度大，效率低，有被淘汰的趋势。自动板框压滤机自动化程度高，效率高，劳动强度低。自动板框压滤机有垂直式与水平式两种。

　　带式压滤机由滚压轴及滤布带组成，它的脱水原理是把压力施加在滤布上，用滤布的压力和张力使污泥脱水，不需要真空或加压设备，因而动力消耗小，系统可以连续生产。这种脱水方法目前应用最为广泛。

　　离心脱水机是依靠污泥颗粒的重力，作为脱水的推动力，推动的对象是污泥的固相，离心力的大小可控制，可以比重力大几百倍甚至几万倍。离心脱水机可连续生产、操作方便、可自动控制、卫生条件好，但污泥的预处理要求较高。按分离速度的大小，离心脱水机可以分为高速离心机、中速离心机、低速离心机。按几何形状不同可分为转筒式离心机（包括圆锥形、圆筒形、锥筒形三种）、盘式离心机、板式离心机等。污泥脱水常用的是低速锥筒式离心机。

　　11. 气浮设备

　　气浮设备是向水中加入压缩空气，使空气以高度分散的微小气泡形式进入水中，从而实现固液分离的水处理设备。按照产生气泡方式的不同，气浮设备可以分为微孔布气气浮设备、压力溶气气浮设备和电解凝聚气浮设备等类型。

　　（1）微孔布气气浮设备　微孔布气气浮设备的工作原理是利用机械剪切力，将混合于水中的空气破碎成微小气泡，从而进行气浮处理。按照破碎方式的不同，微孔布气气浮设备又可分为水泵吸水管吸气气浮、扩散曝气气浮、射流气浮和叶轮气浮四种类型。处理水量不大并且污染物浓度高的废水适合采用此类气浮设备。

　　（2）压力溶气气浮设备　压力溶气气浮设备有两种类型，即加压溶气气浮设备和溶气真空气浮设备。溶气真空气浮设备受设备真空度的影响，析出的微小气泡数量有限，且构造复杂，目前已呈现出被淘汰的趋势。加压溶气气浮设备目前应用较为广泛，它是利用水泵将部分气浮出水提升到溶气气罐，加压到 0.3~0.5MPa，同时注入压缩空气使之过饱和，然后瞬间减压，骤然释放出大量微细气泡。加压溶气气浮设备水中的空气溶解度大，可满足不同要求的固液分离，气浮处理效果较好，多用于工业废水的处理。

加压溶气气浮设备由空气饱和设备、空气释放设备、气浮池等组成。其基本工艺流程有全溶气流程、部分溶气流程和回流加压溶气流程三种。溶气方式可分为水泵吸水管吸气溶气方式、水泵压水管射流溶气方式和水泵-空压机溶气方式三种。

（3）电解凝聚气浮设备　电解凝聚气浮设备是利用不溶性阳极和阴极直接电解废水，靠电解产生的氢和氧的微小气泡将已絮凝的悬浮物质载浮到水面之上，从而达到分离的目的。

电解产生的气泡尺寸远远小于溶气气浮法和布气气浮法，且不产生湍流。电解气浮法除用于固液分离外，还有降低 BOD、氧化、脱色和杀菌作用。电解气浮法的优点是对水质负荷的变化适应能力强，设备占地面积小，生成的污泥量少，不产生噪声。但目前存在着电能消耗以及极板消耗较大，运行费用较高的问题。

电解气浮装置可以分为竖流式和平流式两种，目前多用于去除细分散悬浮固体和乳化油。

12. 除氟设备

控制水中氟化物含量，在饮用水卫生方面有着重要意义。长期摄入过量的氟可能会导致慢性中毒，轻者牙齿产生斑釉，关节疼痛，重者骨骼发育受到影响，甚至丧失劳动力。

目前的除氟，多采用吸附过滤法，所采用的装置主要为除氟过滤器和 SY 型含氟水处理装置。

除氟过滤器由砂滤柱、炭柱、除氟吸附柱、再生液箱等组成。整个设备紧凑，使用方便。系统采用活性氧化铝吸附剂进行除氟处理。为了同时去除水中的有害离子和有机杂质，在活性氧化铝滤柱前后各设一个活性炭滤柱，并在活性炭柱前后装有压力式石英砂过滤柱，作为除氟的前处理。整个系统的运行过程为封闭式。除氟吸附器可用于含氟地下水或含氟城市给水的饮水除氟净化以及除重金属离子。

SY 型含氟水处理装置由除氟罐、进出水装置、反冲洗装置及再生装置等组成，同样采用活性氧化铝吸附剂进行除氟处理，以氢氧化钠再生剂恢复吸附剂的除氟性能。整个系统结构简单、合理，吸附剂的再生废水进行专门处理，避免了二次污染。SY 型含氟水处理装置主要适用于农村含氟地下水的饮用水除氟净化处理。

13. 除铁、锰设备

我国有很多地区的地下水中铁和锰的含量较高，超过或大大超过了生活饮用水卫生标准和工业用水标准。因此必须对铁、锰含量较高的地下水进行除铁、锰处理。

除铁、锰方法较多，使用较为广泛的是利用曝气进入水中的溶解氧作为氧化剂，依靠有催化作用的锰砂滤料对低价铁、锰进行离子交换吸附和催化氧化，达到除铁、锰的目的。

除铁、锰的装置主要有压力式除铁、锰装置和 CTM 型除铁、锰过滤器。

压力式除铁、锰装置是利用曝气接触氧化法除铁。装置主要由过滤器、配水系统、排水系统等组成，适合于铁浓度不大于 10mg/L，锰浓度不大于 1.5mg/L，pH 值不低于 6.0 的地下水处理。对原水中铁、锰浓度大于 10mg/L（铁）和 1.5mg/L（锰）时，可以根据水质，采用多级串联除铁、锰工艺。图 6-15 所示为过滤除铁罐。

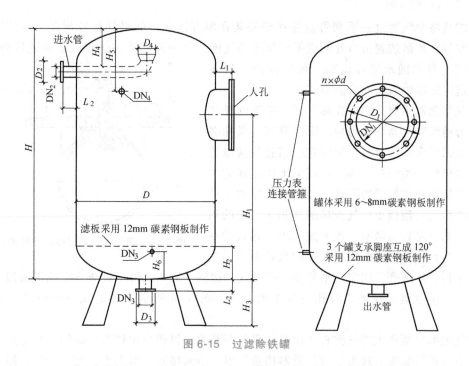

图 6-15　过滤除铁罐

CTM 型除铁、锰过滤器是采用接触氧化法，即采用射流器向深井水泵吸入口加入空气，经水气混合后，水中二价铁、二价锰即被氧化成三价铁、三价锰和四价锰，在经过过滤器内滤料（锰砂或石英砂）的过滤吸附，三价铁、三价锰和四价锰被截留在过滤层中，从而达到除铁、除锰的目的。

CTM 型除铁锰过滤器适用于中、小城镇及农村供水；工矿企业自备水源的地下水除铁处理。对于源水铁浓度小于 10mg/L，pH 值不低于 6.0 的地下水有较好的处理效果。当水中铁浓度大于 10mg/L，锰浓度大于 1mg/L 时，可将单级除铁除锰过滤器改为双级除铁除锰过滤器，即可满足处理要求。如果原水 pH 值较低，可在充氧工序中加入石灰乳溶液，以提高过滤器的除铁、除锰效果。

6.3.2　生化处理设备

在水处理工艺中，生化处理设备是指通过生物氧化作用去除水中的某些污染物质或承担整个水处理工艺中的某一特定任务的设备。在水工艺中，常用的生化处理设备主要有以下几种。

1. 曝气设备

利用好氧微生物处理污水的方法，是生物处理法中常用的一种。

曝气的作用是向活性污泥反应器提供足够的溶解氧，并使活性污泥与水充分混合、接触。为了保证好氧微生物的处理效果，曝气池混合液中要有足够的溶解氧。保持曝气池中的溶解氧浓度的设备，就是曝气设备。其性能的好坏直接影响处理效果、处理池的占地面积、投资成本和运行费。

按照曝气方法的不同，可以分为鼓风曝气和机械曝气两大类。

（1）鼓风曝气　鼓风曝气设备由空气压缩机、曝气扩散装置和一系列联通的管道组成。

空气压缩机将空气通过一系列管道输送到安装在曝气池底部的曝气扩散装置，经过扩散装置，使空气在扩散装置出口处形成不同尺寸的气泡。气泡尺寸取决于曝气扩散装置的形式。气泡经过上升和随水循环流动，最后在液面处破裂，在这一过程中氧向混合液中转移。

曝气扩散器主要分为微孔曝气器、中气泡曝气器、水力剪切曝气器和水力冲击曝气器等。微孔曝气器多是采用多孔性材料，如陶粒、粗瓷等掺以适当的酚醛树脂一类的黏合剂，在高温下烧结成为扩散板、扩散管及扩散罩的形式。微孔曝气器的主要特点是产生的气泡微小，气液接触面积大，氧的利用率高；缺点是容易堵塞，压力损失大，送入的空气应先通过预处理。目前应用较多的微孔曝气器主

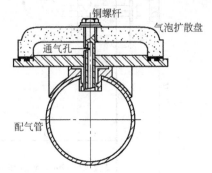

图 6-16　固定式钟罩型微孔空气扩散器

要有扩散板、扩散管、固定式平板型微孔空气扩散器、固定式钟罩型微孔空气扩散器、膜片式微孔空气扩散器、摇臂式微孔空气扩散器等。图 6-16 所示为固定式钟罩型微孔空气扩散器。

中气泡曝气器产生的气泡直径比微孔曝气器要大，目前应用较为广泛的类型是穿孔管和网状膜空气扩散装置。这类空气扩散器构造简单，不易堵塞，阻力小，布气均匀，便于维护管理，氧的利用率较高。

水力剪切曝气器是利用装置本身的构造特征，产生水力剪切作用，在空气从装置吹出之前，将大气泡切割成小气泡。目前在我国使用的属于此种类型的曝气器有：倒盆式曝气器、固定螺旋式曝气器和金山型曝气器等。

水力冲击曝气器目前应用较多的主要是射流曝气器。射流式曝气器是利用水泵打入的泥水混合液的高速水流的动能，吸入大量空气，泥、水、气混合液在喉管中强烈地混合搅动，使气泡粉碎成雾状，进而被压缩并转移至混合液中。这类曝气器的动力效率不高，但氧的转移效率可以达到 20% 以上。

（2）机械曝气　机械曝气是利用安装在水面的叶轮在动力的驱动下高速旋转，强烈地搅动水面，使污水液面流动更新，同时产生的负压区吸氧及水跃而达到充氧、混合的效果。

按照传动轴的安装方向，机械曝气器可以分为竖轴（纵轴）式机械曝气器和卧轴（横轴）式机械曝气器两类。

1）竖轴式机械曝气器又称竖轴叶轮曝气机，在我国应用比较广泛，常用的有泵型、K型、倒伞型和平板型四种，如图 6-17 所示。竖轴式机械曝气器构造简单、维护方便，可根据工作需要一池单用或多机联合运行。

2）卧轴式机械曝气器目前应用较多的主要有转刷曝气器和盘式曝气器两种。

转刷曝气器主要由电动机、减速装置及固定在轴上的曝气转刷等组成。转轴带动转刷转动，搅动水面形成水花，空气中的氧通过气液界面转移到水中。转刷曝气器主要用于氧化沟，它具有负荷调节方便、维护管理容易、动力效率高等优点。

盘式曝气器主要由曝气转盘、水平轴及两端滚动轴承、减速机和电动机组成。主要用于氧化沟中混合液的充氧、混合和推流。适用于城市污水、各类工业废水采用氧化沟工艺的污水处理工程。

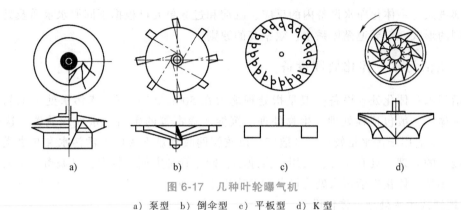

图 6-17　几种叶轮曝气机

a) 泵型　b) 倒伞型　c) 平板型　d) K 型

2. 生物转盘

生物转盘是由盘片、接触反应槽、转轴及驱动装置组成。盘片串联成组，中心贯以转轴，转轴两端安设在半圆形接触反应槽两端的支座上。转盘面积的 40% 左右浸没在槽内的污水中，转轴高出槽内水面 10~25cm。

转盘以较低的线速度在充满污水的接触反应槽内转动。转盘交替和空气与污水相接触。在经过一段时间后，在转盘上附着一层栖息着大量微生物的生物膜。微生物的种属组成逐渐稳定，其新陈代谢功能也逐步地发挥出来，并达到稳定，污水中有机污染物为生物膜所吸附降解。

生物转盘一般可分为单级单轴、单轴多级和多轴多级等。级数多少主要根据污水的水质、水量、处理水应达到的程度以及现场条件等因素决定。对城市污水多采用四级转盘进行处理。

6.4　水处理一体化设备

6.4.1　小型一体化净水设备

小型一体化净水设备是以地面水为水源，集反应、沉淀、过滤设备于一身，可用于水量较小，远离城市供水系统的区域进行给水处理。要求进水悬浮物浓度不大于 100mg/L。一体化净水设备通常为钢制，平面形状可为圆形、矩形、椭圆形等，高度取决于工艺布置。没有固定规格，尺寸取决于需要处理水量的大小。工艺流程如图 6-18 所示。

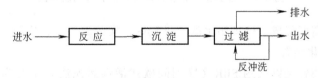

图 6-18　小型一体化净水设备工艺流程图

处理水进入小型一体化净水处理设备后，原水、化学药剂和活性泥渣在反应区进行混凝反应，形成了矾花，在滤层中被截留而分离，清水则由净水器供出，泥渣则经浓缩后排走。

当过滤层由于污物的增多而使过滤损失增大时，应该对滤层进行反冲洗。反冲洗的水从滤层底部进入。一体化净水设备内的反应、沉淀和过滤单元可根据不同原水水质及处理水量采用不同的形式，但要遵循体系小、效率高的原则。

6.4.2 生活污水一体化处理设备

生活污水一体化处理设备一般是指处理能力在 $500\mathrm{m}^3/\mathrm{d}$ 以下，集污水处理工艺各部分功能于一体，一般包括预处理、生物处理、沉淀、消毒等的生活污水处理装置。这种装置（设备）主要适用于污水量较小、分散广、市政管网收集难度大的生活污水和与之类似的有机工业废水的处理，具有经济、实用、占地小、操作管理方便等特点，是城市污水处理系统的补充。小型一体化生活污水处理设备主要有以下三种。

1. 地埋式污水处理一体化设备

地埋式污水处理一体化设备是以 A/O 生化工艺为主，集生物降解、污水沉降、氧化消毒等工艺于一体的生活污水及类似生活污水的工业废水处理设备。地埋式生活污水处理设备结构紧凑、占地少，全部设置于地下，运行经济，抗冲击负荷能力强，处理效率高，管理维修方便。

该一体化设备适用于住宅小区、医院疗养院、办公楼、商场、宾馆、饭店、机关、学校、部队、水产加工厂、牲畜加工厂、乳品加工厂等生活污水和与之类似的工业有机废水，如纺织、啤酒、造纸、制革、食品、化工等行业的有机污水处理，主要目的是将生活污水和与之相类似的工业有机废水处理后达到回用水质要求，使废水处理后资源化利用。

2. 压力式一体化污水处理装置

压力式一体化污水处理装置通常为钢制容器，平面形状为长方形居多。该装置是将调节池、生化反应池、沉淀池、污泥池以及消毒系统集中在一个设备中。其工艺流程如图 6-19 所示。图中点画线内为压力式一体化污水处理装置。

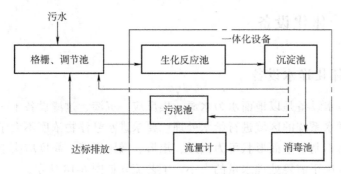

图 6-19　压力式一体化污水处理装置工艺流程图

该一体化装置高度集成，处理污水的效果较好，实际应用比较广泛。

3. 间歇式一体化装置

间歇式一体化装置是以采用 SBR（序列间歇式活性污泥法）工艺为基础，将曝气、反应、沉淀、排水、闲置这些单元操作按时间顺序在同一个反应池中反复进行。目前应用较多的一体化设备为 DAT-IAT 污水处理一体化设备。

DAT-IAT 污水处理一体化设备是采取 DAT-IAT 工艺，即利用单一 SBR 池实现连续运行的新型装置，其主体构筑物由需氧池（DAT）和间歇曝气池（IAT）组成，如图 6-20 所示。

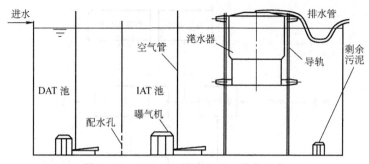

图 6-20　DAT-IAT 污水处理一体化设备

该装置既有 SBR 法的灵活性，又具有传统活性污泥法的连续性和高效性。运行时，DAT 连续进水，连续曝气，其出水进入 IAT，在此可完成曝气、沉淀、滗水和排出剩余污泥工序，是 SBR 的又一变型。

6.4.3　工业废水一体化处理设备

随着工业的发展，工业废水的治理也成为摆在人们面前的一个尤为重要的问题。尤其是在石油化工、轻工纺织、制药、食品和造纸等行业中，所排放的废水具有成分复杂、种类多、COD 浓度较高、可生化性差和有毒有害等特点。因此，必须寻求工业废水的最佳处理方法。

近年来，国内工业废水一体化处理设备在研究上取得了很大的成绩。在不同行业，都开发出了相应的一体化设备。本节将简单介绍 FLY-1 型一体化净水设备以及洗酸废水一体化处理设备。

1. FLY-1 一体化净水设备

FLY-1 型一体化净水设备将网格絮凝、斜板沉淀、非溢流滤池等技术有机地集合在一起，其工艺流程如图 6-21 所示。

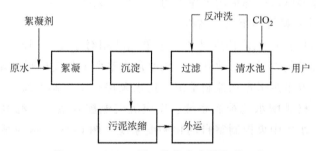

图 6-21　FLY-1 型一体化净水器处理工艺

该装置可广泛应用于多个行业的工业废水处理中，并具有出水水质稳定、占地面积较小、造价低、能耗低、操作简单等一系列优点。

2. 洗酸废水一体化处理设备

在冶金等行业，来源于电镀、冶金加工件的预处理工段的洗酸废水具有很强的腐蚀性，影响生态平衡，若不经过处理直接排放会严重影响周围环境。洗酸废水一体化处理设备在洗酸废水处理过程中广泛应用。它是由中和、氧化、沉淀和过滤四部分组成，其工艺流程如图 6-22 所示。

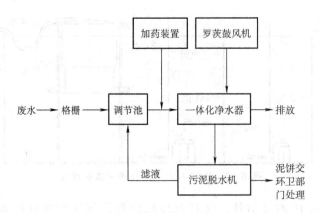

图 6-22 洗酸废水一体化处理工艺流程

工业废水一体化处理设备随着工业技术的进步，逐渐趋于专业化和成套化。但是，目前国内设备的机、电、仪一体化程度较低，限制了设备向高科技方向发展。

6.5 水厂自动控制系统

6.5.1 给水厂自动控制系统

1. 给水厂自动控制系统的作用

给水厂的自动控制系统，会使水厂的运行管理更加科学合理，是给水厂工作稳定、可靠和水质优良的重要保证，同时也降低了能耗和药耗，提高劳动生产效率，是给水厂发展的方向。为保证供水系统的安全可靠运行，达到优质供水节能降耗的目的，推进城镇供水事业的现代化进程。目前很多给水厂都采用了先进的自动控制系统。

2. 给水厂自动控制系统的组成与结构

给水厂（自来水厂）的工艺特点是各工艺单元既相对独立，同时各单元之间又存在一定的联系。正因为各工艺单元相对独立，因此通常将整个工艺按控制单元划分，主要包括以下几个组成部分，即取水泵房自动控制系统、送水泵房自动控制系统、加矾自动控制系统、加氯自动控制系统、格栅配水池控制系统、反应沉淀池控制系统、滤池气水反冲洗控制系统、配电控制系统、水厂中央控制室自动化调度系统。图 6-23 所示为某城市给水处理厂自动控制系统框图。

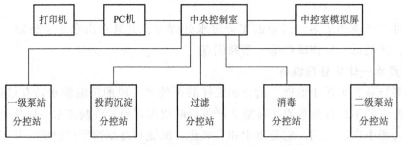

图 6-23 某城市给水处理厂自动控制系统框图

目前给水处理厂的自控系统通常设立三级控制层：就地手动控制、现场监控和远程监控。三级控制层存在如下关系：给水处理厂中央控制室 PLC 可通过各现场分控站 PLC 直接控制有关设备；如果中央控制室 PLC 或局域网络发生故障，不会影响各现场分控站的控制功能；如果 PLC 网络中某个分控站发生故障，操作员可以通过就地控制箱对设备进行控制。设立三级控制可以提高给水厂安全运行的可靠性，保证城市供水的安全。

6.5.2 污水处理厂自动控制系统

1. 污水处理厂自动控制系统的作用

城市污水处理厂自动控制系统，能够使管理者及时掌握和了解污水处理厂各工艺流程的运行工况、工艺参数的变化及大小，它为优化各工艺流程的运行，保证出水水质，降低处理成本，提高运行管理水平，使水厂长期正常稳定地运行，取得最佳效益提供可靠保证。

2. 污水处理厂自动控制系统的组成与结构

城市污水处理厂自动控制系统通常按污水处理厂生产工艺流程的特性，可划分为三个子系统：机械处理部分、生化处理部分和污泥处理部分。

1) 机械处理自动控制系统完成对进水泵、粗细格栅、砂水分离器、空压机等的状态监控，实施泵与阀门联动、备用泵轮换等控制操作。

2) 生化处理自动控制系统完成对处理工艺参数的监测控制，如对化学含氧量（COD）、阀门开度、pH 值等参数的测控。对曝气沉砂池、搅拌设备、射流泵、排水设备、污泥回流泵、鼓风机等进行操作控制，以满足对处理出水水质的要求。

3) 污泥处理自动控制系统监测控制剩余污泥泵、污泥浓缩池、污泥匀质池和污泥脱水机及干燥设备的运行参数和状态。图 6-24 所示为某污水处理厂自动控制系统配置图。

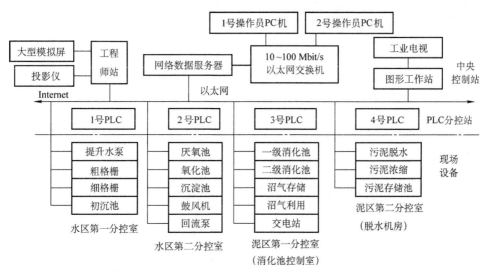

图 6-24 某污水处理厂自动控制系统配置图

通常整个污水处理厂自动控制系统从结构上分为三级：中央控制站为第一级，主要完成所有污水处理设备的集中控制和数据汇总管理，并给管理员提供操作参考，同时能对现场各个设备进行操作；PLC 分控站为第二级，主要完成数据采集，并根据给定或反馈信号进行运算，对现场设备进行控制，同时向中央控制站提供监控数据；各现场设备为第三级，主要用于数据测量和执行动作，并能在现场进行手动操作。

思考题与练习题

1. 简述给水排水工程常用的阀门及作用。
2. 按作用原理，水泵可分为哪几类？
3. 给水厂自动控制系统通常有哪些控制单元？
4. 污水处理厂自动控制系统从结构上可以分为哪几级？

第7章
给水排水工程施工与经济

7.1 概述

给水排水工程施工是研究如何有效地建造水工程构筑物、管道、设备的理论、方法和施工机具的应用性学科。主要包括三部分内容：给水排水工程构筑物施工技术、给水排水管道施工技术与常用设备安装、给水排水工程施工组织。

水工程经济是运用工程学和经济学的方法，在有限资源条件下，对给水排水工程多种可行方案进行评价和决策，最终确定满意方案的新型学科。其内容主要包括：工程经济学基础、水工程建设项目估算、水工程经济分析与评价等。

7.2 给水排水工程构筑物的施工技术

7.2.1 土石方工程

土石方工程是给水排水工程施工中的主要项目之一，土方开挖、填筑、运输等工作所需的劳动量和机械动力消耗很大，往往是影响施工进度、成本及工程质量的主要因素。包括以下内容。

1. 场地平整

场地平整首先是按设计的要求和现场的地貌情况，进行土石方量的计算，编制土方的平衡调配（对挖土、填土、堆弃或移动之间的关系进行综合协调，以确定土方调配数量及调配方向，目的是使土方运输量或土方运输成本最低）图表，然后利用施工机械或人工方式进行土方的平衡调配施工。当需要回填土时，还要注意对回填土的选择与填筑，要保证回填土的密实度要求。

2. 土石方开挖

土石方的开挖，首先须确定基坑边坡的适当坡度及开挖的断面形式，并计算开挖的土方量；然后选择开挖方法。开挖方法有两种，大面积平整时常采用机械开挖；小面积场地平整时常采用人工开挖。在土石方开挖施工中，由于处理不当，常会发生边坡塌方、滑坡、流沙、涌水等现象，所以特别要注意安全，尤其是采用人工方式开挖基坑时。

3. 沟槽及基坑的支撑

支撑是防止沟槽土坍塌的临时性挡土结构，由木材和钢材制成。支撑设置与否应根据土质、地下水情况、槽深、槽宽、开挖方法、排水方法、地面荷载等因素确定。一般情况下，沟槽土质较差、深度较大而又挖成直槽时，或高地下水位砂性土质并采用表面排水措施时，均应设置支撑。设置支撑可以减少挖方量和施工占地面积，减少拆迁，但支撑增加了材料的消耗，也会影响后续工作的操作。支撑结构应满足牢固可靠、安全、用料省、便于支设和拆除及后续工作的操作。

4. 土石方爆破施工

在土石方施工中，爆破技术常用于地下和水下工程、基坑、管沟开挖、坚硬土层或岩石的破除、冻土的开挖和施工现场障碍物的清除等。根据国家有关部门规定，爆破作业必须由具有相关资质的专业人员实施，应特别注意人身、设备及建筑物的安全。

7.2.2 基础处理

在工程实际中，常遇到一些软弱土层，如土质松散、压缩性高、抗剪强度低的软土，松散沙土或未经处理的填土。当在这种软弱地基上直接修建建筑物不可行时，往往需要对地基进行加固处理，提高地基允许承载力，满足荷载的要求。

处理的目的是改善土的剪切性能，提高抗剪强度；降低软弱土的压缩性，减少基础的沉降或不均匀沉降；改善土的透水性，防止砂土液化等。

地基处理的方法有换土垫层、挤密与振密、压实与夯实、排水固结和浆液加固等几类。

7.2.3 施工排水

施工排水包括排除地下自由水、地表水和雨水。在开挖基坑或沟槽时，土壤的含水层被切断，地下水会不断地涌入坑内。雨季施工时，地面水也会流入基坑内。为了保证施工的正常进行，防止边坡坍塌和地基承载力下降，必须做好基坑排水工作。

施工排水方法分为明沟排水和人工降低地下水位两种。

基坑排水往往用于所开挖的基础不深或水量不大的沟槽或基坑。一般是沿坑底的周围开挖排水沟，使水通过排水沟流入集水坑，然后用水泵抽出坑外。

当基坑开挖深度较大，地下水位较高，土质较差等情况下，可采用人工降低地下水位的方法。一般采用井点排水的方法。做法是在基坑周围或一侧埋入深于基坑底的井点滤水管，以总管连接抽水，使地下水位低于基坑底，以便在干燥的状态下挖土，可防止流沙现象和增加边坡稳定，便于施工。

7.2.4 钢筋混凝土工程

钢筋混凝土工程由钢筋工程、模板工程和混凝土工程所组成。

在给水排水工程施工中，钢筋混凝土工程占有很重要的地位，储水和水处理构筑物大多数是用钢筋混凝土建造的，同时，也有相当数量的管渠采用钢筋混凝土结构。

钢筋混凝土由混凝土和钢筋两部分的材料组成，具有抗压、抗拉强度高的特点，适合作为构筑物中的承力部分。混凝土具有可塑性，可以在现场进行整体浇筑，也可以是装配式预制构件。现场进行整体浇筑接合性好，防渗、抗震能力强，钢筋消耗量低，不需大型运输机械等，但模板材料消耗量大，劳动强度高，现场运输量大，建设周期长。预制构件总装配结构则可以实现工厂化、机械化、流水线施工，提高了工程效率，降低了劳动强度，提高了劳动生产率，能更好地保证工程质量，降低成本，加快施工速度，并能改善现场施工管理和组织，为均衡施工提供了有利条件。

1. 钢筋工程

钢筋工程指将混凝土内部的钢筋加工、安装成型的过程。主要是按设计要求的钢筋品种、截面大小、长度、数量以及形状，进行钢筋的制备和安装。钢筋的加工一般先集中在车间进行，然后运至现场安装或绑扎。钢筋的加工包括钢筋的冷处理、调直、除锈、切断、弯曲、连接等工序；钢筋配料是根据施工图中的构件配筋图，分别计算各种形状和规格的单根钢筋下料长度和根数。钢筋焊接方法常用的有对焊、点焊、电弧焊、接触电渣焊、埋弧焊等，可以代替手工绑扎用于钢筋的连接与成型，以改善结构受力性能，节约钢材和提高工效。钢筋的安装应保证钢筋位置正确，与模板安装配合，要保证钢筋有规定厚度的保护层（防止钢筋锈蚀、降低钢筋的抗拉强度）等。

2. 模板工程

在钢筋混凝土结构施工中，模板是保证浇筑的混凝土按设计要求成型并承受荷载的模具。通常是由模型板和支架两部分组成的，模板的支设应满足以下规定：要保证构件各部分尺寸、形状和相互位置正确；要具有足够的强度、刚度和稳定性；构造简单，装拆方便，能多次使用，便于后续工艺的操作；模板的接缝应严密、不漏浆等。

模板按其形式不同，可分为组合式模板、工具式模板、永久式模板等。依其使用材料不同，可分为木模板、钢模板、钢木组合模板、竹木模板、塑料模板、玻璃钢模板和铝合金模板等。

目前国内给水排水工程中已大量推广使用组合式定型钢模板，可使模板制作工厂化、节约材料、提高工作效率等。拆除模板要掌握时机，当混凝土达到需要的强度时可以拆下模板。拆模程序一般是后支先拆，先拆除非承重部分，后拆除承重部分以及遵守自上而下的原则。拆下的模板应清理干净，板面涂油，按规格分类堆放，以利再用。

3. 混凝土工程

混凝土工程包括混凝土的制备、浇筑、运输、养护以及质量检测等。混凝土是由水泥、砂、石、水（根据需要掺入外加剂和矿物质混合材料）组成，按适当比例配合，经均匀拌制、密实成型及养护硬化而成的人造石材。

混凝土中常用的水泥是硅酸盐类水泥。水工程中也常用特种水泥，如快硬硅酸盐水泥、膨胀水泥等。混凝土施工时用的砂、石和水应符合有关规定，不得含有影响混凝土质量的有害杂质。外加剂的掺入能改善混凝土的性能，使之能满足在一些特殊的气候或环境下对混凝土施工材料的需要，加速工程进度。常用的外加剂有早强剂、减水剂、速凝剂、缓凝剂、抗冻剂、加气剂等，视对混凝土的要求而定。

混凝土施工包括混凝土组成材料的拌和、拌合物的运输、浇筑入模、密实成型以及养护等施工过程。最后成为符合设计要求的结构物。

混凝土的质量检查，原则上采用施工全过程检查，即包括材料检查、坍落度检查、振捣检查、混凝土试块检验等。当形成成品后，应对其外观进行检查。对于储水或水处理构筑物，还应进行渗漏、闭气检查等。

7.3 室外管道施工

室外管道施工包括下管、排管、稳管、接口、质量检查与验收等施工项目。如管道需穿越铁路、河流或其他障碍物时，还采用特殊的施工方法。

7.3.1 室外给水管道施工

1. 下管

下管时要考虑管径、管长、管道接口形式、沟深等条件选择下管方法。需要注意的是：在混凝土基础上下管时，混凝土强度必须达到设计强度的 50% 以上。

下管方法有两种：一种为人工下管，另一种为起重机下管。其中人工下管的方法又可分为压绳下管法、后蹬施力下管法和木架下管法。

下管应在管道沟槽开挖、管道地基检查、管材与配件等工作完成后开始作业。

2. 排管

排管是将沟槽内的管道按设计高程与平面位置稳定在地基或基础上。排管应注意以下几点：

1) 对于承插口的管道，应注意排管方向。一般情况下宜使承口迎着水流方向排列，这样可以减少水流对接口填料的冲刷，避免接口漏水。

2) 对口间隙与环向间隙应满足要求。

3) 排管时，当管道出现弯转或遇到地形起伏较大，新旧管道接通或跨越其地下设施等情况时，可采用管道自弯借转。

3. 连接

承插式铸铁管的接口分刚性和柔性两类。刚性接口常用填料为麻-石棉水泥、麻-膨胀水泥砂浆、麻-铅、橡胶圈膨胀水泥砂浆等；柔性接口常用橡胶圈做填料，橡胶圈的截面形状常常与管材配套。承插式的预应力钢筋混凝土管或自应力钢筋混凝土管的接口材料常为圆形橡胶圈。填塞橡胶圈时，应防止橡胶圈受损而漏水。对于无承插口的钢筋混凝土管道，常采用套管连接。钢管和塑料类管道的连接常采用焊接、法兰连接、螺纹连接、热熔压接及粘接等。

4. 附属构筑物施工

为了保证室外给排水管道的正常运行，往往需设置操作及检查等用途的井室，设置保证管道运行的进出水口，设置稳定管道及管道附件的支墩等。这些附属构筑物常常采用砖、石等砌体砌筑而成，部分采用混凝土或钢筋混凝土结构建造。

附属构筑物施工包括阀门井、检查井施工，管道支墩的施工，进出水构筑物施工。

5. 检查验收

管道检查与验收包括以下几个方面：

(1) 给水管道试压　管道试压是给水管道施工质量检查的重要措施，目的是衡量施工质量，检查接口质量，检查管材及管件是否有足够的强度，有无缺陷、砂眼、裂纹等，以达到设计质量要求。

给水管道试压首先要根据规定确定试验压力；然后进行试验前的准备工作，如排气、泡管、装设仪表及加压设备、支设管道后背等；最后进行水压试验，水压试验包括两种试验，其一是管道强度试验，其二是管道严密性试验。

(2) 管道安装偏差检验　包括位置及高程的检验和其尺度的检验。

(3) 管道冲洗与消毒　给水管道正式投入运行前要进行冲洗和消毒。其目的是冲洗管内的污泥、脏水与杂物，杀灭管道内的细菌和病毒，将管内投加的高浓度含氯水冲洗掉。消毒完毕后应进行管内水质检查，直到管道内的水符合卫生要求后给水管道才能投入正常使用。

7.3.2 室外排水管道施工

1. 稳管

稳管是排水管道施工中的重要工序，其目的是确保施工中管道稳定在设计规定的空间位置上，通常采用对中与对高作业。稳管要求达到平、直、稳、实。

2. 接口

排水管道由于一般都是重力流，管内无压力，所以多采用非金属管材。

混凝土管与钢筋混凝土管常用的接口有：水泥砂浆抹带接口、钢丝网水泥砂浆抹带接口、预制套管接口、石棉沥青接口及水泥砂浆承插接口。塑料类排水管的接口形式有：承插橡胶圈接口、承插粘接接口、螺旋连接接口等。接口方法与给水塑料管的接口方法相同。

3. 排水渠道施工

排水管渠系统除了排水渠道外，为保证系统正常进行，还应有检查井、跌水井、排气井、消能井、排除口等。它们一般都由砖、条石、毛石、混凝土或钢筋混凝土等材料制成。其具体做法应按设计要求或标准图集规定进行。

4. 排水管道闭水试验

污水、雨水管道及合流管道，在回填土前应采取闭水法进行严密性试验。其目的是检查管道及接口是否漏水，避免对地下水造成污染。管道严密性试验时，应进行外观检查，不得有漏水现象，且符合实测渗水量不大于排水管道闭水试验允许渗水量规定时，试验合格。

7.3.3 管道的防腐、防震、保温施工

1. 管道的防腐

安装在地下的金属管材均会受到地下水、各种盐类、酸与碱的腐蚀，以及杂散电流的腐蚀，金属管道表面不均匀电位差的腐蚀；设置在地面上的管道同样受到空气等其他条件的腐蚀。预（自）应力钢筋混凝土管铺筑在地下时，若地下水或土壤对混凝土有腐蚀作用，亦会遭受腐蚀。因此，对这些管道应采取防腐处理。

防止管道腐蚀的方法主要分为覆盖式防腐处理和电化学防腐法两类。覆盖式防腐处理用于防止管道外腐蚀和内腐蚀。防止管道外腐蚀通常采用涂刷油漆、包裹沥青防腐层等方法；防止管道内腐蚀一般采用涂刷内衬材料，如水泥砂浆涂衬、聚合物改性水泥砂浆涂衬等。电化学防腐法主要采用排流法、阴极保护法等。

2. 管道的防震

在地震波的作用下，埋地管道易产生沿管轴方向及垂直于轴向的波动变形，其过量变形即引起震害，对管道及管道接口造成破坏。对于这种破坏形式，采用的措施有：

1）管材选择上，应考虑抗震能力强的球墨铸铁管、预（自）应力钢筋混凝土管等。

2）地下直埋式管道力求采用承插式管道，设置柔性接口，以适应管道线路的变形，消除管道应力集中的现象。

3）架空管道应架设在设防标准高于抗震设防烈度的构筑物、建筑物上。

4）提高砌体、混凝土的整体性、抗震性等。

5）过河倒虹管，应尽量采用钢管或安装柔性管道系统。

3. 管道的保温

管道保温的基本原理是在管道内外的温度差较大时，为了保证管内水的温度、减少热损失，在管道的外表面设置隔热层。隔热层由防锈层、保温层、防潮层以及保护层组成。其中，保温层是保温结构的主要部分，所用保温材料及保温层厚度应符合设计要求；防潮层的作用是防止水蒸气或雨水渗入保温层，保证材料良好的保温效果和使用寿命，常用材料有沥青及沥青卷材、玻璃丝布、聚乙烯薄膜等；保护层的作用是保护保温层和防潮层不受机械损伤，增加保温结构的机械强度和防湿能力，常用有一定机械强度的材料做成，同时，在保护层表面应涂刷油漆或识别标志。

7.3.4 管道的特殊施工

当管道需通过障碍物、穿过河流施工时往往采用一些特殊的施工方法，如不开槽施工、架空管线（桥）施工、倒虹管施工和围堰法施工等。

1. 管道的不开槽施工

管道的不开槽施工是指不开挖地表的条件下完成管线的敷设、更换、修复、检测和定位的工程施工技术。具有不影响交通、不破坏环境、土方开挖量小、能消除冬期和雨期对开槽施工的影响等优点，有较好的经济效益和社会效益。

管道不开槽施工，采用较多的是抗压强度高、刚度好的管道，如钢管、钢筋混凝土管等。

地下管道不开槽施工的方法有顶管法、盾构法、牵引法、夯管法等。

2. 管道穿越河流施工

给水排水管道可采用河底穿越与河面跨越两种形式通过河流。

以倒虹管作河底穿越的施工方法可采用顶管法、围堰法、沉管敷设法等。河面跨越的施工方法可采用沿公路桥附设、管桥架设等方法。

7.4 室内管道及设备安装施工

7.4.1 管材与管道连接

在室内给水排水工程中，常用的主要有塑料管、钢管、铸铁管等。对管材的选择应满足管内水压所需的强度、管线上覆土等荷载所需的强度，并保证管内水质等要求。

1. 塑料管

室内给水排水用塑料管有：硬聚氯乙烯塑料管、聚乙烯塑料管、聚丙烯塑料管、聚丁烯塑料管、塑料-金属复合管等。所有塑料管均有各自的配套管件，应用时应正确选用。

塑料管的连接主要有热熔或热风焊接连接、法兰连接、粘接连接、套管连接、承插连接、管件螺纹连接及管件紧固连接等。

塑料管的加工工序为画线→断管→预加工→连接→检验。连接时应注意不同管材的热膨胀量的影响，对于软管或半硬管应在管内用硬管材料强制支承以防管口变形。

2. 钢管

建筑物内部常用的钢管有无缝钢管、焊接钢管、镀锌焊接钢管、钢板卷焊管等。钢管的公称直径常采用 DN15～DN450。

钢管的管道加工主要指切断、调直、弯管及制异形管件等过程。

钢管常用的连接方法有焊接、螺纹连接、法兰连接、沟槽式卡箍连接等。

3. 铸铁管

铸铁管常用在室内排水工程中。铸铁管的加工主要是把一整根管子进行切断。由于铸铁管质硬而脆，切断方法与钢管不同。常用的方法有人力錾切断管、液压断管机断管、砂轮切割机断管和电弧切割断管等。

排水铸铁管常分为排水承插铸铁管和排水平口铸铁管。排水铸铁管的公称直径只有 DN50、DN75、DN100、DN150、DN200 五个规格。排水承插铸铁管常采用承插连接，排水平口铸铁管常采用不锈钢带套连接。

4. 铜管

建筑给水排水用铜管主要是拉制薄壁纯铜管，常用的连接方式有氧气-乙炔气铜焊连接、承插口钎焊连接、法兰连接和管件螺纹连接等。

7.4.2　建筑物内给水管道系统安装

1. 引入管的安装

引入管的位置及埋深应满足设计要求。引入管穿越承重墙或基础时应预留孔洞，引入管与孔洞之间的空隙用黏土填实；穿越地下室或地下构筑物外墙时，应采取防水措施，如采用刚性防水套管或柔性防水套管；引入管的敷设应有不小于 0.3% 的坡度，坡向室外给水管网或阀门井、水表井，以便及时排放存水。

2. 建筑内部管道安装

建筑内部给水管道的敷设，一般分明装和暗装两种方式，应根据建筑对卫生、美观方面的要求选用。

建筑内部给水管道安装位置、高程应符合设计要求。管道安装时若遇到多种管道交叉，应按照小管道让大管道，压力流管道让重力流管道，冷水管让热水管，生活用水管道让工业、消防用水管道，阀件少的管道让阀件多的管道等原则进行避让。

镀锌钢管连接时，对破坏的镀锌层表面及管螺纹露出部分应做防腐处理。热水管道应按设计要求安装管道补偿装置，以弥补管道的热胀冷缩。管道穿过墙、梁、板时应加套管，并在土建施工时预留套管或孔洞。如管道必须穿过伸缩缝、沉降缝和抗震缝，可采用伸缩接头、可曲挠橡胶接头、金属波纹管等来补偿管道变形。

建筑物内部给水管道安装完毕后，并在未隐蔽之前应进行管道水压试验。建筑物内部冷、热水供应系统及供暖系统试压后必须进行冲洗。饮用水管道在使用前应进行消毒，消毒后再用饮用水冲洗，并经有关部门取样检验水质合格后，方可交付使用。

3. 建筑内部消防设施安装

室内消火栓一般采用螺纹连接在消防管道上，并将消火栓装入消防箱内，安装时栓口应朝外，并不应安装在门轴侧。

室外消火栓分地上式和地下式安装，其连接方式一般为承插连接或法兰连接。消火栓位置及规格应符合设计要求。

水泵接合器分地上式、地下式和墙壁式三种安装形式，一般采用法兰连接。地上式水泵接合器应垂直于地面安装。

自动喷水灭火设施管道一般采用螺纹连接、沟槽式卡箍连接或法兰连接。管道安装应有一定的坡度坡向立管或泄水装置。自动喷水灭火系统的控制信号阀前应安装阀门，阀门应有明显的启闭显示。

4. 管架安装

管架分活动管架和固定管架两大类。活动管架支承的管道不允许横向位移，但可以纵向或竖向位移，以接受管道的伸缩或管道位移，一般用于水温高、管径大或穿过变形缝的管道敷设；固定管架支承的管道不允许横向、纵向及竖向位移，用于室内一般管道的敷设。安装有补偿器的管道，补偿器的两侧管道应安装导向管架，使管道在伸缩时不至于偏移中心线。

管架安装时位置应正确、埋设应平整牢固。水平管道安装的管架最大间距应符合有关规定。固定管架安装应保证管架与管道接触面紧密，固定应牢固，滑动支架应灵活。

管架受力部件的规格应符合设计或有关标准图的规定。固定在建筑物结构上的管架，不得影响建筑物的结构安全。

7.4.3　建筑物内排水管道系统安装

建筑物内部排水管道的任务是将室内各用水点所产生的生活、生产污水以及降落在屋面的雨水、雪水，收集后排入室外排水管网。

建筑物内部排水管道系统安装的施工顺序一般是先做地下管线，即先安装排出管，然后安装立管和支管或悬吊管，最后安装卫生器具或雨水斗。建筑物内部排水管道一般采用塑料排水管承插粘结连接，也可采用机制铸铁排水管柔性承插连接、不锈钢带套连接等。这些管道及管件多为较脆的定型产品，所以在连接前应进行质量检查、实物排列和核实尺寸、坡度，以便准确下料。排水管道安装应使管道承口朝来水方向，坡度大小应符合设计或有关规定的要求，坡度均匀、不产生突变现象。

排出管穿过房屋基础或地下室墙壁时应预留孔洞或防水套管。埋地管道的覆土厚度应保证管道不受破坏，并做好防水处理。通气管穿出屋面时，应特别注意处理好屋面和管道接触处的防水。雨水斗与屋面连接处也必须做好防水。雨水排出管上不能有其他任何排水管接入。

建筑内部排水管道安装完毕后必须进行质量检查，检查合格后方可进行隐蔽或油漆等工作。质量检查包括外观检查和灌水试验。排水管道要求接口严密，接口填料密实饱满、均匀、平整。排水管的防腐层应完整。灌水试验应在暗管隐蔽前进行。

7.4.4　室内管道系统附件、仪表及卫生器具安装

1. 阀门的安装

阀门的连接方式一般可分为法兰连接、螺纹连接。对于蝶阀一般采用法兰对夹连接，连接时应使法兰与阀门对正并平行。安装闸阀、蝶阀、旋塞阀、球阀时不考虑安装方向；而截

止阀、止回阀、吸水底阀、减压阀、疏水阀等阀门，安装时必须使水流方向与阀门标注方向一致。螺纹连接安装的阀门一般应伴装活接头，法兰连接、对夹连接等安装的阀门宜伴装伸缩接头，以利于阀门的拆装。阀门安装的位置应符合设计的要求，并应在安装前做强度和严密性试验。

2. 仪表的安装

常用的仪表包括水表、压力表、温度计等。水表应安装在 2℃ 以上的环境中，便于检修、不被曝晒、不受污染、不致冻结和损坏的地方，还应尽量避免被水淹没。水表的连接方式有螺纹连接（≤DN50）、法兰连接（≥DN80）。安装水表时应注意水表上箭头所示方向与水流方向相同，并配以合适的阀门；应保证水表前后有一定长度的直管段；当水表可能发生反转而影响计量和损坏水表时，水表下游侧应安装止回阀。压力表安装时应符合设计要求，安装在便于吹洗和便于观察的地方，并应防止压力表受辐射热、冰冻和振动。温度计应安装在检修、观察方便和不受机械损坏的位置，并能正确代表被测介质的温度，避免外界物质或气体对温度标尺部分加热或冷却；安装时应保证温度计的敏感元件处在被测介质的管道中心线上，并应迎着或垂直流束方向。

3. 卫生器具的安装

卫生器具多采用陶瓷、搪瓷生铁、塑料等不透水、无气孔材料制成，是收集和排除生活及生产中所产生的污水、废水的设备。卫生器具的安装一般应在室内装饰工程施工之后进行。安装前应检查给水管和排水管的留口位置、留口形式是否正确；检查其他预埋件的位置、尺寸及数量是否符合卫生器具安装要求。成排卫生器具安装时其连接管应均匀一致、弯曲形状相同。卫生器具固定及连接完成后应进行试水，并采取保护措施，防止卫生器具损坏或脏物掉入而造成堵塞等。

7.4.5　常用设备及自控系统安装

水工程中所采用的设备及自控系统是给水排水工程重要的组成部分，它的安装质量好坏对整个系统的运行、设备的寿命、管理及维护等诸多方面起着举足轻重的作用。

水工程所采用的设备根据各自的用途大致可分为加压设备、搅拌设备、投药设备、消毒设备、换热设备、过滤设备和曝气设备等。不管哪种设备，在安装前必须按照设计图或设备安装技术说明书，配合土建施工做好预留孔洞及预埋金属件等工作，以便顺利地进行安装。还必须根据说明书了解设备的技术性能、运输、储存、安装和维护要求，使设备发挥最大效益。

1. 水泵安装

水泵的形式种类很多，在给水排水工程中常用的有单级（多级）离心泵、深井泵、潜水泵、污水泵、杂质泵、轴流泵和混流泵等。本节重点介绍离心式水泵和轴流泵的安装。

（1）离心式水泵安装　离心式水泵安装的流程为：水泵基础施工、安装前准备、水泵安装、动力机安装、试运转。水泵基础大多采用混凝土块体基础，基础尺寸必须符合设计图的要求。支模前应确定水泵机组地脚螺栓固定方法，固定方法有一次灌浆法和二次灌浆法两种。浇筑时必须一次浇成、捣实，并应防止地脚螺栓或其预留孔模板歪斜、位移及上浮等现象发生。安装前的准备工作包括水泵检查、原动机检查、管路检查、混凝土基础检查等内容。机泵安装一般先安装底座，底座与基础之间一般应加垫铁，以增加机组在基础上的稳定性，便于调整底座的水平与标高。底座的加工面应安装水平，使其纵向（轴向）允许误差为：整体安装的水泵≤0.10/1000；解体安装的水泵≤0.05/1000。横向（水泵进出口方向）的允许误差为：整体安装的水泵≤0.20/1000；解体安装的水泵≤0.05/1000。若水泵机组进行减振安装时，必须按设计要求安置减振器或减振垫。水泵安装时应找正，包括水泵中心线找正、水平找正及标高找正。在进行调整时，可用垫片反复调整直至符合要求。最后拧紧水泵与地脚螺栓。然后再用水平尺检查是否有变动，如无变动便可进行电动机安装。

（2）轴流泵安装　轴流泵属大流量、小扬程的水泵，可垂直安装，水平安装，也可倾斜安装，下面仅就立式轴流泵安装方法作简要介绍。立式轴流泵一般是安装在水泵梁上，电动机则安装在水泵上面的地上电动机梁上。安装前应对照水泵样本，对水泵梁与电动机梁的标高和各自的地脚螺栓孔的间距尺寸、相对位置关系进行全面检查，并检查泵轴、传动轴、橡胶轴承。安装程序包括：水泵就位→电动机座就位→校准水平→校正传动轴与泵轴孔的同心度→泵体安装→传动轴安装→灌填水泥砂浆及电动机安装。

2. 电动机安装

电动机的安装以已经安装好的水泵为标准。由于传动方式的不同，对电动机安装的要求也不同。采用联轴器直接连接传动时，电动机安装时要求水泵轴与电动机轴在一条水平直线上（即同心），同时两联轴器之间应保持一定的间隙，就是使两联轴器的轴向间隙和径向间隙符合要求。在保证上述要求基础上，对电动机进行安装，安装方法同水泵。电动机与水泵采用带传动时，电动机安装除了要求水平外，主要是电动机与水泵的轴线要互相平行，两带轮的宽度中心线在一条直线上，高程等安装应符合规定要求。

3. 进出口管道及附属设备安装

（1）进水管道安装　离心泵的安装位置高于吸入液面时，水平吸水管的安装应保证在任何情况下不能产生气囊，管路水平方向的中心线必须向水泵方向上升。水泵吸水管路的接口必须严密，不能出现任何漏气现象。连接一般采用法兰连接或焊接连接，管道可用钢管或铸铁管。

（2）压水管道安装　压水管道安装应做到定线准确，管坡满足设计要求。管道连接一般采用法兰连接以便装拆、维修，管道可用钢管或铸铁管。敷设在地沟内的管道，法兰外距沟壁与顶盖不得小于0.3m。

（3）引水系统的安装　引水箱及连接管道应严密，在负压下不漏气。真空系统的管道安装应平直、严密，不漏气。

（4）附属设备安装　在水泵壳的顶部应安装放气阀，供水泵启动前充水时排气用。在水泵压水管上应安装止回阀、闸阀、压力表等；在水泵吸水管上按设计要求安装真空表、闸阀等。

在水泵机组安装完毕后，机组应在设计负荷下连续试运转不少于2h。

4. 其他设备安装

（1）通风机安装　通风机安装前应根据设备清单核对其规格、型号和零配件是否齐全。冷却塔上的风机，由于叶片尺寸大，往往采用现场组装，传动方式有直接传动和间接传动。一般中、小型风机都是整机安装，电动机与通风机之间有直接传动和间接传动。

（2）空气压缩机安装　空气压缩机整机安装方法大致与水泵的安装方法相同。小负荷试运转时持续 4~8h。有负荷试运转时，应逐渐增加排气压力，逐渐达到设计工况，连续负荷试运转的时间不应小于 24h。

5. 自动控制系统安装

（1）仪表安装 水工程常用的探测器和传感器往往都结合组装成取源仪表。常用的取源仪表有流量计、液位计、压力计、温度计、浊度仪、余氯仪等。取源仪表的取源部件安装可与工艺设备制造、工艺管道预制或管道安装同时进行。取源仪表一般安装在测量准确、具有代表性、操作维修方便、不易受机械损伤的位置上。需观察的仪表安装高度宜在地面以上 1.2~1.5m 处，传感器应尽可能靠近取样点附近垂直安装。室外安装时应有保护措施，防止雨淋、日晒等。取源仪表的接线端子及电器元件等应有保护措施，防止腐蚀、浸水；连接应严密，不能疏漏。

（2）自动控制设备安装 自动控制设备安装前，应将各元件可能带有的静电用接地金属线放电。安装地点及环境应符合设计或设备技术文件的规定。一般安装地点应距离高压设备或高压线路 20m 以上，否则应采取隔离措施。对于输入负载 CPU 和 I/C 单元等应尽可能采用单独电源供电。

（3）控制电缆敷设 控制电缆敷设前应按设计要求选用电缆的规格、型号，必要时应进行控制电缆质量检验，以防输送信号减弱或外界干扰。控制电缆应与电源电缆分开，且电源电缆应单独设置。控制电缆敷设时，每一段电缆的两端必须装有统一编制的电缆号卡，以利于安装接线和维护识别。每一电缆号在整个系统中应是唯一的。接线应牢固，不允许出现假接现象。

（4）自动控制系统的调试 安装后应进行调试，调试前应对所有前阶段的工作进行检查，完毕后进行模拟测试。自动控制系统软件的调试必须在所有硬件设备调试完毕的基础上进行，首先进行子系统调试，最后进行总体调试。

7.5 给水排水工程施工组织

7.5.1 施工组织与设计

施工组织管理是按照施工生产的客观规律，运用先进的生产管理理论和方法，合理地计划与组织人力、物质、机械、技术与资金，有效地利用时间和空间，科学地安排施工顺序，合理地拟订施工方案，保证工程施工的全过程达到优质、低耗、高效和安全的目标。

1. 施工组织管理的主要内容

按照工程施工程序，施工组织管理的内容主要包括：落实施工任务、进行施工准备、按计划组织施工、竣工验收及交付使用等。

2. 施工组织设计

施工组织设计是由施工单位编制的，用来指导拟建工程进行施工的技术经济文件，是施工技术组织准备工作的重点和加强管理的重要措施。其主要任务是：规定最合理的施工程序，正确制定工程进度计划，确定合理的施工方法和技术组织措施，做到均衡施工，合理布置施工现场，拟订保证工程质量、降低成本、确保施工安全和防火的各项措施等。其主要内容包括：工程概况和特点分析，施工方案选择，施工进度计划编制，各种资源需要量计划编制，施工（总）平面图编制等。

7.5.2 工程项目建设管理

工程建设项目管理是以工程建设项目为对象，在既定的约束条件下，为最优地实现工程建设项目目标，根据工程建设项目的内在规律，对从项目构思到项目完成（指项目竣工并交付使用）的全过程进行的计划、组织、协调和控制，以确保该工程建设项目在允许的费用和要求的质量标准下按期完成。

工程项目建设管理包括施工企业生产经营管理、工程招标投标、工程建设监理等内容。

1. 工程建设项目的建设程序

一个工程建设项目的建成往往需要经过多个阶段。在工程建设领域，通常把工程建设项目的各个阶段和各项工作的先后顺序称为工程建设项目建设程序。当然，各阶段的划分也不是绝对的，各阶段的分界线可以进行适当的调整，各项工作的选择和时间安排根据特定的项目确定。

在我国，工程建设项目的建设程序习惯上被称为基本建设程序。建设项目按照建设程序进行建设，是建设项目的技术经济规律的要求，也是由建设项目的复杂性所决定的。我国的工程建设项目建设程序分为五个阶段，即投资决策阶段、勘察设计阶段、施工阶段、竣工验收阶段和回访保修阶段。这五个阶段的关系如图7-1所示。

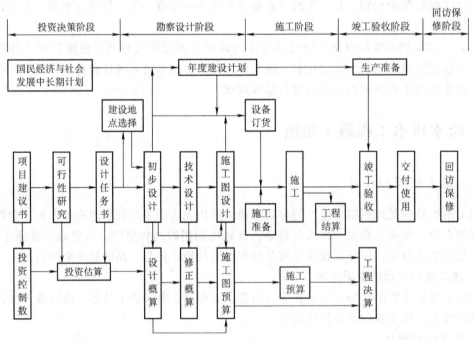

图7-1 项目阶段划分及各阶段主要工作

2. 水工程项目划分

（1）建设项目 建设项目是基本建设单位的简称，一般是指具有计划任务书和总体设计、经济上实行独立核算、管理上具有独立组织形式的基本建设单位。在给水排水工程中通常是指城市与工业区的一项给水工程或一项排水工程。一个建设项目中，可以有几个主要工程项目（或称枢纽工程项目），也可能只有一个主要工程项目。

（2）主要工程项目（或称枢纽工程项目、单项工程）　主要工程项目是指一个建设项目中具有独立的设计文件，竣工后可以独立发挥生产能力或工程效益的工程项目，是建设项目的组成部分，是具有独立存在意义的综合体，是由许多单位工程综合组成的。如给水工程中的取水工程、输水工程，排水工程中的污水处理厂等。

（3）单位工程　单位工程是指具有单独设计，可以独立组织施工的工程。一个单位工程按其构成可以分解为土建工程、设备及其安装工程、配管工程等。如取水工程中的管井、取水口、取水泵房等，排水工程中的排水泵房、排水管道等。每一个单位工程仍然是较大的组成部分，本身由许多单元结构或更小的分部工程组成。

（4）分部工程　分部工程是单位工程的组成部分，是按工程部位、设备种类和型号、使用的材料和工种等的不同做出的分类。如土石方工程、装饰工程、施工排水、管道基础、管道敷设等。

（5）分项工程　通过较为简单的施工过程就可以生产出来并可用适当计量单位进行计算的土建或安装工程称为分项工程。如每立方米砖基础工程、每 10m 某种口径和不同接口形式的铸铁管敷设等。

7.5.3　工程招标、投标与施工合同

工程招标、投标是指对工程施工任务，按照规定的程序，由发包单位邀请各承包单位，在平等条件下参与竞争，以取得工程施工任务的全过程。工程招标投标是国际上广泛采用的达成工程建设交易的主要方式。实行招标投标的目的，在招标（发包）方，是为计划兴建的工程项目选择适当的承包单位，将全部工程或其中某一部分委托这个（些）单位负责完成，并且取得工程质量、工期、造价以及环境保护都令人满意的效果；在投标（承包）方，则是通过投标竞争，确定自己的生产任务和销售对象，使其本身的生产活动得到社会的承认，并从中获得利润。

招标投标的原则是鼓励竞争，防止垄断。《中华人民共和国招标投标法》规定：招标投标活动应当遵循公开、公平、公正和诚实信用的原则。工程施工招标的一般程序如图 7-2 所示，工程施工投标的一般程序如图 7-3 所示。

工程施工合同的签订是将招标确定的各项原则、任务和内容，依据经济合同法及建筑工程承包合同条例，以合同的形式落实到招标单位和中标施工企业双方，规定双方应负的责任和应享受的权利。施工合同的内容由主体（双方的法人或法人代表）、施工合同的依据、客体（工程内容和范围）、具体条款（权利与义务）等组成。

7.5.4　工程建设监理

工程建设监理，是指具有相应资质的监理单位受工程项目建设单位的委托，依据国家有关工程建设的法律、法规，经建设主管部门批准的工程项目建设文件、建设工程委托监理合同及其建设工程合同，对工程建设实施的专业化监督管理。实行建设工程监理制，目的在于提高工程建设的投资效益和社会效益。从事建设工程监理活动，应当遵循"守法、诚信、公正、科学"的准则。

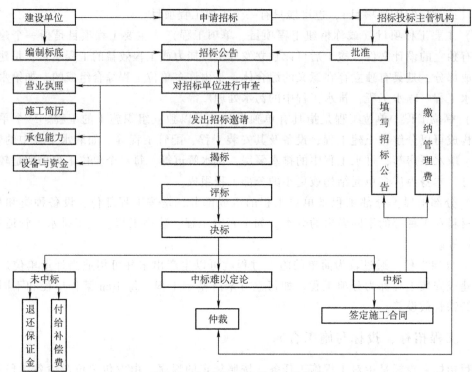

图 7-2　工程施工招标的一般程序

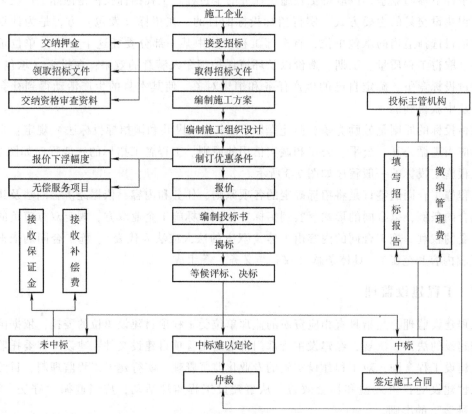

图 7-3　工程施工投标的一般程序

7.6　给水排水工程经济

7.6.1　给水排水工程经济概述

给水排水工程经济是运用工程技术科学和工程经济科学的方法，在有限资源条件下，对多种可行方案进行评价和决策，最后确定最佳方案。

其任务是研究对水工程实践过程中各种技术方案的经济效益进行计算、分析和评价，以求某种技术能够有效地应用于工程实践中，获得更大的效益和利润。

给水排水工程经济研究的对象是水工程项目的技术经济活动全过程，包括水工程项目建设的前期工作、各个阶段的可行性研究、工程设计方案评价、工程实施技术方案对比、项目运行管理的经济效果、水价格制定与评估等方面的经济评价、经济分析。这里所指的项目是指一项任务，它必须具有明确的发展目标，有一定的数量和质量要求，各部分有完整的组织关系，实现目标有确定的期限、确定的投资总额，整个过程是一次性的，如建一座水厂、完成一项科研等。工程项目是指符合项目条件的工程建设。

由于工程技术具有两重性，即技术性和经济性，对于任何一种技术，在一般的情况下，都不能不考虑经济效果，而技术的先进性与经济的合理性之间又存在着一定的矛盾。为了保证工程技术很好地服务于社会，最大限度地满足社会的要求，就必须研究在当时、当地的条件下采用哪一种技术才合适的问题。这个问题显然不是单纯的技术先进与否能够决定的，必须通过经济效果的计算和比较才能解决。

给水排水工程经济是用工程经济学的观点，研究水工程项目的经济性并进行经济评价。包括企业财务评价和国民经济评价，即所谓微观评价和宏观评价。

7.6.2　资金的时间价值与投资方案评价

1. 资金的时间价值

资金的时间价值又称为资金报酬原理，是商品经济中的普遍现象，其实质是资金作为生产的一个基本要素，在扩大再生产和流通的过程中，资金随时间的推移而产生增值。资金的时间价值表明一定数量的资金在不同的时期具有不同的价值，资金必须与时间相结合，才能表示出其真正的价值。因此，资金的时间价值是工程经济分析方法中的基本原理。不论资金的投入方式是什么，资金、时间、利率都是获取利益的三个最关键的因素，缺一不可。对一个投资方案而言，要做出评价，必须同时考虑三者及其之间的关系，即必须考虑资金的时间价值。资金的时间价值一般借助于复利计算来表述。在对投资方案进行经济评价时，若考虑了资金的时间价值，则称为动态评价，若不考虑资金的时间价值，则称为静态评价。

2. 投资方案评价的主要判据

任何一个工程项目或任何一个工程技术方案都可看作一种投资方案。只有技术上可行，经济上又合理的投资方案，才能得以实施。判断方案经济可行性的判据常见的有：静态投资回收期、净现值、内部收益率和动态投资回收期。

所谓静态投资回收期是指投资方案所产生的净现金收入补偿全部投资需要的时间长度（通常以"年"为单位表示），是反映项目投资回收能力的重要指标。当静态投资回收期小于或等于基准投资回收期（指国家或行业部门规定的，投资项目必须达到的回收期标准）时，说明投资方案的经济性较好；反之，则说明方案的经济性较差。这个评价指标的优点是比较清楚地反映出投资回收的能力和速度。投资回收期短，也就是资金占用的周期短，资金周转快，经济效果好。不足是没有考虑投资回收期以后的收益情况。

净现值，简称现值。净现值的经济含义是指任何投资方案（或项目）在整个寿命期（或计算期）内，把不同时间上发生的净现金流量，通过某个规定的利率，统一折算为现值，然后求其代数和。这样就可以用一个单一的数字来反映工程技术方案（或项目）的经济性。如果净现值≥0，说明投资方案的获利能力达到了同行业或同部门规定的利率的要求，方案经济性较好，因而在财务上是可以考虑接受的。如果净现值<0，说明投资方案的获利能力没有达到同行业或同部门规定的利率的要求，方案经济性较差，因而方案在财务上不可取。

内部收益率是一个被广泛采用的投资方案评价判据之一，是指方案（或项目）在寿命期（或计算期）内使各年净现金流量的现值累计等于零时的利率。如果内部收益率大于或等于基准收益率，则说明方案的经济性较好；反之，则方案的经济性较差。

静态投资回收期，因未考虑资金的时间价值，因而是指静态投资回收期。动态投资回收期是指在某一设定的基准收益率的前提下，从投资活动起点算起，项目（或方案）各年净现金流量的累计净现值补偿全部投资所需的时间。在项目方案评价中，动态投资回收期与基准投资回收期相比较，若动态投资回收期小于或等于基准投资回收期，则说明项目的经济性较好。

3. 投资方案的比较

投资方案比较是寻求合理的经济和技术决策的必要手段，也是项目经济评价工作的重要组成部分。在项目可行性研究中，由于技术的进步，在实现某种目标时往往会形成多个方案。因此，必须对提出的各种可能方案进行筛选，并对筛选出的几个方案进行经济计算，再将拟建项目的工程、技术、经济、环境及社会等各方面因素联系起来进行综合评价，选择最佳方案。

（1）投资方案的分类　根据方案间的关系，可以将投资方案分为四种类型：独立方案、互斥方案、从属方案和混合方案。

独立方案，是指方案间互不干扰，即一个方案的执行不影响另一些方案的执行，在选择方案时可以任意组合，直到资源得到充分运用为止。互斥方案，就是在若干个方案中，选择其中任何一个方案，则其他方案就必然是被排斥的一组方案。从属方案，是指接受某个方案以接受另一个方案为前提，则前者为后者的从属方案。混合方案，是指以上三种方案的不同组合方案。

（2）比较原则　投资方案的比较一般应遵守：投资方案间必须具有可比性；动态分析与静态分析相结合，以动态分析为主；定量分析与定性分析相结合，以定量分析为主；宏观效益分析与微观效益分析相结合，以宏观效益分析为主四个原则。

7.6.3　工程项目财务分析

1. 财务分析的目的和作用

财务分析是指在国家现行财税制度和价格体系的条件下，计算项目（或方案）范围内的效益和费用，分析项目（或方案）的盈利能力、清偿能力，以考察项目（或方案）在财务上的可行性。财务分析的作用在于确定拟建项目（或方案）投产后的盈利能力，确定所需的投资额，解决项目（或方案）资金的可能来源，安排恰当的用款计划和选择适宜的筹资方案；权衡国家或地方对于给水排水工程这类公用事业型非盈利项目或微利项目的财政补偿或实行减免税等经济优惠措施，或者其弥补亏损，保障正常运营的措施。

2. 财务分析的内容

（1）基础资料分析　主要是对项目（或方案）的投资估算、资金筹措、成本费用、销售收入、销售税金及附加以及借款还本利息计算表等进行分析计算。

（2）财务盈利能力分析　主要是针对基础报表中的现金流量表、损益表等进行分析，并计算财务盈利能力及评价指标。

（3）财务清偿能力分析　主要是针对基础报表中的资金来源与应用表、资产负债表等进行分析，并计算财务清偿能力及财务比率。

（4）外汇平衡分析　主要是针对基本报表中的财务外汇平衡表进行分析，并计算有外汇收支的项目（或方案）在计算期内各年外汇余缺程度。

3. 项目投资费用

项目投资费用是指建设项目总提交费用，有时也简称为投资、投资费用。它包括固定投资（建设投资、固定资金）和流动资金两部分，是保证项目的建设及生产经营活动正常进行的必要资金。目前，对建设项目总投资的构成采用图 7-4 所示的形式。

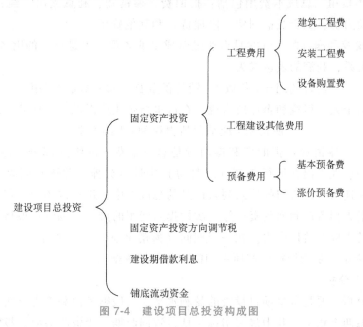

图 7-4　建设项目总投资构成图

4. 资金筹措

建设项目资金筹措方案是在项目投资估算确定的资金总需要量的基础上，按投资使用计划所确定的资金使用安排，进行项目资金来源、筹资方式、资金结构、筹资风险及资金使用计划等工作。给水排水工程建设项目所需的资金总额由自有资金、赠款和借入资金三部分组成。其资金结构包括政府、银行、企业、个体、外商等方面的资金；投资方式包括联合投资、中外合资、企业独资等多种形式；资金来源包括自有资金、拨款资金、贷款资金、利用外资等多种渠道。

自有资金是指企业投资者缴付的出资额，企业有权支配使用、按规定可用于固定投资和流动资金。赠款是指国家及地方政府、社会团体或个人等赠予企业的货币或实物等财产，它可增加企业的资产。借入资金亦指企业向外筹措资金，是以企业名义从金融机构和资金市场借入，且需要偿还的资金。为了让投资者有风险投资的意识，国家对建设项目的自有资金一般规定有最低的数额或比例，而且还规定了资本金筹集到位的期限，并规定在整个生产经营期间内不得任意抽走。

5. 收入、成本和费用

投资项目建成并投入生产经营后，投资者最关心的是尽可能快地收回投资并获取尽可能多的盈利。因此，首先应明确哪些内容以及通过什么途径才能估算出投资的收益。按现行的财务会计制度，给水排水工程单位在生产经营期的收入和利润有销售税金及附加、总成本费用（包括销售费用、销售成本、管理费用和财务费用）和销售利润。

（1）年销售收入　销售收入指企业销售产品或者提供劳务等取得的收入，它是企业生产经营阶段的主要收入来源。

（2）销售税金及附加　销售税金及附加是指企业生产经营期内因销售产品而发生的消费税、营业税、资源税、土地增值税、城市维护建设税和教育费附加等。

（3）总成本费用　总成本费用包括：折旧费、摊销费、利息支出、经营成本（外购原材料、燃料、动力费、工资及福利费、修理费）和其他费用。

（4）所得税及利润分配　利润是企业经营成果的体现，也是重要的财务指标。按收入、成本和费用的关系，利润的表达式为

$$销售利润 = 销售收入 - 销售税金及附加 - 总成本费用$$

所得税包括个人所得税和企业所得税，在这里指企业所得税。其计算公式为

$$所得税 = 应纳税所得税额 \times 所得税率$$

（5）折旧费、摊销费　折旧费和摊销费是总成本费用的组成部分，是通过会计手段，把以前发生的一次性支出在运行年度（或月份）中进行分摊，并逐年回收。折旧费是固定资产在使用寿命期内，以折旧的形式列入产品的总成本中，逐年摊还固定资产投资。

摊销费是指无形资产和递延资产等一次性投入费用的摊销。也就是说将这些资产在使用中损耗的价值转入成本费用中去。在一定期间（摊销年限）平均摊销。

（6）流动资金　是指维持生产所占用的全部周转资金。

6. 盈利能力分析

盈利能力分析主要是考察项目投资的盈利水平。一般财务盈利能力分析采用的评价指标包含静态和动态两个指标。其中静态指标包括投资回收期、投资收益率、投资利润率、投资利税率和资本金利润率；动态指标包括投资回收期、财务净现值和财务内部收益率。

7. 清偿能力分析

项目的清偿能力分析是在盈利能力分析的基础上，进一步对资金来源与资金运用平衡分析、资产负债分析，考核项目各个阶段的资金是否充裕，项目的总体负债水平、清偿长期债务及短期债务的能力，为信贷决策提供依据。

8. 外汇平衡分析

外汇平衡分析涉及收支的项目，要通过财务外汇平衡表，对项目计算期内各年的外汇来源与运用进行外汇平衡分析。

7.6.4　敏感度和风险分析

在给水排水工程经济分析中，一般要对有关数据进行假定。但是，一般情况下，产量、价格、成本、收入、支出、残值、寿命、投资等参数都是随机变量，有些甚至是不可预测的，它们的估计值与未来的实际值，可能有相当大的出入，这就产生了不确定性和风险。不确定性分析和风险分析的基本方法，包括盈亏平衡分析、敏感性分析、概率分析和风险决策分析。

1. 风险因素

因为给水排水工程项目的建设期一般都较长，同时其寿命期也较长，所以在工程项目技术经济分析和评价中，有许多因素将影响到项目的技术经济指标，以及通过这些指标所预期的项目未来的技术经济效果，这些因素称为风险因素。风险因素分为有形风险因素和无形风险因素，或分为项目外部风险因素和项目内部风险因素，还可以分为可预测风险与不可预测风险。

2. 盈亏平衡分析

盈亏平衡分析是在一定的市场、生产能力的条件下，研究成本与收益的平衡关系的方法。对于一个项目而言，盈利与亏损之间一般至少有一个转折点，称这种转折点为盈亏平衡点，在这点上，销售收入与生产支出相等。盈亏平衡分析就是要找出项目方案的盈亏平衡点。一般说来，盈亏平衡点越低，项目实施所评价方案盈利的可能性就越大，造成亏损的可能性就越小，对某些不确定因素变化所带来的风险的承受能力就越强。

盈亏平衡点通常根据正常生产年份的产品产量和销售量、固定成本、可变成本、产品价格和销售税金及附加等数据计算。

3. 敏感性分析

敏感性分析是研究建设项目主要因素发生变化时，项目经济效益发生相应变化的情况，以判断这些因素对项目经济目标的影响程度。这些可能发生变化的因素称为不确定性因素。敏感性分析就是要找出项目的敏感因素，并确定其敏感程度，以预测项目承担的风险。

4. 概率分析

概率分析是通过研究各种不确定因素发生不同幅度变化的概率分布及其对方案经济效果的影响，对方案的净现金流量及经济效果指标做出某种概率描述，从而对方案的风险情况做出比较准确的判断。

7.6.5　国民经济评价

1. 国民经济评价的意义

国民经济评价是采用费用与效益分析的方法，运用影子价格、影子汇率、影子工资和社会折现率等经济参数，计算分析项目需要国民经济付出的代价和对国民经济的净贡献，考察投资行为的经济合理性和宏观可行性。国民经济评价是项目经济评价的核心部分。

2. 与财务评价的关系

国民经济评价和财务评价是互相联系的，既有相同之处，又有区别之处。对于大中型工业项目，一般都要进行两种评价，两种评价相辅相成，缺一不可。两者的共同之处在于：评价目的相同、评价基础相同、基本分析方法和主要指标的计算方法。不同之处在于：评价的角度、费用与效益的含义和范围划分、费用与效益的计算价格、评价依据的主要参数和判据。财务评价中所涉及的费用和效益都是项目内部的直接效果，不包括项目以外的经济效果，所采用的价格是市场预测价格。

3. 国民经济评价指标

国民经济评价一般以经济内部收益率和经济净现值作为主要指标，必要时也可以计算经济净现值率，在项目初始阶段可以计算投资净效益率。

国民经济评价指标包括：经济内部收益率、经济净现值、经济净现值率、投资净效益率、经济外汇净现值、经济换汇成本等。

7.6.6 给水排水工程项目概预算

1. 概算及预算的意义

概算及预算是控制和确定工程造价的文件，是基本建设各个阶段文件的重要组成部分，也是基本建设经济管理工作的重要组成部分。做好建设项目概算及预算工作，对于合理确定与控制工程造价，保证工程质量，发挥工程效益，节约建设资金以及提高企业经营管理水平，具有十分重要的意义。

2. 工程定额

定额是一种标准，是指在一定生产条件下，生产质量合格的单位产品所需要消耗的人工、材料、机械台班和资金的数量标准。工程定额是用于工程项目的预算和概算、确定工程造价、进行工程管理、编制各种业务计划及指导施工、设计、工程项目筹建等工作的定额。它是在劳动定额、材料消耗定额及施工机械使用定额这些基础定额的基础上编制而成的。一般分为：全国统一定额、专业专用定额、专业通用定额、地方统一定额等。

3. 预算费用

建筑安装工程施工图预算造价一般由直接费、间接费、计划利润、税金及定额管理费等组成。

(1) 直接费　直接费是指直接用于建筑安装工程上的有关费用。它是由人工费、材料费、施工机械使用费和其他直接费组成，有时还包括临时设施费、现场管理费。

(2) 间接费　间接费是指不是直接消耗于工程修建，而是为了保证工程施工正常进行所需要的费用。主要包括施工管理费和其他间接费（如临时设施费、劳动保险费、施工队伍调遣费等）。

(3) 计划利润　计划利润是指施工企业应获得的利润，用于企业扩大再生产等的需要。

(4) 其他费用　包括施工图预算包干费、定额管理费、材料价差调整费、税金，还有特殊环境（如高原、高寒地区，有害身体健康的环境等）施工增加费、安装与生产同时进行的降效增加费等。

4. 概算费用

概算是确定建设项目工程建设费用的文件。按照概算范围分为总概算、单项工程综合概算及单位工程概算。包括以下三个部分：

（1）工程费用　工程费用由建筑工程费、安装工程费、设备购置费、工器具购置费等组成，或由各个单项工程概算组成。

（2）工程建设其他费用　工程建设其他费用是指根据有关规定，应在基本建设投资中支付并列入建筑项目总概算或单项工程综合概算的费用，包括建设场地准备费、建设单位管理费、研究试验费、生产职工培训费、办公和生活家具购置费、联合试运转费、勘察设计费、供电贴费、施工机构迁移费、引进技术和进口设备项目的费用等。

（3）预备费　包括基本预备费、涨价预备费。基本预备费指难以预料的工程费用；涨价预备费指防止物价上涨造成建设费用不足而预备的费用。

5. 工程概算、预算文件

（1）投资估算书　投资估算一般是由建设单位向国家或主管部门申请基本建设投资而编制的。投资估算书是建设项目可行性研究报告的重要组成部分，也是国家审批确定建设项目投资计划的重要文件。它的编制依据主要是：拟建项目内容及项目工程量估计资料、估算指标、概算指标、综合经济指标、万元实物指标、投资估算指标、估算手册及费用定额资料或类似工程的预算资料等。

（2）设计概算书　设计概算书是设计文件的重要部分，是确定建设项目投资的重要文件。设计概算书是在设计阶段根据初步设计或扩大初步设计图、设计说明书、概算定额、经济指标、费用定额等资料进行编制的。

（3）施工图预算书　施工图预算书是计算单位工程或分部分项工程的工程费用文件。施工图预算书编制是根据施工图、预算定额、地区材料预算价格、费用定额、施工及验收规范、标准图集、施工组织设计或施工方案等编制的。

（4）施工预算书　施工预算书是施工企业确定单位工程或分部、分项工程人工、材料、施工机械台班消耗数量和直接费标准的文件。主要包括工程量汇总表、材料及加工件计划表、劳动力计划表、施工机械台班计划表和"两算"对比表等内容。

（5）竣工结算书　施工单位在工程竣工时，应向建设单位提出有关技术资料、竣工图，办理交工验收。此时应同时编制工程竣工结算书，办理财务结算。工程竣工结算书是建设工程项目或单位工程竣工验收后，根据施工过程中实际发生的设计变更、材料代用、经济签证等情况对原施工图预算进行修改后最后确定的工程实际造价文件。

思考题与练习题

1. 什么时候施工需要排水？施工排水方法有哪些？
2. 室外给水管道检查与验收包括哪几个方面？
3. 什么叫管道的不开槽施工？管道不开槽施工的方法有哪些？
4. 简述施工组织设计的任务和内容。

参 考 文 献

[1] 李圭白，蒋展鹏，范瑾初，等. 给排水科学与工程概论 [M]. 2 版. 北京：中国建筑工业出版社，2010.
[2] 李圭白，张杰. 水质工程学：下册 [M]. 2 版. 北京：中国建筑工业出版社，2013.
[3] 张自杰. 排水工程：下册 [M]. 5 版. 北京：中国建筑工业出版社，2015.
[4] 孙慧修. 排水工程：上册 [M]. 4 版. 北京：中国建筑工业出版社，2011.
[5] 中国中元国际工程公司. 消防给水及消火栓系统技术规范：GB 50974—2014 [S]. 北京：中国计划出版社，2014.
[6] 李亚峰，张胜，吴昊. 高层建筑给水排水工程 [M]. 2 版. 北京：机械工业出版社，2015.
[7] 李亚峰，张克峰. 建筑给水排水工程 [M]. 3 版. 北京：机械工业出版社，2018.
[8] 李亚峰，叶友林，周东旭. 废水处理实用技术及运行管理 [M]. 2 版. 北京：化学工业出版社，2015.
[9] 李亚峰，马学文，陈立杰. 建筑消防技术与设计 [M]. 2 版. 北京：化学工业出版社，2017.
[10] 上海市政工程设计研究总院. 室外排水设计规范：GB 50014—2006 [S]. 2016 年版. 北京：中国计划出版社，2016.
[11] 李亚峰，李清雪，吴永强. 水泵及泵站 [M]. 北京：机械工业出版社，2009.
[12] 李亚峰，尹士君，蒋白懿. 水泵及泵站设计计算 [M]. 北京：化学工业出版社，2007.
[13] 王晓昌，张荔，袁宏林. 水资源利用与保护 [M]. 北京：高等教育出版社，2008.
[14] 李亚峰，唐婧，余海静. 建筑消防工程 [M]. 2 版. 北京：机械工业出版社，2019.
[15] 李亚峰，马学文，李倩倩. 小城镇污水处理厂的运行管理 [M]. 2 版. 北京：化学工业出版社，2017.

信息反馈表

尊敬的老师：您好！

  感谢您多年来对机械工业出版社的支持和厚爱！为了进一步提高我社教材的出版质量，更好地为我国高等教育发展服务，欢迎您对我社的教材多提宝贵意见和建议。另外，如果您在教学中选用了《给排水科学与工程概论》第 3 版（李亚峰　王洪明　杨辉主编），欢迎您提出修改建议和意见。索取课件的授课教师，请填写下面的信息，发送邮件即可。

一、基本信息

姓名：_____　　性别：_____　　职称：_____　　职务：_____

邮编：_____　　地址：_____

学校：_____　　院系：_____　　任课专业：_____

任教课程：_____　　手机：_____　　电话：_____

电子邮件：_____　　QQ：_____

二、您对本书的意见和建议

   （欢迎您指出本书的疏误之处）

三、您对我们的其他意见和建议

请与我们联系：

100037　机械工业出版社·高等教育分社

Tel：010-88379542（O）刘编辑

E-mail：Ltao929@ 163. com

http：//www. cmpedu. com（机械工业出版社·教育服务网）

http：//www. cmpbook. com（机械工业出版社·门户网）